高职高专机械工程系列规划教材

机械检测技术与实训教程

主　编　罗晓晔　　陆军华
副主编　谢　黧　　崔　刚
　　　　孟庆东　　李　敏

ZHEJIANG UNIVERSITY PRESS
浙江大学出版社

图书在版编目（CIP）数据

机械检测技术与实训教程 / 罗晓晔等主编. —杭州：
浙江大学出版社，2013.7（2024.7 重印）
ISBN 978-7-308-11754-8

Ⅰ. ①机… Ⅱ. ①罗… Ⅲ. ①技术测量－教材②三坐
标测量机－教材 Ⅳ. ①TG8

中国版本图书馆 CIP 数据核字（2013）第 142705 号

内容简介

本书详细介绍了机械检测技术基础知识（零件的尺寸公差、形位公差、表面粗糙度等）、测量器具及其使用、坐标测量技术知识及坐标测量仪的使用。全书共 12 章，包括：机械检测绪论，机械检测基础、通用测量器具及使用方法、极限与配合、几何量公差、表面粗糙度及其检测、尺寸链、坐标测量技术概述、直角坐标测量系统组成、测量坐标系、三坐标测量基本操作和其他测量技术简介。

本书并不局限于概念的讲解，通过融合检测实例与实训，着重介绍机械检测过程的基本思路培养，并注意事项的剖析和操作技巧的指点，以帮助读者切实掌握机械检测的方法和技巧。

针对教学的需要，本书由浙大旭日科技配套提供全新的立体教学资源库（立体词典），内容更丰富、形式更多样，并可灵活、自由地组合和修改。同时，还配套提供教学软件和自动组卷系统，使教学效率显著提高。

本书可以作为本科、高职高专等相关院校的机械检测课程的教材，同时为从事工程检测技术人员提供参考资料。

机械检测技术与实训教程

主　　编　罗晓晔　　陆军华
副主编　谢　繁　崔　刚
　　　　孟庆东　李　敏

责任编辑　杜希武
封面设计　刘依群
出版发行　浙江大学出版社
　　　　　（杭州市天目山路 148 号　邮政编码 310007）
　　　　　（网址：http://www.zjupress.com）
排　　版　杭州好友排版工作室
印　　刷　杭州高腾印务有限公司
开　　本　787mm×1092mm　1/16
印　　张　17.75
字　　数　431 千
版 印 次　2013 年 7 月第 1 版　2024 年 7 月第 7 次印刷
书　　号　ISBN 978-7-308-11754-8
定　　价　58.00 元

序　言

　　测量技术是机械工业发展的基础和先决条件之一,这已被生产发展的历史所证明。从生产发展的历史来看,加工精度的提高总是与精密测量技术的发展水平相关的。随着现代制造技术的不断进步,机械检测的职能已从传统的被动检测转变为严格的、积极的主动检测。因此,对于技术人员和检测人员不论是在检测的方式上,还是在技术上、思路上都有了更高的要求。

　　本书是一本综合性的检测工具书、指导书,结合实际生产加工检测及教学需求,本着实用的原则,系统地、全面地介绍了机械检测技术的基本知识、原理、方法、仪器操作、数据处理方式及相关技巧等内容,又增加了三坐标测量等现代测量技术,并针对现代制造技术需求,较为详细地介绍了每一种现代检测技术。内容涵盖了从原材料到成品等机械制造领域的全部检测技术。本书并未局限于概念的讲解,还重点介绍了检测思路的开拓与能力的培养。同时在每一章节设置了典型的习题供学习者练习,具有很强的可操作性。

　　本书组织了理论基础深厚与实践经验丰富的教师、工程师、技师,结合实际生产加工质量检测经验以及教学工作中经常遇到的相关问题,本着实用的原则,系统的编著此教材,并特别邀请了对现代测量技术有着丰富教学培训经验的杭州博洋科技有限公司相关技术骨干一起参与本书的编写,使得内容更丰富、形式更多样,且更加符合实际生产与教学。本书不但可供机械检测、制造、设计的工程技术人员、高级技术工人使用,也可供大中专院校师生使用,有较强的实用性和指导性。

2013 年 7 月

前　　言

　　《机械检测技术与实训教程》是高等工科院校制造类专业群的一门重要专业技术平台课程，也是制造业工程师最常用的、必备的基本技能。其内容涉及机械设计、机械制造、质量控制与生产管理等多方面标准及其技术知识。机械检测技术对产品质量提供保障，是生产中不可或缺的重要环节。本课程教学目的是使学生了解公差基础知识、掌握机械产品的检测项目和方法、旨在培养学生的综合设计能力。

　　随着信息化技术在现代制造业的普及和发展，坐标检测技术已经从一种稀缺的高级技术变成制造业工程师的必备技能，并替代传统的检测技术，成为工程师们的日常保证产品质量的工具。广泛应用于航空航天、汽车、机械及模具等领域的产品检测、分析，是目前主流的大型测量仪器。与此同时，各高等院校的相关课程也正逐步加强对坐标检测技术内容的教学。

　　本教材内容还融入了坐标测量、激光测量、影像测量等测量技术的新知识、新内容、新工艺。教材编写上高度融合了很多企业检测工程师的实际生产检测经验和高校教师相关课程的教学经验，充分体现了高等职业教育的应用特色和能力本位，重点突出、简明扼要，实例实用可靠，项目系统有序。有利于教学模式"基于工作过程"，"做中学"等现代职业教育理念的实现。

　　本书全书共分 12 章，主要由三部分内容组成，即机械检测基础知识与通用测量工具检测（第 1～3 章）、三大检测项目：尺寸公差、形位公差、表面粗糙度知识以及尺寸链计算（第 4～7 章）、坐标检测知识与应用实例（第 8、9、10、11、12 章）。这种由"基于生产过程——理实一体化项目实践"的教学内容，充分体现了实际制造业中机械检测的有机组成。为了让读者能真正理解掌握相关的检测技术。本书还提供了典型检测实例，以便读者能边学边练，扎实掌握。

　　此外，我们发现，无论是用于自学还是用于教学，现有教材所配套的教学资源库都远远无法满足用户的需求。主要表现在：1）一般仅在随书光盘中附以少量的视频演示、练习素材、PPT 文档等，内容少且资源结构不完整。2）难以灵活组合和修改，不能适应个性化的教学需求，灵活性和通用性较差。为此，本书特别配套开发了一种全新的教学资源：立体词典。所谓"立体"，是指资源结构的多样性和完整性，包括视频、电子教材、印刷教材、PPT、练习、试题库、教学辅助软件、自动组卷系统、教学计划等等。所谓"词典"，是指资源组织方式。即把一个个知识点、软件功能、实例等作为独立的教学单元,就像词典中的单词。并围绕教学单元制作、组织和管理教学资源,可灵活组合出各种个性化的教学套餐,从而适应各种不同的教学需求。实践证明,立体词典可大幅度提升教学效率和效果,是广大教师和学生的得力助手。

本书由罗晓晔(杭州科技职业技术学院)、陆军华(杭州博洋科技有限公司)为主编,谢鳌(广州市机电高级技工学校)、崔刚(广东省电子商务技师学院)、孟庆东(佛山市南海技师学院)、李敏(苏州技师学院)为副主编。本书可以作为本科、高职高专等相关院校的机械检测课程的教材,同时为从事工程检测技术人员提供参考资料。限于编写时间和编者的水平,书中必然会存在需要进一步改进和提高的地方。我们十分期望读者及专业人士提出宝贵意见。

- 网　站:http//www.51cax.com
- E-mail:book@51cax.com
- 致　电:0571-28811226,28852522

杭州浙大旭日科技开发有限公司为本书配套提供立体教学资源库、教学软件及相关协助;杭州博洋科技有限公司为本书提供了大量素材及相关协助,在此表示衷心的感谢。

最后,感谢浙江大学出版社为本书的出版所提供的机遇和帮助。

编　者

2013 年 7 月

目　　录

第 1 章 绪 论

本章学习的主要目的和要求：

1. 掌握有关互换性的概念及其在设计、制造、使用和维修等方面的重要作用。
2. 掌握互换性与公差、检测的关系。
3. 理解标准化与标准的概念及其重要性。
4. 了解优先数，产品几何量技术规范等基本概念。
5. 了解机械检测技术及其发展演变。

1.1 互换性

1.1.1 互换性概述

现代化的机械制造，为提高生产效率，常采用专业化大协作组织生产的方法，即用分散制造、集中装配的方法。设想一下整个装配现场，随着流水线传送带的运动，产品的各部位的零部件被拼装。装配时，工人不需对零部件进行选择，都能被装上。那么，是如何保证每个零件都能被装上呢？

我们都知道，无论如何复杂的机械产品，都是由大量的通用标准零件和专用零件组成。对于这些通用标准零件可以由不同厂家生产制造。这样，产品生产商就只需生产关键的专用零件，不仅可以大大减少生产成本，还可以缩短生产周期，及时满足市场需求。同样的疑问，不同厂家生产的零件，是如何解决之间装配问题？

零部件之所以能实现组合装配，因为这些产品零件都具有互换性。互换性是指机械产品中同一规格的一批零件（或部件），任取其中一件，不需作任何挑选、调整或辅助加工就能进行装配，必能保证满足机械产品的使用性能要求的一种特性。

在日常生活中，有许多现象涉及互换性，例如：汽车、自行车或手表、电脑中的部件损坏，通过更换新部件便能重新使用；灯泡坏了，只要换个新的就行；仪器设备掉了螺钉，按相同规格更换就可以。

机械制造业中的互换性通常包括几何参数和力学性能的互换性，本课程仅讨论几何参数的互换性。

1.1.2 互换性的作用

互换性对现代化机械制造业具有非常重要的意义。只有机械零件部件具有互换性，才有可能将一台复杂的机器中成千上万的零部件分散到不同的工厂、车间进行高效率的专业化生产，然后再集中到总装厂或总装车间进行装配。

互换性给产品的设计、制造和使用维修带来了很大的方便,使得各相关部门获得最佳的经济效益和社会效益。

(1)设计方面

由于大量零部件都已标准化、通用化,只要根据需要选用即可,从而大大简化设计过程,缩短设计周期,同时有利于产品多样化和计算机辅助设计。

(2)制造方面

互换性有利于组织大规模专业化协作生产,专业化生产又有利于采用高科技和高生产率的先进工艺和装备,实现生产过程机械化、自动化,从而提高生产率、提高产品质量、降低生产成本。

(3)装配方面

由于装配时不须附加加工和修配,减轻了工人的劳动强度,缩短了劳动周期,并且可以采用流水作业的装配方式,大幅度地提高生产效率。

(4)使用维修方面

零部件具有互换性,可以及时更换损坏的零部件,减少机器的维修时间和费用,延长机器使用寿命,提高使用价值。

综上所述,互换性生产对提高生产率,保证产品质量和可靠性,降低生产成本,缩短生产周期,增加经济效益具有重要作用,因此,互换性生产已成为现代制造业中一个普遍遵守的原则,也是现代工业发展的必然趋势。

1.1.3　互换性的分类

互换性的分类方法很多,按照互换的范围,可分为功能互换和几何参数互换。功能互换是指零部件的几何参数、机械性能、理化性能及力学性能等方面都具有互换性(又称为广义互换);几何参数互换是指零部件的尺寸、形状、位置及表面粗糙度等参数具有互换性(又称为狭义互换)。

按照互换的程度,可分为完全互换和不完全互换。完全互换是指零件在装配或更换时,不需要选择、调整或辅助加工,装配后就能满足预定的性能要求。如螺栓、圆柱销等标准件的装配。不完全互换性是指允许零部件在装配前预先分组或在装配时采取简单修配、调整等措施。如当装配精度要求较高时,采用完全互换将使零件制作公差很小,加工困难,成本增加。这时将零件加工精度适当降低,使之便于加工,加工完成后,通过测量将零件按实际尺寸的大小分为若干组,两个相同组号的零件相装配,这样既可保证装配精度和使用要求,又能解决加工困难、降低成本。

互换性在提高产品质量和可靠性、提高经济效益等方面具有重大意义。互换性原则已成为现代机器制造业中普遍遵守的准则。互换性对我国机械行业的发展具有十分重要的意义,但是并不是在任何情况下,互换性都是有效的。有时零部件也采用无互换性的装配方式,这种方式通常在单件小批量生产中,特别在重型机器与高精度的仪器制造中应用较多。例如,为保证机器的装配精度要求,装配过程中允许采用钳工修配的方法来获得所需要的装配精度,称为修配法;装配过程中允许采用移动或互换某些零件以改变其位置和尺寸的办法来达到所需的精度,称为调整法,这些方法都是没有互换性的装配方式。

实际生产中,采用何种互换性生产方式,由产品精度、产品复杂程度、生产规模、设备条件及技术水平等一系列因素决定。一般来说,企业外部的协作、大量和成套生产,均采用完

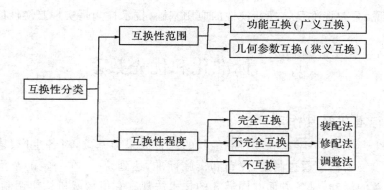

图 1-1 互换性的分类

全互换生产;如机床、汽车、手机等。采用不完全互换生产的多为特殊行业,如精度要求很高的轴承工业,常采用分组装配生产;如小批或单件生产的矿山、冶金等重型机器业,采用修配法或调整法生产。

1.1.4 互换性的实现条件

既然现代化的生产模式多采用专业化、协作化组织生产,必定会面临互换性保障问题。而零件加工时又不可能做得绝对精确,总是存在几何参数误差。误差对零件的使用性能和互换性会有一定影响。零件的几何参数误差基本可分为尺寸误差、形状误差、位置误差以及表面粗糙度误差。

(1)尺寸误差　指零件加工后的实际尺寸相对于理想尺寸之差,如直径误差、长度误差、孔径误差等。

(2)形状误差　指零件加工后的实际表面形状相对于理想形状的差值,如孔、轴横截面的实际形状与理想形状之间存在差距,又称宏观几何形状误差。

(3)位置误差　指零件加工后的表面、轴线或对称平面之间的实际相互位置相对于理想位置的差值,如两个表面之间的垂直度、阶梯轴的同轴度等。

(4)表面粗糙度误差　指零件加工后的表面上留下的较小间距和微小峰谷所形成的不平度,又称微观几何形状误差。

实践证明,生产时,只需将产品按相互配合要求组织生产,保证零件加工后的各几何参数(尺寸、形状、位置)所产生的误差都控制在一定的范围内,就可以确保零件的使用功能,实现互换性。

公差就是合格零件几何参数误差被允许的变动范围,用以控制加工误差的大小。在加工时只要控制零件的误差在公差范围内,就能保证零件合格,具有互换性。公差是由设计人员根据产品使用要求给定的,给定原则是在保证产品使用性能的前提下,给出尽可能大的公差范围。公差反映零件的制造精度和经济性要求,也体现零件加工的难易程度。公差越小,加工越困难,生产成本就越高。

因此,建立各种几何参数的公差标准是实现对零件误差的控制和保证互换性的基础。

而对零件误差的控制则必须通过技术检测来实现,技术检测采用各种方法和措施,对产品尺寸、性能的检验或测量,进而以设计的公差为标准来判断产品的合格性。

合理确定公差与正确进行检测,是保证产品质量、实现互换性生产的两个必不可少的条件。可以这么说,公差标准是实现互换性的应用基础,技术检测是实现互换性的技术保证。

1.2 标准化和优先数系

1.2.1 标准化及其作用

标准是以生产实践、科学试验和可靠经验的综合成果为基础,对各生产、建设及流通等领域中重复性事物和概念通过制定、发布和实施标准,达到统一,在一定的范围内获得最佳秩序和社会效益的活动,是各方面共同遵守的技术法规。它由权威机构协调制定,经一定程序批准生效后,在相应范围内具有法制性,不得擅自修改或拒不执行。标准代表着经济技术的发展水平和先进的生产方式,既是科学技术的结晶、组织互换性生产的重要手段,也是实行科学管理的基础。

标准的范围和内容非常广泛,种类繁多,涉及生产和生活的方方面面。我国的标准由国家标准(GB)、行业标准(JB、YB 等)、地方标准(DB)和企业标准(QB)几个层次构成。标准即技术上的法规。

各标准中的基础标准则是生产技术活动中最基本的,具有广泛指导意义的标准。这类标准具有最一般的共性,因而是通用性最广的标准。例如,极限与配合标准、几何公差标准、表面粗糙度标准等。

标准化是指制定、贯彻和修改标准,从而获得社会秩序和效益的全部活动过程,是不断循环和提高的过程。在机械制造中,标准化是实现互换性生产、组织专业化生产的前提条件;是提高产品质量、降低产品成本和提高产品竞争能力的重要保证;是消除贸易障碍,促进国际技术交流和贸易发展,使产品打进国际市场的必要条件。随着经济建设和科学技术的发展,国际贸易的扩大,标准化的作用和重要性越来越受到各个国家特别是工业发达国家的高度重视。

可以说,标准化水平的高低体现了一个国家现代化的程度。在现代化生产中,标准化是一项重要的技术措施,因为一种机械产品的制造过程往往涉及许多部门和企业,甚至还要进行国际间协作。为了适应生产上各部门与企业在技术上相互协调的要求,必须有一个共同的技术标准。公差的标准化有利于机器的设计、制造、使用和维修,有利于保证产品的互换性和质量,有利于刀具、量具、夹具、机床等工艺装备的标准化。

自 1959 年起,我国陆续制订了各种国家标准。1978 年我国正式参加国际标准化组织,由于我国经济建设的快速发展,旧国际已不能适应现代大工业互换性生产的要求。1979 年原国家标准局统一部署,有计划、有步骤地对旧的基础标准进行了两次修订。随着改革开放,我国标准体系逐渐与国际标准接轨。标准化在实现经济全球化、信息社会化方面有其深远的意义。

1.2.2 优先数和优先数系

互换性生产中,各种技术参数的协调、简化和统一是标准化的重要内容之一。机械产品生产总有它自身的一系列的数值表达技术参数指标。在设计中常会遇到数据的选取问题,几何量公差最终也是数据的选取问题,如:产品分类、分级的系列参数的规定;公差数值的规定等。优先数系就是对各种技术参数的数值进行协调、简化和统一的科学数值制度。优先数和优先数系标准是重要的基础标准。

国家标准 GB/T321—2005《优先数和优先数系》给出了制定标准的数值制度,也是国际上通用的科学数值制度,规定了优先数系的五个系列,分别用 R5、R10、R20、R40、R80 表示,其优先数系的公比为 $\sqrt[5]{10}$、$\sqrt[10]{10}$、$\sqrt[20]{10}$、$\sqrt[40]{10}$、$\sqrt[80]{10}$,其中前 4 个为基本系列,R80 为补充系列,仅用于分级很细的特殊场合。

按公比计算得到的优先数的理论值,除 10 的整数次幂外,都是无理数,工程技术上不便直接使用,实际应用的都是经过圆整后的近似值。根据圆整的精确程度,可分为计算值:对理论值取 5 位有效数字,供精确计算;常用值:即经常使用的优先数,取 3 位有效数字。

R5 系列公比为 $q_5 = \sqrt[5]{10} \approx 1.60$

R10 系列公比为 $q_{10} = \sqrt[10]{10} \approx 1.25$

R20 系列公比为 $q_{20} = \sqrt[20]{10} \approx 1.12$

R40 系列公比为 $q_{40} = \sqrt[40]{10} \approx 1.06$

R80 系列公比为 $q_{80} = \sqrt[80]{10} \approx 1.03$

表 1-1 中列出了 1～10 范围内基本系列的常用值和计算值。可将表中所列优先数乘以 10,100,…,或乘以 0.1,0.01,…,即可得到所需的优先数,例如 R5 系列从 10 开始取数,依次为 10,16,25,40,…

表 1-1   优先数系的基本系列(摘自 GB/T321—2005)

基本系列(常用值)				计算值
R5	R10	R20	R40	
			1.00	1.0000
			1.06	1.0593
		1.00	1.12	1.1220
		1.12	1.18	1.1885
1.00	1.00	1.25	1.25	1.2589
	1.25	1.40	1.32	1.3335
			1.40	1.4125
			1.50	1.4962
			1.60	1.5849
			1.70	1.6788
		1.60	1.80	1.7783
1.60	1.60	1.80	1.90	1.8836
	2.00	2.00	2.00	1.9953
		2.24	2.12	2.1135
			2.24	2.2387
			2.36	2.3714

续表

基本系列（常用值）				计算值
R5	R10	R20	R40	
2.50	2.50 3.15	2.50 2.80 3.15 3.55	2.50 2.65 2.80 3.00 3.15 3.35 3.55 3.75	2.5119 2.6607 2.8184 2.9854 3.1623 3.3497 3.5481 3.7581
4.00	4.00 5.00	4.00 4.50 5.00 5.60	4.00 4.25 4.50 4.75 5.00 5.30 5.60 6.00	3.9811 4.2170 4.4668 4.7315 5.0119 5.3088 5.6234 5.9566
6.30	6.30 8.00	6.30 7.10 8.00 9.00	6.30 6.70 7.10 7.50 8.00 8.50 9.00 9.50	6.3096 6.6834 7.0795 7.4980 7.9433 8.4140 8.9125 9.4405
10.00	10.00	10.00	10.00	10.0000

　　优先数系中的所有数都为优先数，即都为符合 R5、R10、R20、R40 和 R80 系列的圆整值。在生产中，为满足用户各种需要，同一种产品的同一参数从大到小取不同的值，从而形成不同规格的产品系列。公差数值的标准化，也是以优先数系来选数值。

　　优先数系的主要优点是分档协调，疏密均匀，便于计算，简单易记，且在同一系列中，优先数的积、商、乘方仍为优先数。因此，优先数系广泛适用于各种尺寸、参数的系列化和质量指标的分级。

1.3　检测技术简介

1.3.1　检测技术及其发展

检测技术是互换性得以实现的必要保障。加工完成后的零件是否满足几何参数的要求,需要通过测量加以判断,检测是测量与检验的总称,就是确定产品是否满足设计要求的过程,即判断产品合格性的过程。

测量是指将被测量与作为测量单位的标准量进行比较,从而确定被测量的实验过程;而检验则只需确定零件的几何参数是否在规定的极限范围内,并判断零件是否合格而不需要测出具体数值。

检验和测量的区别在于:检验只评定被测对象是否合格,而不能给出被测对象值的大小;测量是通过被测对象与标准量的比较,得到被测对象的具体量值,一次判别被测对象是否合格的过程。例如,用光滑极限量规检验被测零件尺寸,可以直接判断被测尺寸是否在其极限尺寸范围之内,从而得到被检零件是否合格的结论,然而却不能得出其实际尺寸。因此检验和测量的概念是明显不同的。检测的核心是测量技术,通过测量得到的数据,不仅能判断产品的合格性,还为分析产品制造过程中的质量状况提供了最直接而可靠的依据。一般说来,在大批量生产条件下,检验精度要求不太高的零件时常采用检验,因为检验的效率高;而高精度、单件小批生产条件下或需要进行加工精度分析时,多采用测量。

测量技术包括测量的仪器、测量的方法和测量数据的处理和评判。通过测量不仅可以评定产品质量,而且可以分析产品不合格的原因,及时调整生产工艺,预防废品产生。

制造业的发展,促使检测技术中的新原理、新技术、新装置系统不断出现。与传统的测量技术比较,现代测量技术呈现出一些新的特点:测量精确度不断提高,测量范围不断扩大;从静态测量到动态测量,从非现场测量到现场在线测量;简单信息获取到多信息融合;测量对象复杂化、测量条件极端化。同时,在测量技术的发展,光栅尺及容栅、磁栅、激光干涉仪的出现,革命性地把尺寸信息数字化,不但可以进行数字显示,而且为几何量测量实现了计算机处理的可能,极大促进了测量技术发展。

国外对测量及相关技术研究力度和资金投入加大,测量仪器设备有了长足进步,大量新型高性能测量仪器设备不断出现,如便携式形貌测量、基于视觉的在线检测、基于机器人的在线检测与监控、微/纳米级测量等。仪器设备的测量精确度有了质的飞跃,自动化程度显著改善,同时在计算机软、硬件的支持下,功能得到极大拓展。

国内测量技术的研究及仪器设备水平与国外比较还有一定差距,与国内快速发展的制造业很不协调。存在自主创新能力差;高端、高附加值测量仪器设备空白;不重视技术创新等问题。差距存在是客观的,但同时也应看到,当前全球同步发展的计算技术、信息技术,高性能器件、全球市场的开放和融合,加之国内制造业的兴起等,为国内测量技术及仪器设备的振兴提供了现实的机遇。

1.3.2　机械检测新技术介绍

随着工业现代化快速发展,行业对制造精确度和产品质量提出了更高的要求,使得机械检测的作用与地位愈加重要。同时,现代计算机科学、电子与微机械电子科学与技术的迅速发展又为机械检测技术的发展提供了知识和技术支持,从而促使检测技术的极大发展和广泛应用。

（1）坐标测量技术

伴随着众多制造业如汽车、电子、航空航天、机床及模具工业的蓬勃兴起和大规模生产的需要,要求零部件具备高度的互换性,并对尺寸位置和形状提出了严格的公差要求,在加工设备提高工效、自动化程度更强的基础上,要求计量检测手段应当高速、柔性化、通用化,而固定的、专用的或手动的工量具大大限制了大批量制造和复杂零件加工业的发展；平板加高度尺加卡尺的检验模式已完全不能满足现代柔性制造和更多复杂形状工件测量的需要，所有这些都促成了坐标测量行业的形成。

坐标测量技术原理是基于空间范围内任何形状物体都可以看成空间点组成，所有的几何量测量都可以归纳为空间点的测量，因此精确进行空间点坐标的采集，是评定任何几何形状的基础。

坐标测量的实现就是被测零件放入它允许的测量空间，精确地测出被测零件表面的点在空间三个坐标位置的数值，将这些点的坐标数值经过计算机数据处理，拟合形成测量元素，如圆、球、圆柱、圆锥、曲面等，再经过数学计算的方法得出其形状、位置公差及其他几何量数据，如图 1-2 所示。

坐标测量的特点是高精度（达到 μm 级）、万能性（可代替多种长度计量仪器）、数字化（把实体的模型转化成数字化的三维坐标），因而多用于产品测绘、复杂型面检测、工夹具测量、研制过程中间测量、CNC 机床或柔性生成线在线测量等方面；只要测量机的测头能够瞄准（或触碰）到的地方（接触法与非接触法均可），就可测出它们的几何尺寸和相互位置关系，并借助于计算机完成数据处理。这种三维测量方法具有极大的万能性，可方便地进行数据处理与过程控制，因而测量机不仅在精密检测和产品质量控制上扮演着重要角色，同时在设计、生产过程控制和模具制造等方面发挥着越来越重要的作用，并在汽车工业、航空航天、机床工具、国防军工、电子和模具等领域得到广泛应用。

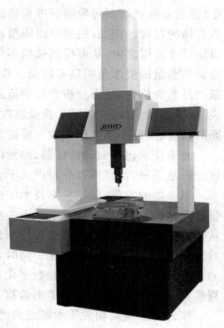

图 1-2　桥式三坐标测量机

(2)激光检测技术

激光检测技术在机械检测所涉及测定的项目，主要包括激光测量长度、距离、位移以及测量形貌，如激光干涉测长、激光测距、激光测速、激光扫描、激光跟踪等。其中激光外差干涉是纳米测量的重要技术。激光检测主要测量原理有以下两种。

激光测距原理

先由激光二极管对准目标发射激光脉冲。经目标反射后激光向各方向散射。部分散射光返回到传感器接收器，被光学系统接收后成像到雪崩光电二极管上。雪崩光电二极管是一种内部具有放大功能的光学传感器，因此它能检测极其微弱的光信号。记录并处理从光脉冲发出到返回被接收所经历的时间，即可测定目标距离。

激光测位移原理

激光发射器通过镜头将可见红色激光射向被测物体表面，经物体反射的激光通过接收器镜头，被内部的 CCD 线性相机接收，根据不同的距离，CCD 线性相机可以在不同的角度下"看见"这个光点。根据这个角度及已知的激光和相机之间的距离，数字信号处理器就能计算出传感器和被测物体之间的距离。

图 1-3　激光干涉仪在精密机床检测

常见激光检测设备，如图 1-3 激光干涉仪，可用于检测直线度、垂直度、俯仰与偏摆、平面度、平行度等。如图 1-4 手持式激光扫描仪主要用于外轮廓检测，适合飞机、汽车、逆向工程等复杂曲面形貌检测。

图 1-4　手持式激光扫描仪形貌检测

激光测量是一种非接触式测量，不影响被测物体的运动，精度高、测量范围大、检测时间短，具有很高的空间分辨率。

1.4　产品几何量技术规范（GPS）

产品几何量技术规范与认证（Geometrical Product Specification and Verification，简称GPS）是一套有关产品几何量技术参数的技术标准体系，包括工件尺度、几何形状和位置以及表面形貌等诸方面的标准，它是覆盖产品尺寸、几何公差和表面特征的标准，贯穿于几何产品的研究、开发、设计、制造、检验、销售、使用和维修等整个过程。

GPS 的发展与应用有多种原因，最根本的是使产品的一些基本性能得到了保证，主要体现在：

（1）功能性　组成汽车的零件能够满足一定的几何公差要求，汽车才能够良好地工作

（2）安全性　发动机的曲轴表面通过磨削加工能够达到规定的表面粗糙度要求，因疲劳断裂损坏发动机的危险就会大大降低。

（3）独立性　保证压缩机气缸的表面粗糙度要求，就可以直接保证机器的使用寿命。

（4）互换性　互换性作为 GPS 的最初应用，其目的是有利于机器或设备的装配和修理。

GPS 应用于所有几何产品，既包括汽车、机床、家用电器等传统机电产品，也包括计算机、通讯、航天等高新技术产品。随着 CAD/CAM/CAE 的发展和新的测量原理、技术、仪器以及先进制造技术的应用，一套基于计量数学的新一代 GPS 标准体系正在国际上形成。

新一代 GPS 是引领世界制造业前进方向的、基础性的新型国际标准体系，是实现数字化制造和发展先进制造技术的关键。这一标准体系与现代设计和制造技术相结合，是对传统公差设计和控制实现的一次大的改革。

新一代 GPS 以数学作为基础语言结构，用计量数学为根基，给出产品功能、技术规范、制造与检验之间的量值传递的数学方法，它蕴含工业化大生产的基本特征，反映了技术发展的内在需要，为产品技术评估提供了"通用语言"，为设计、产品开发及计量测试人员等建立了一个交流平台。

1.5　本课程的性质与主要内容

本课程是机械类专业及相关专业的一门重要技术基础课，是基础课程学习过渡到专业课学习的桥梁，也是联系设计类课程和制造工艺类课程的纽带。其任务就是研究互换性与检测技术的原则和方法，要求掌握保证机械产品功能和质量要求的精度设计及其检测原理。

课程包括几何量公差与误差检测两大内容，把标准化和计量学两个领域的有关部分有机地结合在一起，与机械设计、机械制造、质量控制等多方面密切相关，是机械工程技术人员和管理人员必备的基本知识技能。

通过课程学习，学生应达到以下要求：

（1）掌握互换性原理的基础知识；熟悉极限与配合的基本概念，各有关公差标准的基本内容、特点及使用。

（2）学会根据产品的功能要求，选择合理的公差，并能正确地标注在图样上。

（3）了解技术测量的基本概念，常用的测量方法，掌握常用计量器具的操作技能，并能分析测量误差及其处理方法。

（4）了解坐标测量技术，初步掌握三坐标测量机、手持式激光扫描仪的基本使用，能对产品几何量公差进行坐标检测，并能数据采集，评价及检测报告输出。

总之，通过本课程学习，需要掌握几何测量技术的基本理论知识，了解公差、检测之间的关系，对坐标测量的检测过程、基本操作有初步认识，具有继续自学并结合工程实践应用、扩展的能力。

习　题

1. 简述互换性在机械制造中的重要意义。
2. 什么叫互换性？互换性的分类有哪些？
3. 完全互换与不完全互换有何区别？各应用于何种场合？
4. 公差、检测、互换性、标准化有什么关系？
5. 什么是优先数系？
6. 零件几何参数误差可分为哪几种？

第2章　机械检测基础

本章学习的主要目的和要求：
1. 了解机械检测的基本技术常识、常用术语。
2. 了解检测的量值传递系统及其重要意义。
3. 了解测量方法、测量误差的产生原因及误差处理方法。
4. 了解测量器具的基本知识及分类。

2.1　检测概述

为满足机械产品的功能要求，在正确合理地完成了强度、运动、寿命和精度等方面的设计以后，还必须进行加工、装配和检测过程的设计，即确定加工方法、加工设备、工艺参数、生产流程和检测方法。其中，非常重要的环节就是质量保证措施，而质量保证的手段就是检测。可以这么说，机械制造业的发展以检测技术发展为基础，检测技术的发展促进了现代制造技术的进步。检测在机械制造业占有极其重要的地位。

机械制造中，保证机械零件的几何精度及互换性，需要对其进行检测，以对其进行定量或定性的分析，从而判断其是否符合设计要求，通常有以下几种判断方式。

1. 测量

测量是指以确定被测对象的几何量量值为目的进行的实验过程，实质是将被测几何量 L 与计量单位的标准量 E 进行比较，从而获得两者比值 q 的过程。

$$q = \frac{L}{E}$$

被测几何量的量值 L 为测量所得的量值 q 与计量单位 E 的乘积，即

$$L = q \times E$$

显然，进行任何测量，首先要明确被测对象和确定计量单位，其次要有与被测对象相适应的测量方法，并且测量结果还要达到所要求的测量精度。

2. 测试

测试是指具有试验研究性质的测量，也就是试验和测量结合。

3. 检验

检验是判断被测对象是否合格的过程。通常不需要测出被测对象的具体数值，常使用量规、样板等专用定值无刻度量具来判断被检对象的合格性。

几何量测量主要是指各种机械零部件表面几何尺寸、形状的参数测量，其几何量参数包括零部件具有的长度尺寸、角度参数、坐标尺寸、表面几何形状与位置参数、表面粗糙度等。

几何量测量是确保机械产品质量和实现互换性生产的重要措施。

测量是各种公差与配合标准贯彻实施的重要手段。为了实现测量的目的,必须使用统一的标准量,有明确的测量对象和确定的计量单位,还要采用一定的测量办法和运用适当的测量工具,而且测量结果要达到一定的测量精度。因此,一个完整的测量过程应包括被测对象、计量单位、测量方法和测量精度四个要素。

(1)测量对象

课程中涉及的测量对象是几何量,包括长度、角度、形状、相对位置、表面粗糙度、形状和位置误差等。由于几何量的特点是种类繁多,形状又各式各样,因此对于它们的特性,被测参数的定义,以及标准等都必须加以研究和熟悉,以便进行测量。

(2)测量单位

我国国务院于 1977 年 5 月 27 日颁发的《中华人民共和国计量管理条例(试行)》第三条规定中重申:"我国的基本计量制度是米制(即公制),逐步采用国际单位制。"1984 年 2 月 27 日正式公布的中华人民共和国法定计量单位,确定米制为我国的基本计量制度。长度的计量单位为米(m),角度单位为弧度(rad)和度(°)、分(′)、秒(″)。

机械制造中,常用的长度单位为毫米(mm)和微米(μm),$1\mu m=10^{-3}mm=10^{-6}m$。

(3)测量方法

测量方法是指在进行测量时所用的按类叙述的一组操作逻辑次序。对几何量的测量而言,则是根据被测参数的特点,如公差值、大小、轻重、材质、数量等,并分析研究该参数与其他参数的关系,最后确定对该参数如何进行测量的操作方法。

(4)测量精确度

测量精确度是指测量结果与真值的一致程度。由于任何测量过程总不可避免地会出现测量误差,误差大说明测量结果离真值远,准确度低。因此,准确度和误差是两个相对的概念。由于存在测量误差,任何测量结果都是以一近似值来表示。

测量是机械生产过程中的重要组成部分,测量技术的基本要求是:在测量过程中,应保证计量单位的统一和量值准确;应将测量误差控制在允许范围内,以保证测量结果的精度;应正确地、经济合理地选择计量器具和测量方法,以保证一定的测量条件。

检测过程一般步骤可分为:

(1)确定被检测项目:认真审阅被测件图纸及有关的技术资料,了解被测件的用途,熟悉各项技术要求,明确需要检测的项目。

(2)设计检测方案:根据检测项目的性质、具体要求、结构特点、批量大小、检测设备状况、检测环境及检测人员的能力等多种因素,设计一个能满足检测精度要求,且具有低成本、高效率的检测预案。

(3)选择检测器具:按照规范要求选择适当的检测器具,设计、制作专用的检测器具和辅助工具,并进行必要的误差分析。

(4)检测前准备:清理检测环境并检查是否满足检测要求,清洗标准器、被测件及辅助工具,对检测器具进行调整使之处于正常的工作状态。

(5)采集数据:安装被测件,按照设计预案采集测量数据并规范地做好原始记录。

(6)数据处理:对检测数据进行计算和处理,获得检测结果。

(7)填报检测结果:将检测结果填写在检测报告单及有关的原始记录中,并根据技术要求做出合格性的判定。

2.2 测量基准与量值传递

测量工作过程需要标准量作为依靠,而标准量所体现的量值需要由基准提供。因此,为了保证测量的准确性,就必须建立起统一、可靠的计量单位基准。因为不可能得到没有误差的计量器具,也不可能有理想的测量条件,当计量工具的误差满足规定的准确度要求时,则可认为计量结果所得量值接近于真值,可用来代替真值使用,称为"实际值"。

在计量检定中,通常将高一等级(根据准确度高低所划分的等级或级别)的计量标准复现的量值作为实际值,用它来校准其他等级的计量标准或工作计量器具,或为其定值。在全国范围内,具有最高准确度的计量标准,就是国家计量基准。国家计量基准具有保存、复现和传递计量单位量值的三种功能,是统一全国量值的法定依据。

量值传递就是通过对计量器具的检定或校准,将国家基准(标准)所复现的计量单位量值,通过计量标准逐级传递到工作计量器具,以保证对被测对象所得量值的准确一致。

计量基准是为了定义、实现、保存和复现计量单位的一个或多个量值,用作参考的实物量具、测量仪器、参考物质和测量系统。在几何量计量中,测量标准可分为长度基准和角度基准两类。

2.2.1 长度基准与量值传递

为了进行长度计量,必须规定一个统一的标准,即长度计量单位。1984 年国务院发布了《关于在我国统一实行法定计量单位的命令》,决定在采用先进的国际单位制的基础上,进一步统一我国的计量单位,并发布了《中华人民共和国法定计量单位》,其中规定长度的基本单位为米(m)。

机械制造中常用的长度单位为毫米(mm):

$$1mm = 10^{-3} \text{ m}.$$

精密测量时,多采用微米(μm)为单位:

$$1\mu m = 10^{-3} \text{ mm}.$$

超精密测量时,则用纳米(nm)为单位:

$$1nm = 10^{-3} \text{ } \mu m.$$

国际长度单位"米"的最初定义始于 1791 年的法国。随着科学技术的发展,对米的定义不断进行完善。1983 年 10 月第十七届国际计量大会通过了米的新定义:"米是光在真空中 1/299792458 秒时间间隔内所经路程的长度"。把长度单位统一到时间上,就可以利用高度精确的时间计量,大大提高长度计量的精确度。

在实际生产和科研中,不便于用光波作为长度基准进行测量,而是采用各种计量器具进行测量。为了保证量值统一,必须把长度基准的量值准确地传递到生产中应用的计量器具和工件上去。因此,必须建立一套从长度的国家基准谱线到被测工件的严密而完整的长度量值传递系统。

量值传递就是将国家的计量基准所复现的计量单位值(图 2-1),通过检定,传递到下一级的计量标准,并依次逐级传递到工作用计量器具,以保证被检计量对象的量值能准确一

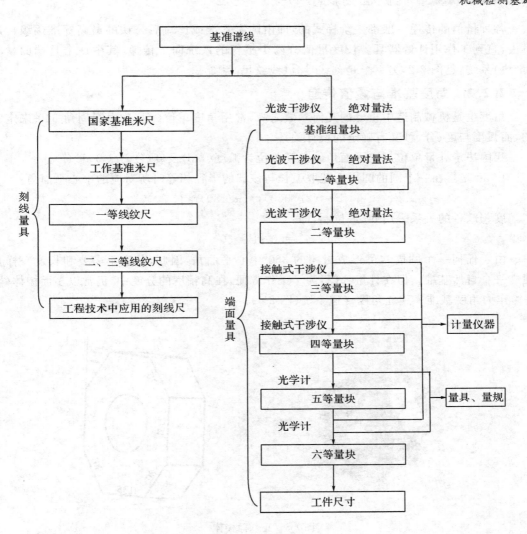

图 2-1　长度量值传递系统

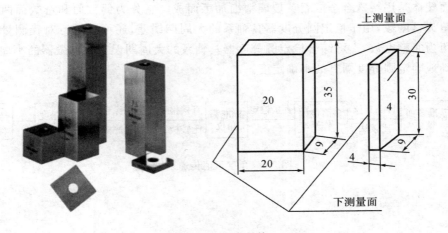

图 2-2　长度量块

致。各种量值的传递一般都是阶梯式的,即由国家基准或比对后公认的最高标准逐级传递下去,直到工作用计量器具。长度量值分两个平行的系统向下传递,其中一个是端面量具(量块)系统,见图 2-2,另一个是刻线量具(线纹尺)系统。

2.2.2 角度基准与量值传递

角度也是机械制造中重要的几何参数之一,常用角度单位(度)是由圆周角 360°来定义的,而弧度与度、分、秒又有确定的换算关系。

我国法定计量单位规定平面角的角度单位为弧度(rad)及度(°)、分(′)、秒(″)。

1 rad 是指在一个圆的圆周上截取弧长与该圆的半径相等时所对应的中心平面角。

$$1° = (2\pi/360) = (\pi/180)\text{rad}$$

度、分、秒的关系采用 60 进位制,即:

$$1° = 60′; 1′ = 60″$$

由于任何一个圆周均可形成封闭的 360°中心平面角,因此,角度不需要和长度一样再建立一个自然基准。但在计量部门,为了工作方便,在高精度的分度中,仍常以多面棱体(图2-3)作为角度基准来建立角度传递系统(图 2-4)。

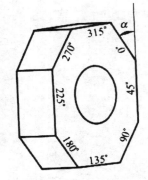

图 2-3　正八面棱体

多面棱体是用特殊合金或石英玻璃精细加工而成。它分为偶数面和奇数面两种,前者的工作角为整度数,用于检定圆分度器具轴系的大周期误差,还可以进行对径测量,而后者的工件角为非整数数,它可综合检定圆分度器具轴系的大周期误差和测微器的小周期误差,能较正确地确定圆分度器具的不确定度。

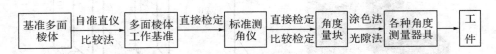

图 2-4　角度量值传递系统

2.3 计量器具分类及其度量指标

2.3.1 计量器具分类

计量器具是量具、量规、量仪和其他用于测量目的的测量装置总称,按其原理、结构特点及用途可分为:

(1)量具

量具是指以固定形式复现量值的计量器具。又可分为单值量具(如量块)和多值量具(如线纹尺)。量具的特点是一般没有放大装置。

(2)量仪

量仪是指将被测量转换成可直接观测的指示值或等效信息的测量工具,其特点是一般都有指示、放大系统。根据所测信号的转换原理和量仪本身的结构特点,可分为:

游标类量仪:游标卡尺、游标高度尺、数显卡尺等;

螺旋类量仪:千分尺、公法线千分尺、内径千分尺等;

指示表量仪:百分表、千分表等;

光学类量仪:光学计、工具显微镜、光学测角仪、光栅测长仪、激光干涉仪等;

电学类量仪:电感比较仪、电动轮廓仪、容栅测位仪等;

气动类量仪:压力式气动量仪、浮标式气动量仪等;

综合类量仪:微机控制的数显万能测长仪,三坐标测量机等。

(3)极限量规

一种没有刻度的专用检验工具,用来检验工件实际尺寸和形位误差的综合结果。量规只能判断工件是否合格,而不能获得被测几何量的具体数值,如塞规、卡规、螺纹量规等。

(4)测量装置

指为确定被测量所必需的测量装置和辅助设备的总体。能够测量较多的几何参数和较复杂的工件,与相应的计量器具配套使用,可方便地检验出被测件的各项参数,如检验滚动轴承用的各种检验夹具,可同时测出轴承套圈的尺寸及径向或轴向跳动等。

2.3.2 计量器具的度量指标

度量指标是选择、使用和研究计量器具的依据,也是表征计量器具的性能和功用的指标。

计量器具的基本度量指标如下:

(1)刻度间距(a)

刻度间距是计量器具的刻度标尺或度盘上两相邻刻线中心之间的距离,一般为 $1\sim 1.25$mm.。

(2)分度值(i)

分度值是计量器具的刻度尺或度盘上相邻两刻线所代表的量值之差。例如,千分尺的分度值 $i=0.01$mm。分度值是量仪能指示出被测件量值的最小单位。对于数字显示仪器的分度值称为分辨率,它表示最末一位数字间隔所代表的量值之差。一般说,分度值越小,

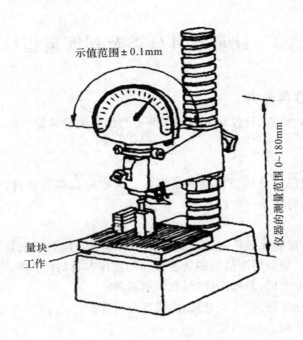

示值范围 ± 0.1mm

仪器的测量范围 0~180mm

量块
工作

图 2-5 计量器具主要指标

计量器具的精度越高。

（3）示值范围（b）

计量器具所指示或显示的最小值到最大值的范围。

（4）测量范围（B）

在允许误差限内,计量器具所能测量零件的最低值到最高值的范围。

（5）灵敏度（K）

计量器具对被测量变化的反应能力。若用 ΔL 表示计量器具的变化量,用 ΔX 表示被测量的增量,则 $K = \Delta L / \Delta X$。

（6）灵敏限（灵敏阈）

灵敏限（灵敏阈）是指能引起计量器具示值可察觉变化的被测量的最小变化值,它表示计量器具对被测量微小变化的敏感能力。例如,1 级百分表灵敏阈为 $3\mu m$,即被测量只要有 $3\mu m$ 的变化,百分表示值就会有能观察到的变化。

（7）测量力

测量过程中,计量器具与被测表面之间的接触压力。在接触测量中,希望测量力是一定量的恒定值。测量力太大会使零件产生变形,测量力不恒定会使示值不稳定。

（8）示值误差

计量器具上的示值与被测量真值之间的差值。示值误差可从说明书或检定规程中查得,也可通过实验统计确定。

（9）示值变动性

在测量条件不变的情况下,对同一被测量进行多次（一般 5~10 次）重复测量时,其读数的最大变动量。

（10）回程误差

在相同测量条件下，计量器具按正反行程对同一被测量值进行测量时，计量器具示值之差的绝对值。

（11）修正值

为消除系统误差，用代数法加到未修正的测量结果上的值。修正值与示值误差绝对值相等而符号相反。

（12）不确定度

在规定条件下测量时，由于测量误差的存在，对测量值不能肯定的程度。计量器具的不确定度是一项综合精度指标，它包括测量仪的示值误差、示值变动性、回程误差、灵敏限以及调整标准件误差等综合影响，反映了计量器具精度的高低，一般用误差限来表示被测量所处的量值范围。如分度值为 0.01mm 的外径千分尺，在车间条件下测量一个尺寸小于 50mm 的零件时，其不确定度为±0.004mm。

2.4 测量方法

测量方法是指在进行测量时所用的，按类别叙述的一组操作逻辑次序。从不同观点出发，可以将测量方法进行不同的分类，常见的方法有：

1. 直接测量和间接测量

按实测几何量是否为欲测几何量，可分为直接测量和间接测量。

（1）直接测量

直接测量是指直接从计量器具获得被测量的量值的测量方法。如用游标卡尺、千分尺。

（2）间接测量

间接测量是测得与被测量有一定函数关系的量，然后通过函数关系求得被测量值。如测量大尺寸圆柱形零件直径 D 时，先测出其周长 L，然后再按公式 $D=L/\pi$ 求得零件的直径 D，如图 2-6 所示。

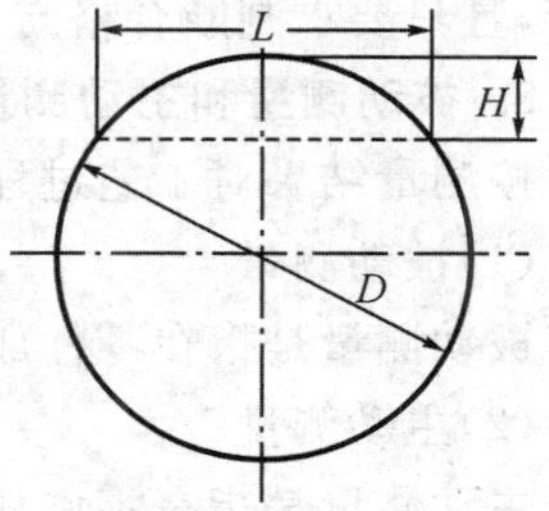

直接测量过程简单，其测量精度只与测量过程有关，而间接测量的精度不仅取决于几个实测几何量的测量精度，还与所依据的计算公式和计算的精度有关。因此为减少测量误差，一般都采用直接测量，必要时才用间接测量。

图 2-6 用公式测直径

2. 绝对测量和相对测量

按示值是否为被测量的量值，可分为绝对测量和相对测量。

（1）绝对测量

绝对测量是指被计量器具显示或指示的示值即是被测几何量的量值。如用测长仪测量零件，其尺寸由刻度尺直接读出。

（2）相对测量

相对测量也称比较测量，是指计量器具显示或指示出被测几何量相对于已知标准量的偏差,测量结果为已知标准量与该偏差值的代数和。

一般来说,相对测量的测量精度比绝对测量的要高。

3. 接触测量和非接触测量

按测量时被测表面与计量器具的测头是否接触,可分为接触测量和非接触测量。

(1)接触测量

接触测量是指计量器具在测量时,其测头与被测表面直接接触的测量。如用卡尺、千分尺测量工件。

(2)非接触测量

非接触测量是指计量器具在测量时,其测头与被测表面不接触的测量。如用气动量仪测量孔径和用显微镜测量工件的表面粗糙度。

在接触测量中,由于接触时有机械作用的测量力,会引起被测表面和计量器具有关部分的弹性变形,因而影响测量精度;非接触测量则无此影响,故适宜于软质表面或薄壁易变形工件的测量,但不适合测量表面有油污和切削液的零件。

4. 单项测量与综合测量

按零件上同时被测量几何量的多少,可分为单项测量和综合测量。

(1)单项测量

单项测量是指分别测量工件各个参数的测量。如分别测量螺纹的中径、螺纹和牙型半角。

(2)综合测量

综合测量是指同时测量工件上某些相关的几何量的综合结果,以判断综合结果是否合格。如用螺纹通规检验螺纹的单一中径、螺距和牙型半角实际值的综合结果,即为作用中径。

单项测量的效率比综合测量低,但单项测量结果便于工艺分析,综合测量适用于大批量生产,且只要求判断合格与否,而不需要得到具体的误差值。

5. 被动测量和主动测量

按测量结果对工艺过程所起的作用,可分为被动测量和主动测量。

(1)被动测量

被动测量是指在零件加工后进行测量。测量结果只能判断零件是否合格。

(2)主动测量

主动测量是指在零件加工过程中进行测量。其测量结果可及时显示加工是否正常,并可以随时控制加工过程,及时防止废品的产生,缩短零件生产周期。

主动测量常用于生产线上,因此,也称在线测量。它使检测与加工过程紧密结合,充分发挥检测的作用,是检测技术发展的方向。

6. 自动测量和非自动测量

按测量过程自动化程度,可分为自动测量和非自动测量。

自动测量是指测量过程按测量者所规定的程序自动或半自动地完成。非自动测量又叫手工测量,是在测量者直接操作下完成的。

此外,按被测零件在测量过程所处的状态,可分为动态测量和静态测量;按测量过程中决定测量精度的因素或条件是否相对稳定可分为等精度测量和不等精度测量等。

2.5　测量误差

2.5.1　测量误差的概念

在测量时,测量结果与实际值之间的差值叫误差。由于计量器具本身的误差和测量方法和条件的限制,任何测量过程都是不可避免地存在误差,测量所得的值不可能是被测量的真值,测得值与被测量的真值之间的差值在数值上表现为测量误差。

测量误差可以表示为绝对误差和相对误差。

1. 绝对误差 δ

绝对误差是指被测量的测得值 x 与其真值 x_0 之差,即

$$\delta = x - x_0$$

由于测得值 x 可能大于或小于真值 x_0,所以测量误差 δ 可能是正值也可能是负值。因此,真值可用下式表示:

$$x_0 = x \pm \delta$$

用绝对误差表示测量精度,只能用于评比大小相同的被测值的测量精度。而对于大小不相同的被测值,则需要用相对误差来评价其测量精度。

2. 相对误差 ε

相对误差是测量误差(取绝对值)除以被测量的真值。由于被测量的真值不能确定,因此在实际应用中常以被测量的约定真值或实际测得值代替真值进行估算。

相对误差 ε 是绝对误差 δ 的绝对值 $|\delta|$ 与被测量真值 x_0 之比,即

$$\varepsilon = \frac{|x - x_0|}{x_0} \times 100\% = \frac{|\delta|}{x_0} \times 100\%$$

相对误差比绝对误差能更好地说明测量的精确程度。

2.5.2　测量误差的来源

实际测量中,产生测量误差的因素很多,误差产生的原因可归结为以下几方面,测量方法误差、测量装置误差、测量环境误差、人员误差。

1. 测量方法误差

测量方法误差是指由于测量方法不完善所引起的误差,包括:工件安装、定位不合理或测头偏离、测量基准面本身的误差和计算不准确等所造成的误差。

2. 测量装置误差

测量装置误差主要可归结为计量器具误差与基准件误差。

计量器具误差是指计量器具本身在设计、制造和使用过程中造成的各项误差,包括原理误差、制造和调整误差、测量力引起的测量误差等。这些误差的综合反映可用计量器具的示值精度或不确定度来表示。

基准件误差是指作为标准量的基准件本身存在的制造误差和检定误差。例如,用量块作为基准件调整计量器具的零位时,量块的误差会直接影响测得值。因此,为保证一定的测量精度,必须选择一定精度的量块。

3. 测量环境误差

测量环境误差是指测量时的环境条件不符合标准条件所引起的误差,包括温度、湿度、气压、振动、照明等不符合标准以及计量器具或工件上有灰尘等引起的误差。

其中,温度对测量结果的影响最大。图样上标注的各种尺寸、公差和极限偏差都是以标准温度 $20℃$ 为依据的。在测量时,当实际温度偏离标准温度 $20℃$ 时温度变化引起的测量误差为

$$\Delta L = L[\alpha_2(t_2 - 20℃) - \alpha_1(t_1 - 20℃)]$$

式中　ΔL——测量误差;

　　　L——被测尺寸;

　　　t_1, t_2——计量器具和被测工件的温度,$℃$;

　　　α_1, α_2——计量器具和被测工件的线膨胀系数,$℃^{-1}$。

测量时应根据测量精度的要求,合理控制环境温度,以减小温度对测量精度的影响。

4. 人员误差

人员误差是指由于测量人员的主观因素所引起的人为差错。如测量人员技术不熟练、使用计量器具不正确、视觉偏差、估读判断错误等引起的误差。

2.5.3　测量误差的分类

任何测量过程,由于受到计量器具和测量条件的影响,不可避免地会产生测量误差。测量误差按其性质分为随机误差、系统误差和粗大误差。

1. 随机误差

随机误差是指在相同测量条件下,多次测量同一量值时,其数值大小和符号以不可预见的方式变化的误差。

随机误差是由于测量中的不稳定因素综合形成的,是不可避免的。产生偶然误差的原因很多,如温度、磁场、电源频率等的偶然变化等都可能引起这种误差;另一方面观测者本身感官分辨能力的限制,也是偶然误差的一个来源。

消除随机误差可采用在同一条件下,对被测量进行足够多次的重复测量,取其平均值作为测量结果的方法。

2. 系统误差

系统误差是指在相同测量条件下,多次重复测量同一量值时,误差的大小和符号均保持不变或按一定规律变化的误差。前者称为定值系统误差,可以用校正值从测量结果中消除。如千分尺的零位不正确而引起的测量误差;后者称为变值系统误差,可用残余误差法发现并消除。

计量器具本身性能不完善、测量方法不完善、测量者对仪器使用不当、环境条件的变化等原因都可能产生系统误差。系统误差和随机误差是两类性质完全不同的误差。系统误差反映在一定条件下误差出现的必然性;而随机误差则反映在一定条件下误差出现的可能性。

系统误差的大小表明测量结果的准确度,它说明测量结果相对直值有一定的误差。系统误差越小,则测量结果的准确度越高。系统误差对测量结果影响较大,要尽量减少或消除系统误差,提高测量精度。

3. 粗大误差

粗大误差是指由于主观疏忽大意或客观条件发生突然变化而产生的误差。在正常情况

下,一般不会产生这类误差。例如,由于操作者的粗心大意,在测量过程中看错、读错、记错以及突然的冲击振动而引起的测量误差。显然,凡是含有粗大误差的测量结果都是应该舍弃的。

2.5.4 测量精度

测量精度是指被测量的测得值与其真值的接近程度。在测量中,任何一种测量的精密程度高低都只能是相对的,皆不可能达到绝对精确,总会存在有各种原因导致的误差。为使测量结果准确可靠.尽量减少误差,提高测量精度.必须充分认识测量可能出现的误差,以便采取必要的措施来加以克服。测量精度和测量误差从两个不同的角度说明了同一个概念。因此,可用测量误差的大小来表示精度的高低。测量精度越高,则测量误差就越小,反之,测量误差就越大。

由于在测量过程中存在系统误差和随机误差,从而引出以下的概念:

1. 准确度

准确度是指在规定的条件下,被测量中所有系统误差的综合,它表示测量结果中系统误差影响的程度。系统误差小,则准确度高。

2. 精密度

精密度是指在规定的测量条件下连续多次测量时,所得测量结果彼此之间符合的程度,它表示测量结果中随机误差的大小。随机误差小,则精密度高。

3. 精确度

精确度是指连续多次测量所得的测得值与真值的接近程度,它表示测量结果中系统误差与随机误差综合影响的程度。系统误差和随机误差都小,则精确度高。

通常,精密度高的,准确度不一定高,反之亦然;但精确度高时,准确度和精密度必定都高。

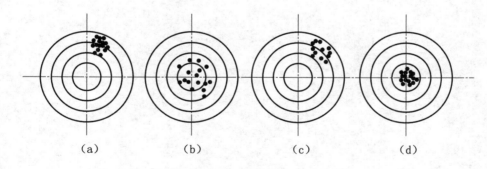

（a）　　　　　　（b）　　　　　　（c）　　　　　　（d）

图 2-7　测量精度分类示意图

如图 2-7 所示,可以射击打靶为例,圆圈表示靶心,黑点表示弹孔。图 2-7(a)表现为弹着点密集但偏离靶心,表示随机误差小而系统误差大;图 2-7(b)表示弹着点围绕靶心分布,但很分散,说明系统误差小而随机误差大;图 2-7(c)表示弹着点既分散又偏离靶心,说明随机误差与系统误差都大;图 2-7(d)表示弹着点既围绕靶心分布而且弹着点又密集,说明系统误差与随机误差都小。

习　题

1．完整的测量过程包括哪几个要素？简述测量步骤。

2．请举例说明，几何量测量方法中，绝对测量与相对测量有何区别。直接测量与间接测量有何区别。

3．简述测量误差概念及其产生原因。

4．分别说明系统误差、随机误差和粗大误差及相互的区别。

第 3 章　通用测量器具及使用方法

本章学习的主要目的和要求：

1. 了解测量器具的分类；
2. 掌握通用测量器具使用方法、注意事项及日常维护；
3. 要求能够独立完成简单测量。

3.1　测量器具简介

生产中，需要通过不同测量器具的检测才能保证零件的所需几何公差量。测量器具根据测量原理、测量对象、适用条件等因素有不同分类，基准量具、极限量规、测量装置等。

测量器具是用于测量的量具、测量仪器和测量装置的总称。按测量原理、结构特点及用途等分为：基准量具、极限量规、通用测量器具、测量装置。

基准量具是测量中体现标准量的量具，以固定形式复现量的测量器具，如量块、角度量块等。

极限量规是用以检验零件尺寸、形状或相互位置的无刻度专业检验工具，专门为检测工件某一技术参数而设计制造，如光滑极限塞规等。

通用量具是指那些测量范围和测量对象较广的量具，一般可直接得出精确的实际测量值，其制造技术和要求较复杂，由量具厂统一制造的通用性量具，如游标卡尺、千分尺、百分表、万能角度尺等。

测量装置是指测量时起辅助测量作用的器具，如方箱、平板等。

1. 基准量具

基准量具又称标准量具用作测量或检定标准的量具。如量块（图 3-1）、多面棱体

(a) 长度量块　　　　　　　　　　　　　(b) 角度量块

图 3-1　量块

（图 3-2）、表面粗糙度比较样块（图 3-3）、直角尺（图 3-4）等。

量块体现了检测中的长度、角度标准量，有不同规格，通过拼接可得到所需长度或角度，常用于机械加工中的检测。

正多面棱体作为计量基准、角度传递基准，被广泛应用。

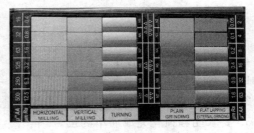

图 3-2　多面棱体　　　　　　　　图 3-3　表面粗糙度比较样块

粗糙度比较样块用于工件表面比较，通过视觉触觉对工件表面粗糙度进行评定，也可作为选用粗糙度数值的参考依据。

2. 极限量规

极限量规是测量特定技术参数的专业检验工具，测量时，工具不能得到被检验工具的具体数值，但能确定被检验工件是否合格。如光滑极限量规、螺纹量规等。

图 3-5 所示为检验轴（孔）的光滑极限圆柱量规。

塞规　　　　　　　环规　　　　　　　卡规

图 3-4　直角尺　　　　　　　　图 3-5　光滑极限圆柱量规

图 3-6 所示为检验内螺纹和外螺纹的普通螺纹量规（螺纹环规、螺纹塞规），适于检测符合国家标准螺纹工件，用于孔径、孔距、内螺纹小径的测量。

图 3-7 为检验外圆锥和内圆锥的圆锥环规和圆锥塞规，实现椎体工件的检测。

图 3-6　螺纹量规　　　　　　　　图 3-7　圆锥量规

3. 通用测量器具

通用量具也称万能量具,该类量具一般都有刻度,能对不同工件、多种尺寸进行测量。在测量范围内可测量出工件或产品的形状、尺寸的具体数据值,如游标卡尺、千分尺、百分表、万能角度尺等。

(1)游标类量具

①游标卡尺

游标卡尺器具是利用游标读数原理制成的量具,游标(副尺)的 1 个刻度间距比主尺的 1 或 2 个刻度间距小,其微小差别即游标卡尺图 3-的读数值,利用此微小差别及其累计值可精确估读主尺刻度小数部分数值。

图 3-8 所示为测量内、外尺寸的游标卡尺,有普通游标卡尺、数显游标卡尺及带表游标卡尺。图 3-9 所示为测量深度的游标卡尺,包括普通深度游标卡尺、数显深度游标卡尺及带表深度游标卡尺;图 3-10 所示为测量高度的游标卡尺,包括普通高度游标卡尺、数显高度游标卡尺及带表高度游标卡尺。

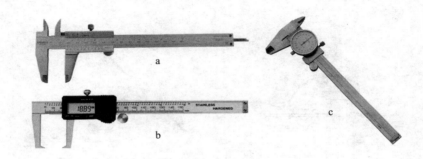

图 3-8 游标卡尺

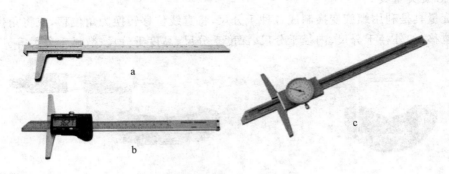

图 3-9 深度游标卡尺

②万能量角器

万能量角器又称游标量角器,也是利用游标原理,对两测量面相对移动所分隔的角度进行读数的同样角度测量工具,如图 3-11 所示,用来测量精密工件的内、外角度或进行角度划线的量具。

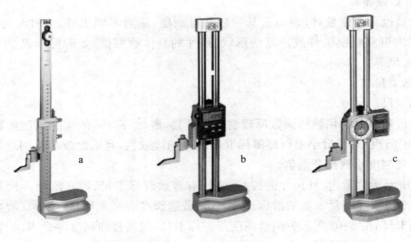

图 3-10 高度游标卡尺

图 3-11 万能角度尺

(2)螺旋类量具

螺旋量具是利用螺旋变换制成各种千分尺,将直线位移转换为角位移,或将角位移转换为直线位移,如外径千分尺、内径千分尺、深度千分尺、高度千分尺、数显千分尺等。

图 3-12 外径千分尺

如图 3-12 所示,外径千分尺是应用于工件外尺寸的精密测量,内径尺寸的测量则用内径千分尺,如图 3-13 所示,不同级别尺寸,可按需要增加加长杆。

螺纹千分尺用于测量螺纹中径,测头采用尖端,其他结构与外径千分尺相同,如图 3-14 所示。

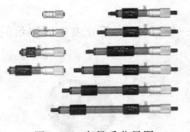

图 3-13　内径千分尺图

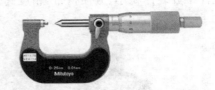

图 3-14　螺纹千分尺

如图 3-15 所示,线材千分尺用于线材加工行业,用于测量线材的直径,使用简便、读数直观。

图 3-15　线材千分尺

盘形千分尺利用两个盘型测量面分隔举例测量长度,用于测量齿轮公法线长度,是通用的齿轮测量工具,如图 3-16 所示。

图 3-16　盘形千分尺

板材千分尺对弧形尺架设计适用于板类零件的测量,测量原理相同,如图 3-17 所示。

（3）指示表

百分表是长度测量工具,广泛应用于测量工件几何形状误差及位置误差。百分表具有防震机构,精度可靠等优点,能精确到 0.01mm,如图 3-18 所示。

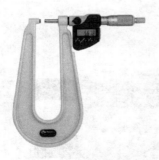

图 3-17　板材千分尺

图 3-18　百分表

千分表是高精度的长度测量工具,用于测量工件几何形状误差及位置误差,比百分表更精确,精确到 0.001mm,如图 3-19 所示。

杠杆千分表体积小、方便携带,精度高,适用于一般百分表、千分表难以测量的场所,如图 3-20 所示。

图 3-19　千分表　　　　　　　　　　图 3-20　杠杆千分表

深度百分表适用于工件深度、台阶等尺寸的测量,如图 3-21 所示。

(4)光学类量仪

光学类量仪利用光学原理进行检查,如光学计、光学测角仪、光栅测长仪(图 3-22)、激光干涉仪、投影仪(图 3-23)、工具显微镜(图 3-24)等。

图 3-21　深度百分表　　　　　　　　图 3-22　光栅尺

图 3-23　投影仪　　　　　　　　图 3-24　放大镜

（5）电学类量仪

电学类量仪利用电感等原理进行检查，其示值范围小，灵敏度高，如表面粗糙度测量仪（图 3-25）、电感比较仪、电动轮廓仪（图 3-26）、容栅测位仪等。

图 3-25　表面粗糙度测量仪

图 3-26　轮廓测量仪

（6）气动类量仪

气动类量仪利用气压驱动，其精度与灵敏度比较高，抗干扰性强，可用于动态在线测量，主要应用于大批量生产线中，如水柱式气动量仪、浮标式气动量仪（图 3-27）等；

（7）综合类量仪

综合类量仪结构复杂，精度高，对形状复杂的工件进行二维、三维高精度测量，主要用于计量室进行高精度测量。包括数显式工具显微镜、微机控制的数显万能测长仪，三坐标测量机（图 3-28）等。

以上做介绍仪器为通用公差测量仪器，其他还有许多专项参数检查仪器，如直线度测量仪器、圆柱度检查仪、球头铣刀测量装置等。

图 3-27　浮标式气动量仪

图 3-28　三坐标测量机

3.2　通用测量仪器的使用及维护

各种测量仪器种类繁多，篇幅有限，本书主要介绍生产中，常用测量量具的使用方法及其维护。

3.2.1 基准量具

1. 量块

量块又称块规,是用优质耐磨材料如铬锰钢等精细制作的高精度标准量具,用途非常广泛,如图 3-29 量块所示。

量块是技术测量中长度计量的基准。常用于精密工件、量规等的正确尺寸测定,精密机床夹具在加工中定位尺寸的调定,对测量仪器、工具的调整、校正等。

长度量块　　　　　　　　角度量块

陶瓷材质的量块

图 3-29　量块

普通量块一般为正六面体,标称尺寸≤10mm 的量块,其截面尺寸为 30mm×9mm; >10~1000mm 的量块,截面尺寸为 35mm×9mm。量块组合使用时,一般是以尺寸较小的量块的下测量面与尺寸较大的量块的上测量面相研合。

量块通常是成套生产的。一套量块包括许多不同尺寸的量块,以供按需要组合成不同的尺寸使用。具体量块的尺寸系列可参见国家的相关标准(GB/T 6093—2001)。

【量块的组合】

要求:块数尽量少,最多 4 块。

方法:每一块量块消除一位数字,从最末位数字开始。

例:组合尺寸 33.625(用 83 块一套)

$$
\begin{array}{ll}
33.625 & \text{————————量块组合尺寸} \\
-\quad 1.005 & \text{————————第 1 块量块的尺寸} \\
\overline{32.620} & \\
-\quad 1.02 & \text{————————第 2 块量块的尺寸} \\
\overline{31.600} & \\
-\quad 1.6 & \text{————————第 3 块量块的尺寸} \\
\overline{30} & \text{————————第 4 块量块的尺寸}
\end{array}
$$

【操作要点】

a. 使用前,应先看有无检定合格证及时间是否在检定周期之内,其等级是否符合使用要求。

b. 使用前,先将表面的防锈油用脱脂棉或软净纸擦去,再用清洗剂清洗一至两遍,擦干后放在专用的盘内或其他专放位置。不要对着量块呼吸或用口吹工作面上的杂物。

c. 使用的环境和条件是否符合使用的温度规范要求,包括等温要求。

d. 使用时,应避免跌落和碰伤,量块离桌面的距离应尽量小。

e. 尽量避免用手直接接触量块的工作面,接触后应仔细清洗以免生锈。

f. 手持量块的时间不应过长,以减小手温的影响。

g. 用完后及时清洗涂油,放入盒中。涂油时用竹夹子夹住量块,用毛刷或毛笔涂抹,涂抹要稀薄均匀全面。

3.2.2　游标类量具

1. 游标卡尺

游标卡尺是比较精密的量具,主要用于测量工件的外径、内径尺寸,利用游标和尺身相互配合进行测量和读数。游标卡尺结构简单,使用简单,测量范围大,应用广泛,保养方便,带深度尺还可用于测量工件的深度尺寸,如图 3-30 所示。

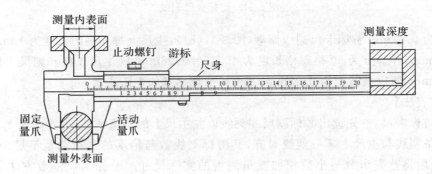

图 3-30　Ⅰ型游标卡尺

常用游标卡尺按功能、结构主要分为:

三面量爪游标卡尺(Ⅰ型,Ⅱ型):卡尺结构包括外测量爪、刀口内测量爪、深度尺,是否带台阶测量面分为Ⅰ型,Ⅱ型,本形式可分带深度尺和不带深度尺两种。

双面量爪游标卡尺（Ⅲ型）：卡尺结构包括刀口外测量爪、圆弧内测量爪、外测量爪，不带深度测量尺。

单面量爪游标卡尺（Ⅳ型，Ⅴ型）：卡尺结构包括外测量爪、圆弧内测量爪，根据是否带台阶测量面分为Ⅳ型，Ⅴ型。

卡尺不同游标卡尺的测量范围见表 3-1。

表 3-1　游标卡尺规格

型　　式	游标卡尺			大量程游标卡尺
	Ⅰ型，Ⅱ型	Ⅲ型	Ⅳ型，Ⅴ型	
测量范围/mm	0～70， 0～150	0～200， 0～300	0～500， 0～1000	0～1500，0～2000， 0～2500，0～3000，0～3500，0～4000
游标分度值/mm	0.01，0.02，0.05，0.10			

【刻线原理】

精度为 0.05mm 游标卡尺刻线原理（图 3-31(a)）：主尺上每一格的长度为 1mm，副尺总长度为 39mm，并等分为 20 格，每格长度为 39/20＝1.95mm，则主尺 2 格和副尺 1 格长度之差为 0.05mm，所以其精度为 0.05mm，其刻线原理示意如下图所示。

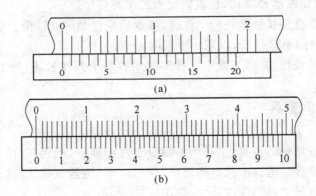

图 3-31　游标卡尺刻线

精度为 0.02mm 游标卡尺刻线原理（图 3-31(b)）：主尺上每一格的长度为 1mm，副尺总长度为 49mm，并等分为 50 格每格长度为 49/50＝0.98mm，则主尺 1 格和副尺 1 格长度之差为 0.02mm，所以其精度为 0.02mm，其刻线原理示意如下图所示。

【读数方法】

普通游标卡尺，首先读出游标副尺零刻线以左主尺上的整毫米数，再看副尺上从零刻线开始第几条刻线与主尺上某一刻线对齐，其游标刻线数与精度的乘积就是不足 1mm 的小数部分，最后将整毫米数与小数相加就是测得的实际尺寸。游标卡尺读数方法示意如图 3-32所示。

带表游标卡尺是用表式机构代替游标读数，测量准确。使用带表游标卡尺的方法与使用普通游标卡尺的方法相同，从指示表上读取尺寸的小数值，与主尺整数相加即为测量结果。

数显游标卡尺只是使用液晶显示屏显示数值，可直接读取测量结果。使用方便、准确、

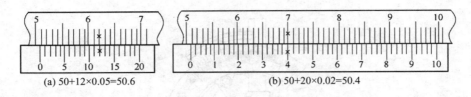

(a) 50+12×0.05=50.6　　　　　　　(b) 50+20×0.02=50.4

图 3-32　刻度读数

迅速。

【操作要点】

① 测量前应将游标卡尺擦拭干净,检查量爪贴合后主尺与副尺的零刻线是否对齐。

② 测量时,应先拧松紧固螺钉,移动游标不能用力过猛。两量爪与待测物的接触不宜过紧。不能使被夹紧的物体在量爪内挪动。

③ 测量时,应拿正游标卡尺,避免歪斜,保证主尺与所测尺寸线平行。

④ 测量深度时,游标卡尺主尺的端部应与工件的表面接触平齐。

⑤ 读数时,视线应与尺面垂直,避免视线误差的产生。如需固定读数,可用紧固螺钉将游标固定在尺身上,防止滑动。

⑥ 实际测量时,对同一长度应多测几次,取其平均值来消除偶然误差。

⑦ 用完后,应平放入盒内。如较长时间不使用,应用汽油擦洗干净,并涂一层薄的防锈油。卡尺不能放在磁场附近,以免磁化,影响正常使用。

2. 游标万能角度尺

游标万能角度尺是适用于机械加工中内、外角度测量或进行角度划线的量具,可测 $0°\sim320°$ 的外角和 $40°\sim130°$ 的内角。

游标万能角度尺分Ⅰ型和Ⅱ型(图 3-33 游标万能角度尺),其中精度为 $2'$ 的Ⅰ型游标万能角度尺应用较广。

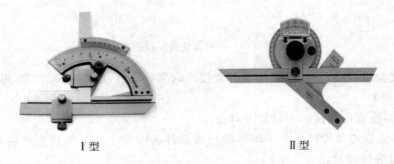

Ⅰ型　　　　　　　　　　　　　Ⅱ型

图 3-33　游标万能角度尺

游标万能角度尺不同型号测量范围及精度见表 3-2。

表 3-2　游标万能角度尺规格(GB/T 6315-2008)

型号	测量范围/°	游标分度值/′
Ⅰ型	0～320	2
Ⅱ型	0～360	5

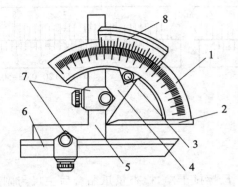

1-尺身　2-基尺　3-制动器　4-扇形块　5-90°角尺　6-直尺　7-卡块　8-游标

图 3-34　Ⅰ型游标万能角度尺结构

【刻线原理】

游标 2′万能角度尺的刻线原理,角度尺尺身刻线每格为 1°,游标共有 30 个格,等分 29°/30＝58′,尺身 1 格和游标 1 格之差为 2′,因此其测量精度为 2′。

【读数方法】

游标万能角度尺读数方法与游标卡尺的方法相似,先从尺身上读出游标零刻线前的整度数,再从游标上读出角度数,两者相加就是被测工件的度数值,如图 3-35 所示。

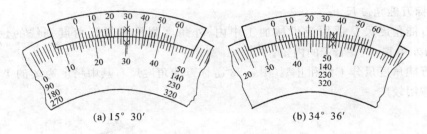

(a) 15° 30′　　　　　(b) 34° 36′

图 3-35　游标万能角度尺读数

数显万能角度尺的读数,在显示屏可直接读取测量数值,操作简单、准确、快速。

【操作要点】

① 使用前检查角度尺的零位是否对齐。

② 测量时,应使角度尺的两个测量面与被测件表面在全长上保持良好接触,然后拧紧制动器上螺母进行读数。

③ 测量角度在 0°～50°范围内,应装上角尺和直尺。

④ 测量角度在 50°～140°范围内,应装上直尺。

⑤ 测量角度在 140°～230°范围内,应装上角尺。

⑥ 测量角度在 230°～320°范围内,不装角尺和直尺。

3. 常用游标类量具的维护保养

(1)不准把游标卡尺的两个量爪当扳手或刻线工具使用,不准用卡尺代替卡钳、卡板等在被测工件上推拉,以免磨损卡尺,影响测量精度。

（2）带深度尺的游标卡尺用完后应将量爪合拢，否则较细的深度尺露在外边，容易变形，折断。

（3）数显卡尺应避开高温，油脂和水，也应避开强磁场使用和存放，这些物质不仅影响使用和测量精度，也会影响卡尺的使用寿命。

（4）测量完成后，要把游标卡尺平放，特别是大尺寸游标卡尺，否则容易引起尺身弯曲变形。

（5）留意数值显示情况，否有跳数，或在使用过程中自动归零等现象，及时更换电池，以免影响测量结果，严禁强光照射显示器，以防液晶显示器老化。

（6）不要用电刻笔在数显卡尺上刻字，以防把电子线路击穿。

（7）游标卡尺使用完毕，要擦净并上油，放置在专用盒内，防止弄脏或生锈，并存放在干燥的包装盒内，保持清洁。

（8）不可用砂布或普通磨料来擦除刻度尺表面及量爪测量面上的锈迹和污物。

（9）游标卡尺受损后，不允许用锤子、锉刀等工具自行修理，应交专门修理部门修理，并经检定合格后才能使用。

3.2.3 螺旋类器具

千分尺是应用广泛的精密长度量具，测量精确度比游标卡尺高。千分尺的形式和规格繁多，有外径千分尺、内径千分尺、深度千分尺等。

1. 外径千分尺

外径千分尺利用螺旋传动原理，将角位移变成直线位移来进行长度测量，精度可达0.001mm，主要用于测量工件的外径、长度、厚度等外尺寸。外径千分尺结构如图 3-36所示。

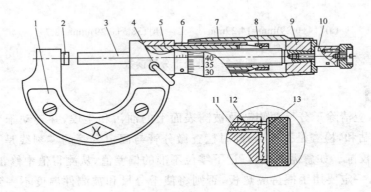

1-尺架　2-砧座　3-测微螺杆　4-锁紧手柄　5-螺纹套　6-固定套管
7-微分管　8-螺母　9-接头　10-测力装置　11-弹簧　12-棘轮爪　13-棘轮
图 3-36　外径千分尺

外径千分尺的量程为 25mm，测微螺杆螺距为 0.5mm 和 1mm，不同外径千分尺的测量范围，精度见表 3-3。

表 3-3　外径千分尺规格 (GB/T 1216-2004)

品　种	测量范围/mm	分度值/mm
外径千分尺	0～25,20～25,50～75,75～100,100～125,125～150, 150～175,175～200,200～225,225～250,250～275, 275～300,300～400,400～500,500～600,600～700, 700～800,800～900,900～1000	0.01,0.001, 0.002,0.005
大外径千分尺 (JB/T1007－1999)	1000～1500,1500～2000,2000～2500,2500～3000	

【刻线原理】

千分尺测微螺杆上的螺距为 0.5mm,当微分管转一圈时,测微螺杆就沿轴向移动 0.05mm,固定套管上刻有间隔为 0.5mm 的刻线,微分管圆锥面上共刻有 50 个格,因此微分筒每转一周,螺杆就移动 0.5mm/50＝0.01mm,因此千分尺的精度值为 0.01mm。

【读数方法】

首先读出微分筒边缘在固定套管主尺的毫米数和半毫米数,然后看微分管上哪一格与固定套管上基准线对齐,并读出相应的不足半毫米数,最后把两个读数相加就是测得的实际尺寸。读数方法示意如图 3-37 所示。

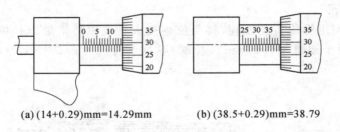

(a) (14+0.29)mm=14.29mm　　　(b) (38.5+0.29)mm=38.79

图 3-37　外径千分尺读数

【操作要点】

① 测量前,应清除千分尺两侧砧及被测表面上的油污和尘埃,并转动千分尺的测力装置,使两侧砧面贴和,检查是否密合;同时检查微分管与固定套管的零刻线是否对齐。若零位不对,应进行校准。如急需测量,可记下零位不准的偏差值,从测得值中修正。

② 测量时,一定要用手握持隔热板,否则将使千分尺和被测件温度不一致而产生测量误差,应尽可能使千分尺和被测件的温度相同或相近。

③ 测量时,当千分尺两测砧接近被测件而将要接触时,只能转动测力装置的滚花外轮,当测力装置发出咯咯的响声时,表示两测砧已与被测件接触好,此时即可读数。千万不要在两测砧与被测件接触后再转动微分筒,这样将使测力过大,并使精密螺纹受到磨损。

④ 测量时,千分尺测杆的轴线应与被测尺寸的长度方向一致,不能歪斜。与两测砧接触的两被测表面,如定位精度不同,应以易保证定位精度的表面与固定测砧接触,以保证测量时的正确定位。

⑤ 读数时,千分尺最好不要离开被测件,读数后要先松开两测砧,以免拉离时磨损测

砧,更不能测量运动中的工件。如确需取下,应首先锁紧测微螺杆,防止尺寸变动。

⑥ 不得握住微分筒挥动或摇转尺架,这样会使精密测量螺杆受损。

⑦ 使用后擦净上油,放入专用盒内,并将置于干燥处。

2. 常用螺旋类器具的维护保养

(1)不能用千分尺测量零件的粗糙表面,也不能用千分尺测量正在旋转的零件。

(2)千分尺要轻拿轻放,不要摔碰,若受撞击,应立即进行检查,必要时送计量部门检修。

(3)千分尺应保持清洁。测量完毕,用软布或棉纱等擦拭干净,放入盒中。长期不用应涂防锈油。要注意勿使两个测量粘贴合,以免锈蚀。

(4)大型千分尺应平放在盒中,以免变形。

(5)不允许用砂布或普通磨料擦拭测微螺杆上的污锈。

(6)不能在千分尺的微分筒和固定套筒之间加酒精、煤油、凡士林、柴油、普通机油等;不允许把千分尺浸泡在上述油类及酒精中。如发现上述物质浸入,需用汽油洗净,再涂以特种轻质轮滑油。

3.2.4 指示表

1. 百分表和千分表

百分表和千分表是将测量杆的直线位移通过齿条和齿轮传动系统转变为指针的角位移进行读数的一种长度测量工具。广泛用于测量精密件的形位误差,也可用比较法测量工件的长度,具有防震机构,精度可靠。百分表的结构如图的分度值为 0.01mm,千分表的分度值为 0.001mm。

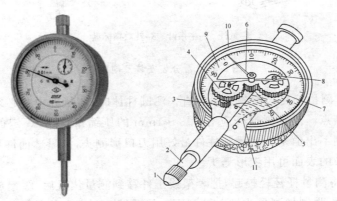

1-触头　2-测量杆　3-小齿轮　4、7-大齿轮　5-中间小齿轮
6-长指针　8-短指针　9-表盘　10-表圈　11-拉簧

图 3-38　百分表

百分表和千分表的测量范围及精度见表 3-4。

3.4　百分表和千分表规格

品　种	测量范围/mm	分度值/mm
百分表(GB 1219—85)	0~3,0~5,0~10	0.01
大量程百分表(GB 6311—86)	0~30,0~50,0~100	
千分表(GB 6309—86)	0~1,0~2,0~3~5	0.001

【刻线原理】

当测量杆上升 1mm 时,百分表的长针正好转动一周,由于百分表的表盘上共刻有 100 个等分格,所以长针每转一格,则测量杆移动 0.01mm。

【读数方法】

长指针每转一格为 0.01mm,短指针每转一格为 1mm,测量时把长短指针读数相加即为测量读数。

【操作要点】

① 使用前检查表盘和指针有无松动。

② 测量工件时,将指示表(百分表和千分表)装夹在合适的表座上(图 3-39),装夹指示表时,夹紧力不能过大,以免套筒变形,使测杆卡死或运动不灵活。用手指向上轻抬测头,然后让其自由落下,重复几次,此时长指针不应产生位移。

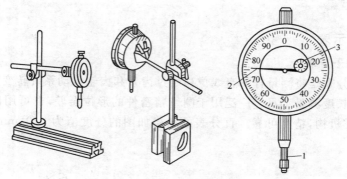

1–量杆 2–主指针 3–转数指标盘

图 3-39 百分表安装及使用

③ 测平面时,测量杆要与被测平面垂直。测圆柱体时,测量杆中心必须通过工件中心,即触头在圆柱最高点。注意测量杆应有 0.3～1mm 的压缩量,保持一定的初始力,以免由于存在负偏差而测不出值来。测量圆柱件最好用刀口形测头,测量球面件可用平面测头,测量凹面或形状复杂的表面可用尖形测头。

④ 测量时先将测量杆轻轻提起,把表架或工件移到测量位置后,缓慢放下测量杆,使之与被侧面接触,不可强制把测量头推上被测面。然后转动刻度盘使其零位对正长指针,此时要多次重复提起测量杆,观察长指针是否都在零位上,在不产生位移情况下才能读数。

⑤ 测量读数时,测量者的视线要垂直于表盘,以减小视差。

⑥ 测量完毕后,测头应洗净擦干并涂防锈油。测杆上不要涂油。如有油污,应擦干净。

2. 常用表类量具的维护保养

(1)使用时要仔细,提压测量杆的次数不要过多,距离不要过大,以免损坏机件,加剧测量头端部以及齿轮系统等的磨损。

(2)不允许测量表面粗糙或有明显凹凸的工作表面,会使精密量具的测量杆发生歪扭和受到旁侧压力,从而损坏测量杆和机件。

(3)应避免剧烈震动和碰撞,不要使测量头突然撞击在被测表面上,以防测量杆弯曲变形,更不能敲打表的任何部位。

(4)在遇到测量杆移动不灵活或发生阻滞时,不允许用强力推压测量头,应送交维修人员进行检查修理。

(5)不应把精密量具放置在机床的滑动部位,以免使量具轧伤和摔坏。

(6)不要把精密量具放在磁场附近,以免造成机件受磁性,失去精度。

(7)防止水或油液渗入百分表内部,不应使量具与切削液或冷却剂接触,以免机件腐蚀。

(8)不要随便拆卸精密量表或表体的后盖,以免尘埃及油污渗入机件,造成传动系统的障碍或弄坏机件。

(9)在精密量表上不准涂有任何油脂,否则会使测量杆和套筒黏结,造成动作不灵活,而且油脂易黏结尘土,从而损坏量表内部的精密机件。

(10)不使用时,应使测量杆处于自由状态,不应有任何压力附加。

(11)若发现百分表有锈蚀现象,应立即检修,不允许用砂纸擦拭测量杆上的污锈。

(12)精密量表不能与锉刀、凿子等工具堆放在一起,以免擦伤、碰毛精密测量杆或打碎玻璃表盖等。

3.2.5　角度器具

1. 正弦规

正弦规是用于准确检验零件及量规角度和锥度的量具,辅助测量圆锥锥度和角度偏差。一般的正弦规如图 3-40 所示。

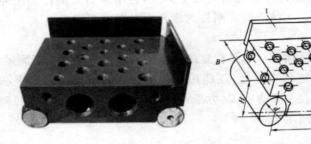

1-侧挡板;2-前挡板;3-主体;4-圆柱

图 3-40　正弦规

【测量原理】

正弦规测量原理是根据正弦函数,利用量块垫起一端使之形成一定角度来检验圆锥量规和角度等工具的锥度和角度偏差。

测量前,根据被测工件的结构不同,选择不同结构的正弦规,然后按公式计算量块组的高度。

$$h = L\sin\alpha$$

式中　　h——量块组的高度;

　　　　L——两圆柱的中心间距;

　　　　α——正弦规放置的角度。

测量时,将正弦规放在平板上,一圆柱与平板接触,另一圆柱下垫量块,装好工件。如

图 3-41正弦规测量外椎体所示,为正弦规测量外锥体。

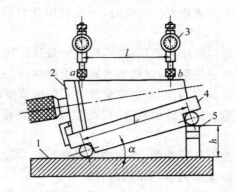

1-检验平板　2-工件　3-指示表　4-正弦规　5-量块

图 3-41　正弦规测量外椎体

【操作要点】

1. 正弦规工作面不得有严重影响外观和使用性能的裂痕、划痕、夹渣等缺陷。

2. 正弦规各零件均应去磁,主体和圆柱必须进行稳定性处理。

3. 正弦规应能装置成 0°～80°范围内的任意角度,其结构刚性和各零件强度应能适应磨削工作条件,各零件应易于拆卸和修理。

4. 正弦规的圆柱应采用螺钉可靠地固定在主体上,且不得引起圆柱和主体变形;紧固后的螺钉不得露出圆柱表面。主体上固定圆柱的螺孔不得露出工作面。

2. 水平仪

水平仪是用以测量工件表面相对水平位置的微小倾斜角度的量具。可测量各种导轨和平面的直线度、平面度、平行度和垂直度,还能用于调整安装各种设备的水平和垂直位置。一般被作为量具使用的水平仪主要有框式(方形水平仪)和条式(钳工水平仪)两种,如框式水平仪、条式水平仪图 3-42 所示。

框式水平仪

条式水平仪

图 3-42　水平仪

【测量原理】

水平仪是利用水准器(水泡)进行测量的。水准器是一个密封的玻璃管,内壁研磨成具有一定曲率半径尺的圆弧面。管内装有流动性很好的液体(如乙醚、酒精),管内还留有一个小的空间,即为气泡,玻璃管外表面上刻有刻度。

当水准器处于水平位置时,气泡位于正中,即处于零位。

当水准器偏离水平位置而有倾斜时,气泡即移向高的一端,倾斜角度的大小,由气泡所对的刻度读出。

水平仪不同品种测量范围及精度见表 3-5。

表 3-5　水平仪规格

品　　种	分度值/mm	工作面长度/mm	工作面宽度/mm	V 形工作面夹角
框式、条式 (GB/T 16455—2008)	0.02,0.05, 0.10	100	≥30	120°,140°
		150,200	≥35	
		250,300	≥40	
电子式 (JB/T 10038—1999)	0.005,0.01, 0.02,0.05	100	25～35	120°,150°
		150,200,250,300	35～50	

【操作要点】

① 使用前,应将水平仪的工作面和工件的被检面清洗干净,测量时此两面之间如有极微小的尘粒或杂物,都将引起显著的测量误差。

② 零值的调整方法,将水平仪的工作底面与检验平板或被测表面接触,读取第一次读数;然后在原地旋转 180°,读取第二次读数;两次读数的代数差除以 2 即为水平仪的零值误差。

③ 普通水平仪的零值正确与否是相对的,只要水平仪的气泡在中间位置,就表明零值正确。

④ 水准器中的液体,易受温度变化的影响而使气泡长度改变。对此,测量时可在气泡的两端读数,再取平均值作为结果。

⑤ 测量时,一定要等到气泡稳定不动后再读数。

⑥ 读取水平仪示值时,应垂直正对水准器的方向,以避免因视差造成读数误差。

3. 角尺

角尺是一种专业量具,角尺测量为比较测量法,公称角度为 90°,故称为直角尺,可用于检测工件的垂直度及工件相对位置的垂直度,有时也用于划线。适用于机床、机械设备及零部件的垂直度检验,安装加工定位,划线等是机械行业中的重要测量工具,特点是精度高、稳定性好、便于维修,结构不同可分为平样板角尺、宽底座样板角尺、圆柱角尺,如图3-43所示,为宽底座样板角尺。

图 3-43　宽底座样板直角尺

【测量原理】

使用角尺检验工件时,当角尺的测量面与被检验面接触后,即松手,让角尺靠自身的重量保持其基面与平板接触,如图 3-44(a)、(b)所示,(c)所示用手轻按压角尺的下基面,使上基面与被检验的一个面接触。

①确定被检验角数值:测量时,如果角尺的测量面与被检验面完全接触,根据光隙的大小判定被检验角的数值。若无光隙说明被检验角度为 90°;若有关隙的说明被检验角度不等于 90°。

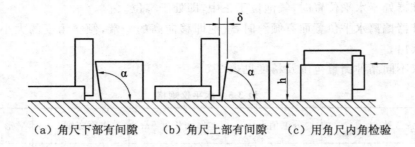

（a）角尺下部有间隙　（b）角尺上部有间隙　（c）用角尺内角检验

图 3-44　角尺检验直角

②角尺做检验工具：用比较测量法检验，先用作为标准的角尺调整指示器，当标准角尺压向测量架的固定支点时，调整指示器归零；然后将指示器和测量架移向被测工件进行测量，如 3-45 所示。

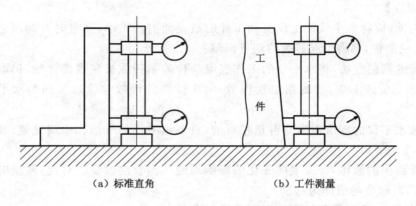

（a）标准直角　　　　　　　　　（b）工件测量

图 3-45　角尺比较测量垂直度误差

【操作要点】

① 00 级和 0 级 90 度角尺一般用于检验精密量具；1 级 90 度角尺用于检验精密工件；2 级 90 度角尺用于检验一般工件。

② 使用前，应先检查各工作面和边缘是否被碰伤。将直角尺工作面和被检工作面擦净。

③ 使用时，将 90°角尺放在被测工件的工作面上，用光隙法来鉴别被测工件的角度是否正确，检验工件外角时，须使直角尺的内边与被测工件接触，检验内角时，则使直角尺的外边与被测工件接触。

④ 测量时，应注意角尺的安放位置，不能歪斜。

⑤ 在使用和安放工作边较大的 90°角尺时，尤应注意防止弯曲变形。

⑥ 为求得精确的测量结果，可将 90°角尺翻转 180°再测量一次，取二次度数的算术平均值作为其测量结果，可消除角尺本身的偏差。

3.2.6　量规

1. 光滑极限量规

光滑极限量规是用以检验没有台阶的光滑圆柱形孔、轴直径尺寸的量规，在生产中使用最广泛,如图 3-46 所示。按国家标准规定,量规的检验范围是基本尺寸(1～500)mm,公差等级为 IT6—IT16 的光滑圆柱形孔和轴。

检验孔径的量规叫做塞规,检验轴径的量规叫做卡规。轴径也可用环规即用高精度的完整孔来检验,但操作不便,又不能检验加工中的轴件(两端都已顶持),故很少应用。

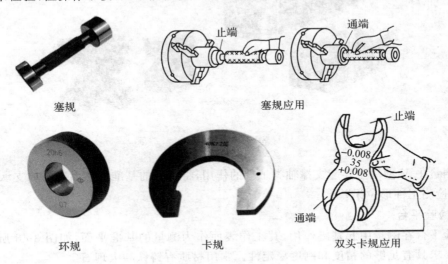

图 3-46 光滑极限量规

【测量原理】

塞规和卡规都是成对使用的,其中一个为"通规",用以控制孔的最小极限尺寸 D_{min} 和轴的最大极限尺寸 d_{max},另一个为"止规",用以控制孔的最大极限尺寸 D_{max} 和轴的最小极限尺寸 d_{min}。检验时,若通规能通过被检孔、轴,而止规不能通过,则表示被检孔、轴的尺寸合格。

【操作要点】

① 使用前,要先核对量规上标注的基本尺寸、公差等级及基本偏差代号等是否与被检件相符。了解量规是否经过定期检定及检定期限是否过期(过期不应使用)。

② 使用前,必须检查并清除量规工作面和被检孔、轴表面(特别是内孔孔口)上的毛刺、锈迹和铁屑末及其他污物。否则不仅检验不准确,还会磨伤量规和工件。

③ 检验工件时,一定要等工件冷却后再检验,并在量规上应尽可能安装隔热板,以供使用时用手握持,否则将产生很大的热膨胀误差而造成误检。

④ 检验孔件时,用手将塞规轻轻地送入被检孔,不得偏斜。量规进入被检孔中之后,不要在孔中回转,以免加剧磨损。

⑤ 检验轴件时,用手扶正卡规(不要偏斜),最好让其在自重作用下滑向轴件直径位置。

⑥ 量规属精密量具,使用时要轻拿轻放。用完后工作面上涂一层薄防锈油,放在木盒内或专门的位置,不要将量规与其他工具杂放在一起,要注意避免磨损、锈蚀和磁化。

3.2.7 辅助量具

常用的辅助量具主要有 V 型块、检验平板、方箱、弯板等。

1. V 型块

V 型块是用于轴类零件加工和或检验时作紧固或定位的辅助工作,如图 3-47 所示。V

型块可以单只使用,也可以成对使用,成对使用时必须保证是同型号和同一精度等级的 V 型块才可使用。材质可分铸铁材质或大理石材质。

图 3-47　V 型块

在测量中 V 型块主要起支撑轴类工件的作用,将工件的基准圆柱面定位和支承在 V 型块上,可检测工件形位误差。

2. 检验平台

检验平台在测量中起基座作用,其工作表面作为测量的基准平面,如图 3-48 所示。检验平板要求具有足够的精度和刚度稳定性。常用材质有铸铁和大理石。

图 3-48　检验平板

检验使用时应注意,平板安放平稳,一般用三个支承点调整水平面。大平板增加的支承点须垫平垫稳,但不可破坏水平,且受力须均匀,以减少自重受形;平板应避免因局部使用过频繁而磨损过多,使用中避免热源的影响和酸碱的腐蚀;平板不宜承受冲击、重压、或长时间堆放物品等。

3. 方箱

方箱用于检验工件的辅助量具,也可在平台测量中作为标准直角使用,其性能稳定,精度可靠。有六个工作面,其中一个工作面上有 V 型槽,如图 3-49 所示。

方箱一般是在检验平板上使用,起支承被检测工作的作用,可以单独使用,也可以成对使用。

4. 弯板

弯板在检验平台测量中作为标准直角使用,如图

图 3-49　方箱

3-50 所示,用于零部件的检测和机械加工中的装夹、划线。能在检验平板上检查工件的垂直度,适用于高精度机械和仪器检验和机床之间不垂直度的检查。

弯板使用时不能在潮湿、有腐蚀、过高和过低的温度环境下使用和存放。在使用时要先进行弯板的安装调试,然后,把弯板的工作面擦拭干净,在确认没有问题的情况下使用弯板。

图 3-50　弯板

3.3　测量工具的日常维护和保养

正确地使用量具是保证产品质量的重要条件之一。要保持量具的精度和它工作的可靠性,以及延长量具的使用期限,除了在使用中要按照合理的使用方法进行操作以外,还必须做好量具的维护和保养工作。

测量器具维护保养的一般注意事项有以下几点。

① 测量器具应经常保持清洁,使用后,松开紧固装置,不要使两个测量面接触,及时擦拭干净,涂上防锈油,放在专用的盒子里,存放在干燥的地方。

② 测量器具在使用过程中,不能与刀具堆放在一起,以免碰伤;测量器具应与磨料严格地分开存放。

③ 测量器具要放在清洁、干燥、温度适宜、无振动、无腐蚀性气体的地方。不能把测量器具放在有冷却液、切屑的地方,这不仅因温度变化影响测量的准确度,也会引起测量器具的锈蚀、堵塞而影响正常使用;不要把测量器具随意放在机床上,以免由于振动使它摔坏,不要把测量器具放在磁场(磨床的磁性工作台、车床的磁性卡盘)附近,以免测量器具被磁化,在测量面上吸附切屑而加大测量误差或磨损测量面。

④ 在机床上进行测量时,工件必须停止后再进行测量,否则,工件在运转时测量,不但会使测量器具的测量头过早磨损而失去精度,还会损坏测量器具,甚至造成人身事故。

⑤ 不能用精密计量器具测量粗糙的铸、锻毛坯或带有研磨剂的表面。

⑥ 测量器具是用来测量的,不能当成其他工具的代用品,如用作划针、锤子、一字螺钉旋以及用来清理切屑等都是不允许的。

⑦ 不要用手摸测量器具的测量面,因为手上有汗、污物等,会污染测量面而产生锈蚀。

⑧ 不要在测量器具的刻线或其他有关部位附近打钢印、记号等,以免使测量器具受到捶打撞击而变形,影响它的精度。

⑨ 测量器具应定期送计量室检定,以免其示值误差超差而影响测量结果。非计量检修人员严禁自行拆卸、修理或改装测量器具。发现测量器具有问题,应及时送有关部门检修,并经检定后才能用。

习　题

1．测量工具的不同分类有什么？

2．游标卡尺读数

精度为 0.1mm

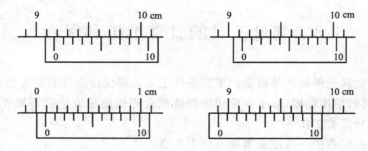

精度为 0.05mm

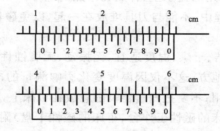

精度为 0.02

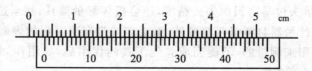

3．千分尺读数

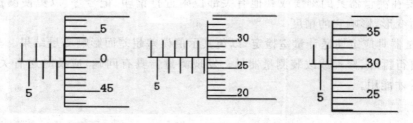

4．简述指示表的测量原理。

5．通用测量工具的维护保养应如何注意，简要列举几点。

第 4 章 极限与配合

本章学习的主要目的和要求：

1. 了解极限与配合相关知识内容；
2. 能够掌握国家标准资料的使用方法；
3. 掌握零件尺寸误差的检测，并评价其合格性。

4.1 极限与配合的基本术语及定义

在国家标准 GB/T 1800.1—2009"术语及定义"中，规定了有关要素、尺寸、偏差、公差和配合的基本术语和定义。

4.1.1 要素

1. 尺寸要素（Feature of Size）

由一定大小的线性尺寸或角度尺寸确定的几何形状。尺寸要素可以是圆柱形、球形、两平行对应面、圆锥形或楔形。

2. 实际（组成）要素（Real（Integral）Feature）

有接近实际（组成）要素所限定的工件实际表面的组成要素部分。

4. 提取组成要素（Extracted Integral Feature）

按规定方法，由实际（组成）要素提取有限数目的点所形成的实际（组成）要素的近似替代。

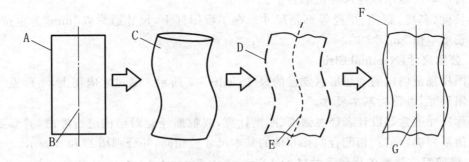

A-公称组成要素；B-公称导出要素；C-实际要素；D-提取组成要素；

E-提取导出要素；F-拟合组成要素；G-拟合导出要素

图 4-1 各要素的含义

4. 拟合组成要素(Associated Integral Feature)

按规定方法,由提取组成要素形成的并具有理想形状的组成要素。

4.1.2 孔和轴

1. 孔(hole)

通常指工件的圆柱形内表面,也包括非圆柱形内表面(由二平行平面或切面形成的包容面)。

2. 轴(Shaft)

通常指工件的圆柱形外表面,也包括非圆柱形外表面(由二平行平面或切面形成的被包容面)。

孔与轴的显著区别主要在于,从加工方面看,孔是越做越大,轴是越做越小;从装配关系看,孔是包容面,轴是被包容面。在国家标准中,孔与轴不仅包括通常理解的圆柱形内、外表面,而且还包括其他几何形状的内、外表面中由单一尺寸确定的部分。在图 4-1 中,D_1、D_2、D_3 和 D_4 均可称为孔,而 d_1、d_2、d_3 和 d_4 均可称为轴。

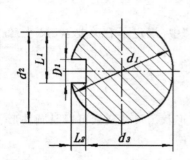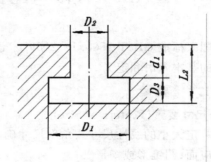

图 4-2 孔与轴尺寸

4.1.3 尺寸

1. 尺寸(Size)

以特定单位表示线性尺寸值的数值。

如长度、高度、直径、半径等都是尺寸。在工程图样上,尺寸通常以"mm"为单位,标注时可将长度单位"mm"省略。

2. 公称尺寸(Nominal Size)

由图样规范确定的理想形状要素的尺寸,如图 4-3 所示。通过它应用上、下偏差可以计算出极限尺寸,也称为基本尺寸。

公称尺寸通常是设计者经过强度、刚度计算,或根据经验对结构进行考虑,并参照标准尺寸数值系列确定的。相配合的孔和轴的基本尺寸应相同,并分别用 D 和 d 表示。

4. 提取组成要素的局部尺寸(Local Size of an Extracted Intergral Feature)

一切提取组成要素上两对应点之间距离的统称,简称为提取要素的局部尺寸,以前的标准称为实际尺寸。

由于存在测量误差,实际尺寸不一定是被测尺寸的真值。加上测量误差具有随机性,所以多次测量同一处尺寸所得的结果可能是不相同的。同时,由于形状误差的影响,零件的同一表面上的不同部位,其实际尺寸往往并不相等。通常用 Da 和 da 表示孔与轴的实际尺寸。

4. 提取圆柱面的局部尺寸(Local Size of an Extracted Cylinder)

要素上两对应点之间的距离。其中:两对应点之间的连续通过拟合圆圆心;横截面垂直于由提取表面得到的拟合圆柱面的轴线。

5. 两平行提取表面的局部尺寸(Local Size of two parallel extracted surfaces)

两平行对应提取表面上两对应点之间的距离。其中:所有对应点的连续均垂直于拟合中心平面;拟合中心平面是由两平行提取表面得到的两拟合平行平面的中心平面(两拟合平行平面之间的距离可能与公称距离不同)。

6. 极限尺寸(Limits of Size)

尺寸要素允许(孔或轴允许)的尺寸有两个极端。

提取组成要素的局部尺寸应位于其中,也可达到极限尺寸。尺寸要素允许的最大尺寸,称为上极限尺寸(upper limit of size),也称为最大极限尺寸,孔用 D_{max} 表示,轴用 d_{max} 表示;尺寸要素允许的最小尺寸,称为下极限尺寸(lower limit of size),也称为最小极限尺寸,孔用 D_{min} 表示,轴用 d_{min} 表示。

合格零件的实际尺寸应位于两个极限尺寸之间,也可达到极限尺寸,可表示为:$D_{max} \geq Da \geq D_{min}$(对于孔),$d_{max} \geq da \geq d_{min}$(对于轴)。

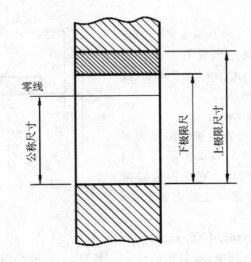

图 4-3　公称尺寸、上极限尺寸和下极限尺寸

4.1.4　偏差与公差

1. 偏差(Deviation)

某一尺寸(实际尺寸、极限尺寸等)减去基本尺寸所得的代数差。

最大极限尺寸减去其基本尺寸所得的代数差称上极限偏差,用代号 ES(孔)和 es(轴)表示;最小极限尺寸减去其基本尺寸所得的代数差称下极限偏差,用代号 EI(孔)和 ei(轴)表示。上偏差和下偏差统称为极限偏差。实际尺寸减去其基本尺寸所得的代数差称实际偏差。偏差可以为正值、负值和零。合格零件的实际偏差应在规定的极限偏差范围内。

2. 尺寸公差（简称公差）（Size Tolerance）

最大极限尺寸减最小极限尺寸之差，或上偏差减下偏差之差。它是允许尺寸的变动量。孔公差用 TH 表示，轴公差用 TS 表示。用公式可表示为：

$$T_D = |D_{max} - D_{min}| \quad \text{或} \quad T_D = |ES - EI| \tag{4-1}$$

$$T_d = |d_{max} - d_{min}| \quad \text{或} \quad T_d = |es - ei| \tag{4-2}$$

公差是用以限制误差的，工件的误差在公差范围内即为合格。也就是说，公差代表制造精度的要求，反映加工的难易程度。这一点必须与偏差区别开来，因为偏差仅仅表示与基本尺寸偏离的程度，与加工难易程度无关。

【例 4-1】 已知孔、轴的基本尺寸为 $\phi 45$ mm，孔的最大极限尺寸为 $\phi 45.030$ mm，最小极限尺寸为 $\phi 45$ mm；轴的最大极限尺寸为 $\phi 44.990$ mm，最小极限尺寸为 $\phi 44.970$ mm。试求孔、轴的极限偏差和公差。

解 孔的上极限偏差 $ES = D_{max} - D = 45.030 - 45 = +0.030$ (mm)

孔的下极限偏差 $EI = D_{min} - D = 45 - 45 = 0$

轴的上极限偏差 $es = d_{max} - d = 44.990 - 45 = -0.010$ (mm)

轴的下极限偏差 $ei = d_{min} - d = 44.970 - 45 = -0.030$ (mm)

孔的公差 $T_D = |D_{max} - D_{min}| = |45.030 - 45| = 0.030$ (mm)

轴的公差 $T_d = |d_{max} - d_{min}| = |44.990 - 44.970| = 0.020$ (mm)

4. 零线（Zero Line）

在极限与配合图解中，标准基本尺寸的是一条直线，以其为基准确定偏差和公差。通常，零线沿水平方向绘制，正偏差位于其上，负偏差位于其下，如图 4-4 所示。

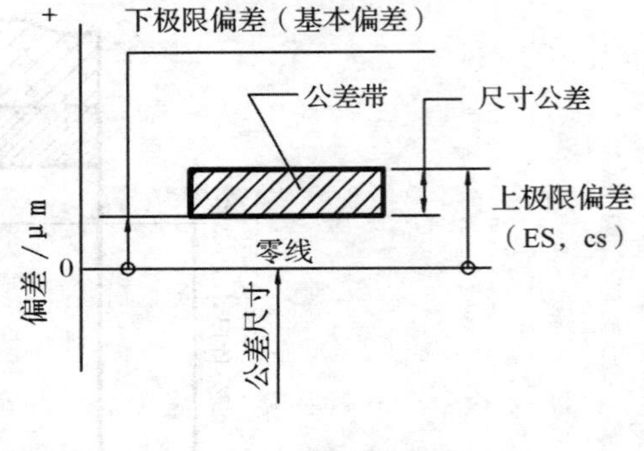

4. 公差带（Tolerance Zone）

在公差带图解中，由代表上极限偏差和下极限偏差或最大极限尺寸和最小极限尺寸的两条直线所限定的一个区域。它是由公差带大小和其相对零线的位置来确定的。如图 4-4 所示。

图 4-4 公差带图解

5. 标准公差（IT）（Standard Tolerance）

国家标准极限与配合制中，所规定的任一公差，称为标准公差。其中字母 IT 是"国标公差符号"

设计时公差带的大小应尽量选择标准公差，可见公差带的大小已由国家标准化。

6. 基本偏差（Fundamental Deviation）

国家标准极限与配合制中，确定公差相对零线位置的那个极限偏差，称为基本偏差。它可以是上极限偏差或下极限偏差，一般为靠近零线的那个偏差，在图 4-4 中为下极限偏差。

4.1.5 配合与基准制

1. 配合（Fit）

基本尺寸相同，相互结合的孔与轴公差之间的关系，称为配合。所以配合的前提必须是基本尺寸相同，二者公差带之间的关系确定了孔、轴装配后的配合性质。

在机器中,由于零件的作用和工作情况不同,故相结合两零件装配后的松紧程度要求也不一样,如图 4-5 表示三个滑动轴承,图 4-5(a)轴直接装入孔座中,要求自由转动且不打晃;图 4-5(c)所示,衬套装在座孔中要紧固,不得松动;图 4-5(b)所示,衬套装在座孔中,虽也要紧固,但要求容易装入,且要求比图 4-5(c)的配合要松一些。国家标准根据零件配合的松紧程度的不同要求,配合分为三类:

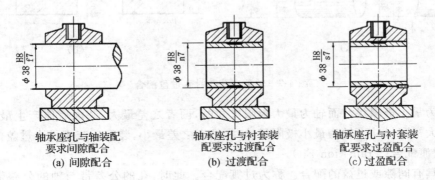

轴承座孔与轴装配
要求间隙配合
(a) 间隙配合

轴承座孔与衬套装
配要求过渡配合
(b) 过渡配合

轴承座孔与衬套装
配要求过盈配合
(c) 过盈配合

图 4-5　配合种类

(1)间隙配合(Clearance Fit)

间隙是指孔的尺寸减去相配合的轴的尺寸之差为正。此时,孔的公差带在轴的公差带之上。

间隙配合是指具有间隙(包括最小间隙等于零)的配合。此时,孔的公差带在轴的公差带之上(见图 4-6)。

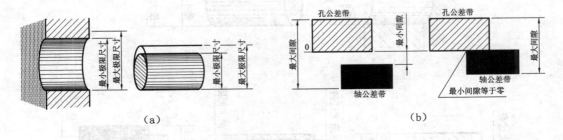

(a)　　　　　　　　　　　　(b)

图 4-6　轴承座孔与轴间隙配合

配合是指一批孔、轴的装配关系,而不是单个孔和轴的相配关系,所以用公差带图解反映配合关系更确切。当孔为最大极限尺寸而轴为最小极限尺寸时,两者之差最大,装配后便产生最大间隙;当孔为最小极限尺寸而轴为最大极限尺寸时,两者之差最小,装配后产生最小间隙。

(2)过盈配合(Interference Fit)

过盈是指孔的尺寸减去相配合的轴的尺寸之差为负。此时,轴的公差带在孔的公差带上。

过盈配合是指具有过盈(包括最小过盈等于零)的配合。此时孔的公差带在轴的公差带之下(见图 4-7)。

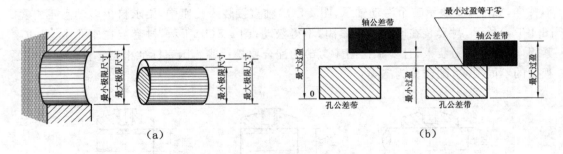

图 4-7　轴承座孔与衬套过盈配合

当孔为最小极限尺寸而轴为最大极限尺寸时,两者之差最大,装配后便产生最大过盈;当孔为最大极限尺寸而轴为最小极限尺寸时,两者之差最小,装配后产生最小过盈。

（3）过渡配合（Transition Fit）

可能具有间隙或过盈的配合。称为过渡配合。此时,孔的公差带与轴的公差带相互交叠（见图 4-8）。

由于孔、轴的公差带相互交叠,因此既有可能出现间隙,也有可能出现过盈。

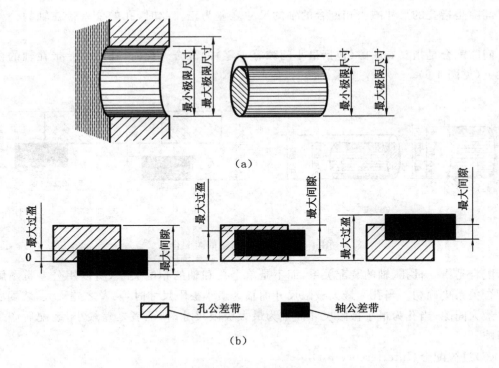

图 4-8　轴承座孔与衬套过渡配合

2. 配合公差（Variation of Fit）

组成配合的孔、轴公差之和。它是允许间隙或过盈的变动量。

对于间隙配合,配合公差等于最大间隙与最小间隙之代数差的绝对值;对于过盈配合,其值等于最大过盈与最小过盈之代数差的绝对值；对于过渡配合，其值等于最大间隙与最大过盈之代数差的绝对值。

【例 4-2】 已知 $\phi 50_{0}^{+0.025}$ 的孔与 $\phi 50_{+0.002}^{+0.018}$ 的轴形成配合。试求极限间隙和极限过盈及配合公差。

解 孔的上极限偏差 $ES=+0.025$， 最大极限尺寸 $D_{\max}=50.025$

孔的下极限偏差 $EI=0$， 最小极限尺寸 $D_{\min}=50$

轴的上极限偏差 $es=+0.018$， 最大极限尺寸 $d_{\max}=50.018$

轴的下极限偏差 $ei=+0.002$， 最小极限尺寸 $d_{\min}=50.002$

最大间隙 $X_{\max}=D_{\max}-d_{\min}=ES-ei=+0.023$

最大过盈 $Y_{\max}=D_{\min}-d_{\max}=EI-es=-0.018$

配合公差 $T_f=|X_{\max}-Y_{\max}|=|+0.023+0.018|=0.041$

4. 配合制（Fit system）

同一极限制的孔和轴组成配合的一种制度。国家标准对配合制规定了两种形式：基孔制配合和基轴制配合。

（1）基孔制配合

基本偏差为一定的孔的公差带与不同基本偏差的轴的公差带形成各种配合的一种制度，称为基孔制。基孔制配合的孔为基准孔，代号为 H，国际规定基准孔的下偏差为零（图 4-9）。图 4-10 表示基孔制的几种配合示意图。

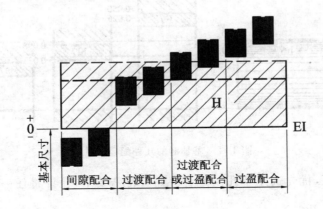

图 4-9　基孔制

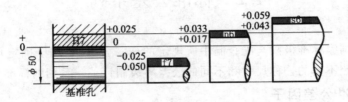

图 4-10　基孔制的几种配合示意图

（2）基轴制配合

基本偏差为一定的轴的公差带与不同基本偏差的孔的公差带形成各种配合的一种制度，称为基轴制。基轴制配合的轴为基准轴，代号为 h，国标规定基准轴的上偏差为零（图 4-11）。图 4-12 表示基轴制的几种配合示意图。

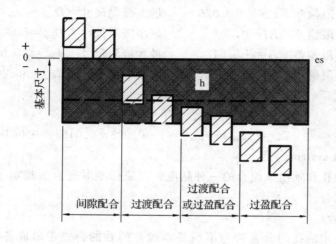

图 4-11　基轴制

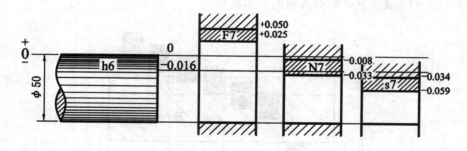

图 4-12　基轴制的几种配合示意图

在一般情况下，优先选用基孔制配合。如有特殊要求，允许将任一孔、轴公差带组成配合。

4.2　标准公差系列

标准公差是国家标准极限与配合制中所规定的任一公差，它用于确定尺寸公差带的大小。国家标准按照不同的公称尺寸和不同的公差等级制订了一系列的标准公差数值。

4.2.1　标准公差因子

标准公差因子是计算标准公差值的基本单位，是制定标准公差数值系列的基础。利用统计法在生产中可发现：在相同的加工条件下，基本尺寸不同的孔或轴加工后产生的加工误差不相同，而且误差的大小无法比较；在尺寸较小时加工误差与基本尺寸呈现立方抛物线关系,在尺寸较大是接近线性关系。由于误差是由公差来控制的,所以利用这个规律可反映公差与基本尺寸之间的关系。

当基本尺寸≤500mm 时,公差单位(以 i 表示)按下式计算

$$i = 0.45\sqrt[3]{D} + 0.001D (用于 IT5 \sim IT18) \tag{4-3}$$

式中　D 为基本尺寸的计算尺寸,mm。

在是 4-3 中,前面一项主要反映加工误差,第二项用来补偿测量时温度变化引起的于基本尺寸成正比的测量误差。第二项相对于第一项对公称尺寸的变化更敏感,即随着基本尺寸逐渐增大,第二项对公差单位的贡献更显著。

对于大尺寸而言,温度变化引起的误差随直径的增大呈线性关系。

当基本尺寸＝500～3150mm 时,公差单位(以 I 表示)按下式计算

$$I = 0.004D + 2.1 (用于 IT1 \sim IT18) \tag{4-4}$$

当基本尺寸＞3150mm 时,以式(4-4)来计算标准公差,但也不能完全反映误差出现的规律。

4.2.2　公差等级及数值

根据公差系数等级的不同,GB/T 1800.1—2009 把公差等级分为 20 个等级,用 IT(ISO tolerance 的简写)加阿拉伯数字表示,例如:1T01、1T0、1T1、……、1T17。其中,IT01 最高,等级依此降低,IT18 最低。当其与代表基本偏差的字母一起组成公差带时,省略 1T 字母,如 h7。

极限与配合在基本尺寸至 500mm 内规定了 1T01、1T0、1T1 至 1T18 共 20 级,在基本尺寸 500～3150mm 内规定了 IT1 至 IT18 共 18 个标准公差等级。

公差等级越高,零件的精度也越高,但加工难度大,生产成本高;反之

公差等级越低,零件的精度也越低,但加工难度小,生产成本降低。

标准公差是由公差等级系数和公差单位的乘积决定。当公称尺寸≤500mm 的常用尺寸范围内,各公差等级的标准公差数值计算公式见表 4-1。

表 4-1　公称尺寸≤500mm 的标准公差数值计算公式

标准公差等级	计算公式	标准公差等级	计算公式	标准公差等级	计算公式
IT01	$0.3 + 0.008D$	IT6	$10i$	IT13	$250i$
IT0	$0.5 + 0.012D$	IT7	$16i$	IT14	$400i$
IT1	$0.8 + 0.02D$	IT8	$25i$	IT15	$640i$
IT2	$(IT1)(IT5/IT1)^{1/4}$	IT9	$40i$	IT16	$1000i$
IT3	$(IT1)(IT5/IT1)^{1/2}$	IT10	$64i$	IT17	$1600i$
IT4	$(IT1)(IT5/IT1)^{3/4}$	IT11	$100i$	IT18	$2500i$
IT5	$7i$	IT12	$160i$		

当公称尺寸＝500～3150mm 时的各级标准公差数值计算公式见表 4-2。

表 4-2　公称尺寸＝500～3150mm 的标准公差数值计算公式

标准公差等级	计算公式	标准公差等级	计算公式	标准公差等级	计算公式
IT01	I	IT6	$10I$	IT13	$250I$
IT0	$2^{1/2}I$	IT7	$16I$	IT14	$400I$
IT1	$2I$	IT8	$25I$	IT15	$640I$
IT2	$(IT1)(IT5/IT1)^{1/4}$	IT9	$40I$	IT16	$1000I$
IT3	$(IT1)(IT5/IT1)^{1/2}$	IT10	$64I$	IT17	$1600I$
IT4	$(IT1)(IT5/IT1)^{3/4}$	IT11	$100I$	IT18	$2500I$
IT5	$7I$	IT12	$160I$		

4.2.3　基本尺寸分段

根据标准公差计算公式,每一基本尺寸都对应一个公差值。但在实际生产中基本尺寸很多,因而就会形成一个庞大的公差数值表,给生产带来不便,同时也不利于公差值的标准化和系列化。为了减少标准公差的数量,统一公差值,简化公差表格以便于实际应用,国家标准对基本尺寸进行了分段。

基本尺寸分主段落和中间段落。表 4-3 第一列为主段落。对＞10mm 的每一主段落进行细分形成中间段落,可参考附录 A。尺寸分段后,对同一尺寸段内的所有基本尺寸,有相同的公差等级的情况下,规定相同的标准公差。计算各基本尺寸段的标准公差时,公式中的 D 用每一尺寸段首尾两个尺寸(D_1、D_2)的几何平均值,即

$$D=\sqrt{D_1 \times D_2} \tag{4-5}$$

对于≤3mm 的尺寸段,用 1mm 和 3mm 的几何平均值 $D=\sqrt{1 \times 3}=1.732$ 计算标准公差。

标准公差数值见附表 A-14,表中的就是经过这样的计算,并按规定的尾数化整规则进行圆整后得出的。

标准公差数值有如下一些规律:

同一公差等级,不同公称尺寸分段,表示具有同等精度的要求,公差数值随尺寸增大而增大,这是从实践中总结出来的零件加工误差与其尺寸大小的相互关系。在这种情况下,对于同是孔或同是轴的零件尺寸来说,可采用同样工艺加工,加工个难易程度相当,即工艺上是等价的。

同一尺寸分段,IT5 至 IT18 的公差值采用了 R5 优先数系。IT5～IT18 的标准公差计算公式可表达为 $IT=\alpha i$(或 $IT=\alpha I$),α 是公差等级系数,采用了优先数系作分级,它是公比 $q=10^{1/5}$ 的等比数列,即优先数系 R5 系列。

4.3　基本偏差系列

4.3.1　基本偏差代号

基本偏差是指在国家标准极限与配合制中,确定公差带相对零线位置的那个极限偏差。

它可以是上偏差或下偏差，一般为靠近零线的那个偏差，如图 4-4 中孔的基本偏差为下偏差。

为了形成不同的配合，国家标准对孔和轴分别规定了 28 种基本偏差。如图 4-13 所示，为基本偏差系列示意图；基本偏差代号：对孔用大写字母 A，……ZC 表示；对轴用小写字母 a，……zc 表示。其中，基本偏差 H 代表基准孔；h 代表基准轴。

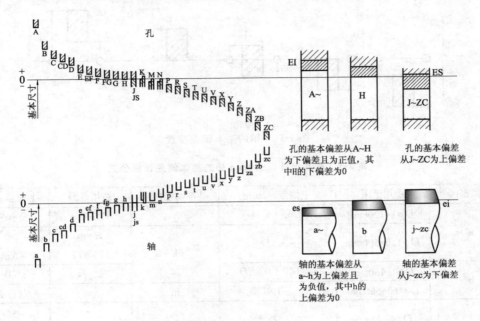

图 4-13　基本偏差系列

由图 4-13 所示，基本偏差在系列中具有以下特征：

1）对于孔：A～H 的基本偏差为下偏差 EI，其绝对值依次减小；J～ZC 的基本偏差为上偏差 ES，其绝对值依次增大；JS 的上、下偏差绝对值相等，均可称为基本偏差；对于轴：a～h 的基本偏差为上偏差 es，其绝对值依次减小；j～zc 的基本偏差为下偏差 ei，其绝对值逐渐增大；js 的上、下偏差绝对值相等，均可称为基本偏差。

2）H 与 h 的基本偏差值均为零，但分别是下偏差和上偏差，即 H 表示 $EI=0$，h 表示 $es=0$。根据基准制规定，H 是基准孔基本偏差，组成的公差带为基准孔公差带，与其他轴公差带组成基孔制配合；h 是基准轴基本偏差，以它组成的公差带为基准轴公差带，它与孔公差带组成基轴制配合。

3）JS(js) 的上下偏差是对称的，上偏差值为 $+IT/2$，下偏差值为 $-IT/2$，可不计较谁是基本偏差。J 和 j 则不同，它们形成的公差带是不对称的，当其与某些公差等级（高精度）组成公差带时，其基本偏差不是靠近零线的那一偏差。因其数值与 JS(js) 相近，在图 4-13 中，这两种基本偏差代号放在同一位置。

4）绝大多数基本偏差的数值不随公差等级变化，即与标准公差等级无关，但有少数基本偏差则与公差等级有关。

4.3.2 轴的基本偏差

在基孔制的基础上,根据大量科学试验和生产实践,国家标准制订了轴的基本偏差计算公式。

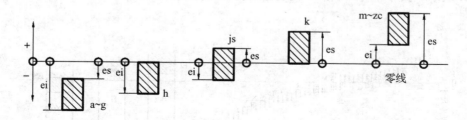

图 4-14 轴的基本偏差位置

表 4-3 基本尺寸≤500mm 轴的基本偏差计算公式

基本偏差代号	适用范围	上偏差 $es/\mu m$	基本偏差代号	适用范围	上偏差 $es/\mu m$
a	$D>1\sim120mm$	$-(265+1.3D)$	j	IT5~IT8	没有公式
	$D>120\sim500mm$	$-3.5D$	k	$\leq$IT3	0
				IT4~IT7	$+0.6\sqrt[3]{D}$
b	$D>1\sim160mm$	$\approx-(140+0.85D)$		$\geq$IT8	0
	$D>160\sim500mm$	$\approx-1.8D$	m		$+(IT7\text{-}IT6)$
c	$D>0\sim40mm$	$-52D^{0.2}$	n		$+5D^{0.34}$
	$D>40\sim500mm$	$-(95+0.8D)$	p		$+IT7(0\sim5)$
			r		$+\sqrt{P\cdot S}$
cd		$-\sqrt{c\cdot d}$	s	$D>0\sim50mm$	$+IT8+(1\sim4)$
				$D>50\sim500mm$	$+IT7+0.4D$
d		$-16D^{0.44}$	t	$D>24\sim500mm$	$+IT7+0.63D$
e		$-11D^{0.41}$	u		$+IT7+D$
ef		$-\sqrt{e\cdot f}$	v	$D>14\sim500mm$	$+IT7+1.25D$
			x		$+IT7+1.6D$
f		$-5.5D^{0.41}$	y	$D>18\sim500mm$	$+IT7+2D$
fg		$-\sqrt{f\cdot g}$	z		$+IT7+2.5D$
g		$-2.5D^{0.34}$	za		$+IT8+3.15D$
			zb		$+IT9+4D$
h		0	zc		$+IT10+5D$

$$js:\pm0.5IT_n$$

注:(1)公式中 D 基本尺寸段的几何平均值,mm;(2)j 只在附表 A-15 中给出真值。

a～h 基本偏差为上偏差,与基准孔配合是间隙配合,最小间隙正好等于基本偏差的绝对值;j、k、m、n 的基本偏差是下偏差,与基准孔配合是过渡配合;j～zc 的基本偏差是下偏差,与基准孔配合是过盈配合。公称尺寸≤500mm 的轴的基本偏差数值表见附表 A-15。

得到基本偏差后,轴的另一个偏差是根据基本偏差和标准公差的关系计算:

$$es=ei+IT \tag{4-6}$$
$$ei=es-IT \tag{4-7}$$

4.3.3 孔的基本偏差

基孔制与基轴制是两种并行的制度。

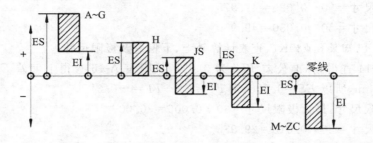

图 4-15 孔的基本偏差位置

如图 4-15 所示,代号为 A～G 的基本偏差皆为下偏差 $EI>0$ 为正值。代号为 H 的基本偏差为下偏差 $EI=0$,它是基孔制中基准孔的基本偏差代号。基本偏差代号为 JS 的孔的公差带相对于零线对称分布,基本偏差可取为上偏差 $ES=+T_h/2$,也可取为下偏差 $ES=-T_h/2$。代号 J～ZC 的基本偏差皆为上偏差 ES。

孔的基本偏差数值则是由轴的基本偏差数值转换而得。换算原则是:在孔、轴同级配合或孔比轴低一级的配合中,基轴制配合中孔的基本偏差代号与基孔制配合中轴的基本偏差代号相当时(如 $\phi80G7/h6$ 中孔的基本偏差 G 对应于 $\phi80H6/g7$ 中轴的基本偏差 g),应该保证基轴制和基孔制的配合性质相同(极限间隙或极限过盈相同)。

国家标准应用了下列两种规则:通用规则和特殊规则。通用规则指标准公差等级无关的基本偏差用倒像方法,孔的基本偏差与轴的基本偏差关于零线对称。特殊规则指与标准公差等级有关的基本偏差,倒像后要经过修正,即孔的基本偏差和轴的基本偏差符号相反,绝对值相差一个 Δ 值。可以用下面的简单表达式说明。

通用规则:$ES=-ei$ 或 $EI=-es$

特殊规则:$ES=-ei+\Delta$;$\Delta=ITn-IT(n-1)$

通用规则适用于所有的基本偏差,但以下情况例外:

(1)公称尺寸＝3～500mm,标准公差等级大于 IT8 的孔的基本偏差 N,其数值(ES)等于零。

(2)公称尺寸＝3～500mm 的基孔制或基轴制配合中,给定某一公差等级的孔要与更精一级的轴相配(如 H7/p6 和 P7/h6),并要求具有相等的间隙或过盈。此时,应采用特殊规则。

GB/T 1800.1—2009 规定的公称尺寸≤500mm 孔的基本偏差数值见附表 4-16 所示。

4.3.4 尺寸公差表查法介绍

根据孔和轴的基本尺寸、基本偏差代号及公差等级,可以从表中查得标准公差及基本偏差数值,从而计算出上、下偏差数值及极限尺寸。计算公式为:$ES=EI+IT$ 或 $EI=ES-IT$;$ei=es-IT$ 或 $es=ei+IT$。

【例 4-3】 已知某轴 $\phi 50f7$,查表计算其上、下偏差及极限尺寸。

从附表 A-14 查得:标准公差 $IT7$ 为 0.025,从附表 A-15 查得上偏差 es 为 -0.025,则下偏差 $ei=es-IT=-0.050$。

依据查得的上、下偏差可计算其极限尺寸如下:

最大极限尺寸=50-0.025=49.975

最小极限尺寸=50-0.050=49.950

【例 4-4】 已知某孔 $\phi 30K7$,查表计算其上、下偏差及极限尺寸。

从附表 A-14 查得:标准公差 $IT7$ 为 0.021,从附表 A-16 查得上偏差 $ES=(-2+\Delta)$ μm,其中 $\Delta=8\mu m$,所以 $ES=0.006$,则 $EI=ES-IT=-0.015$。

计算其极限尺寸:最大极限尺寸=30+0.006=30.006

最小极限尺寸=30-0.015=29.985

如果是基准孔的情况,如 $\phi 50H7$,因为其下偏差 EI 为 0,根据公式 $ES=EI+IT$,从附表 A-14 中查得 $IT=25\mu m$,即得 $ES=0.025$。若是基准轴如 $\phi 50h6$,因为其上偏差 es 为 0,由公式 $ei=es-IT$,从附表 A-14 中查得 $IT=16\mu m$,即得 $ei=-0.016$。

4.3.5 尺寸公差与配合代号的标注

在机械图样中,尺寸公差与配合的标注应遵守国家标准规定,现摘要叙述。

1. 在零件图中的标注

在零件图中标注孔、轴的尺寸公差有下列三种形式:

(1)在孔或轴的基本尺寸的右边注出公差带代号(图 4-16)。孔、轴公差带代号由基本偏差代号与公差等级代号组成(图 4-17)。

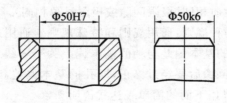

图 4-16 标注公差带代号

(2)在孔或轴的基本尺寸的右边注出该公差带的极限偏差数值(图 4-18(b)),上、下偏差的小数点必须对齐,小数点后的位数必须相同。当上偏差或下偏差为零时,要注出数字"0",并与另一个偏差值小数点前的一位数对齐(图 4-18(a))。

若上、下偏差值相等,符号相反时,偏差数值只注写一次,并在偏差值与基本尺寸之间注写符号"±",且两者数字高度相同(图 4-18(c))。

(3)在孔或轴的基本尺寸的右边同时注出公差带代号和相应的极限偏差数值,此时偏差数值应加上圆括号(图 4-19)。

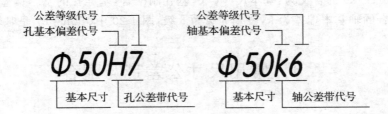

图 4-17　公差带代号的型式

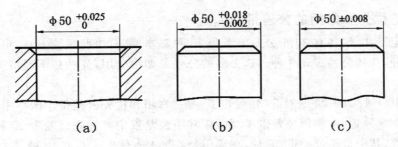

图 4-18　标注极限偏差数值

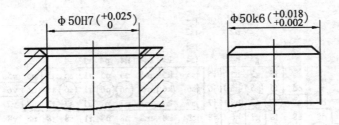

图 4-19　标注公差带代号和极限偏差数值

2. 装配图中的标注

装配图中一般标注配合代号,配合代号由两个相互结合的孔或轴的公差带代号组成,写成分数形式,分子为孔的公差带代号,分母为轴的公差带代号(图 4-20)。

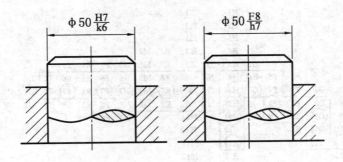

图 4-20　装配图中一般标注方法

图中 $\phi50H7/k6$ 的含义为：基本尺寸 $\phi50$，基孔制配合，基准孔的基本偏差为 H，等级为 7 级；与其配合的轴基本偏差为 k，公差等级为 6 级，图 4-20 中 $\phi50h8/h7$ 是基轴制配合。

4.4 常用尺寸公差带与配合

从互换性生产和标准化着想，必须以标准的形式，对孔、轴配合作一定范围的规定，因此，我国《极限与配合》标准规定了相应的间隙配合、过盈配合和过渡配合这三类不同性质的配合，并对组成的配合的孔、轴公差带作出推荐。

4.4.1 优先和常用的公差带

国家规定了孔、轴各有 20 个公差等级和 28 种基本偏差，由此理论上江，可以得到轴的公差带 544 种，孔的公差带 543 种。这么多的公差带如都应用，显然是不经济的，不利于实现互换性。

因此，GB/T 1801—2009 对孔、轴规定了一般、常用和优先公差带。国标中列出了孔的一般公差带 105 种，其中常用公差带 44 种，在常用公差带中有优先公差带 13 种；轴的一般公差带 113 种，其中常用公差带 59 种，在常用公差带中有优先公差带 13 种。

表 4-4 轴的一般、常用和优先公差带（基本尺寸≤500mm）

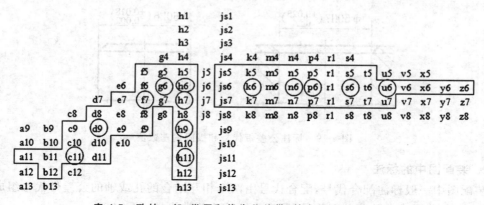

表 4-5 孔的一般、常用和优先公差带（基本尺寸≤500mm）

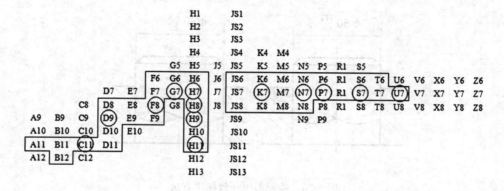

选用公差带时,应按优先、常用、一般公差带的顺序选取。若一般公差带中没有满足要求的公差带,则按 GB/T 1800.2—2009 中规定的标准公差和基本偏差组成的公差带来选取。

4.4.2 优先和常用配合

GB1801—2009 中还规定了基孔制常用配合 59 种、优先配合 13 种;基轴制常用配合 47 种,优先配合 13 种。选用配合时,应按优先、常用的顺序选取。

表 4-6   基孔制优先、常用配合(基本尺寸≤500mm)

基准孔	轴																				
	a	b	c	d	e	f	g	h	js	k	m	n	p	r	s	t	u	v	x	y	z
	间隙配合								过渡配合					过盈配合							
H6						$\frac{H6}{f5}$	$\frac{H6}{g5}$	$\frac{H6}{h5}$	$\frac{H6}{js5}$	$\frac{H6}{k5}$	$\frac{H6}{m5}$	$\frac{H6}{n5}$	$\frac{H6}{p5}$	$\frac{H6}{r5}$	$\frac{H6}{s5}$	$\frac{H6}{t5}$					
H7						$\frac{H7}{f6}$	$\frac{H7}{g6}$	$\frac{H7}{h6}$	$\frac{H7}{js6}$	$\frac{H7}{k6}$	$\frac{H7}{m6}$	$\frac{H7}{n6}$	$\frac{H7}{p6}$	$\frac{H7}{r6}$	$\frac{H7}{s6}$	$\frac{H7}{t6}$	$\frac{H7}{u6}$	$\frac{H7}{v6}$	$\frac{H7}{x6}$	$\frac{H7}{y6}$	$\frac{H7}{z6}$
H8					$\frac{H8}{e7}$	$\frac{H8}{f7}$	$\frac{H8}{g7}$	$\frac{H8}{h7}$	$\frac{H8}{js7}$	$\frac{H8}{k7}$	$\frac{H8}{m7}$	$\frac{H8}{n7}$	$\frac{H8}{p7}$	$\frac{H8}{r7}$	$\frac{H8}{s7}$	$\frac{H8}{t7}$	$\frac{H8}{u7}$				
H8				$\frac{H8}{d8}$	$\frac{H8}{e8}$	$\frac{H8}{f8}$		$\frac{H8}{h8}$													
H9			$\frac{H9}{c9}$	$\frac{H9}{d9}$	$\frac{H9}{e9}$	$\frac{H9}{f9}$		$\frac{H9}{h9}$													
H10			$\frac{H10}{c10}$	$\frac{H10}{d10}$				$\frac{H10}{h10}$													
H11	$\frac{H11}{a11}$	$\frac{H11}{b11}$	$\frac{H11}{c11}$	$\frac{H11}{d11}$				$\frac{H11}{h11}$													
H12		$\frac{H12}{b12}$						$\frac{H12}{h12}$													

注 1:$\frac{H6}{n5}$、$\frac{H7}{p6}$ 在公称尺寸小于或等于 3 mm 和 $\frac{H8}{r7}$ 在小于或等于 100 mm 时,为过渡配合。

注 2:标注▼的配合为优先配合。

表 4-7　基轴制优先、常用配合(基本尺寸≤500mm)

基准轴	孔																				
	A	B	C	D	E	F	G	H	JS	K	M	N	P	R	S	T	U	V	X	Y	Z
	间隙配合							过渡配合					过盈配合								
h5						$\dfrac{F6}{h5}$	$\dfrac{G6}{h5}$	$\dfrac{H6}{h5}$	$\dfrac{JS6}{h5}$	$\dfrac{K6}{h5}$	$\dfrac{M6}{h5}$	$\dfrac{N6}{h5}$	$\dfrac{P6}{h5}$	$\dfrac{R6}{h5}$	$\dfrac{S6}{h5}$	$\dfrac{T6}{h5}$					
h6						$\dfrac{F7}{h6}$	$\dfrac{G7}{h6}$	$\dfrac{H7}{h6}$	$\dfrac{JS7}{h6}$	$\dfrac{K7}{h6}$	$\dfrac{M7}{h6}$	$\dfrac{N7}{h6}$	$\dfrac{P7}{h6}$	$\dfrac{R7}{h6}$	$\dfrac{S7}{h6}$	$\dfrac{T7}{h6}$	$\dfrac{U7}{h6}$				
h7					$\dfrac{E8}{h7}$	$\dfrac{F8}{h7}$		$\dfrac{H8}{h7}$	$\dfrac{JS8}{h7}$	$\dfrac{K8}{h7}$	$\dfrac{M8}{h7}$	$\dfrac{N8}{h7}$									
h8				$\dfrac{D8}{h8}$	$\dfrac{E8}{h8}$	$\dfrac{F8}{h8}$		$\dfrac{H8}{h8}$													
h9				$\dfrac{D9}{h9}$	$\dfrac{E9}{h9}$	$\dfrac{F9}{h9}$		$\dfrac{H9}{h9}$													
H10				$\dfrac{D10}{h10}$				$\dfrac{H10}{h10}$													
H11	$\dfrac{A11}{h11}$	$\dfrac{B11}{h11}$	$\dfrac{C11}{h11}$	$\dfrac{D11}{h11}$				$\dfrac{H11}{h11}$													
H12		$\dfrac{B12}{h12}$						$\dfrac{H12}{h12}$													

注：标注▼的配合为优先配合。

4.4.3　线性尺寸的未注公差(一般公差)

一般公差是指在车间普通工艺条件下机床设备一般加工能力可保证的公差。在正常维护和操作情况下,它代表车间的一般加工的经济加工精度。

采用一般公差的优点如下:

(1)简化制图,使图面清晰易读。

(2)节省图样设计时间,提高效率。

(3)突出了图样上注出公差的尺寸,这些尺寸大多是重要的且需要加以控制的。

(4)简化检验要求,有助于质量管理。

一般公差适用于以下线性尺寸:

(1)长度尺寸:包括孔、轴直径、台阶尺寸、距离、倒圆半径和倒角尺寸等。

(2)工序尺寸

(3)零件组装后,再经过加工所形成的尺寸。

GB/T1804—2000 国标对线性尺寸的未注公差规定了 4 个公差等级:精密级、中等级、粗糙级和最粗级,分别用字母 f、m、c 和 v 来表示。而对尺寸也采用了大的分段。这 4 个公差等级相当于 IT12、T14、IT16、IT17,如表 4-8 所示。

表 4-8　线性尺寸的极限偏差数值(mm)

公差等级	基本尺寸分段							
	0.5~3	>3~6	>6~30	>30~120	>120~400	>400~1000	>1000~2000	>2000~4000
精密 f	±0.05	±0.05	±0.1	±0.15	±0.2	±0.3	±0.5	—
中等 m	±0.1	±0.1	±0.2	±0.3	±0.5	±0.8	±1.2	±2
粗糙 c	±0.2	±0.3	±0.5	±0.8	±1.2	±2	±3	±4
最粗 v	—	±0.5	±1	±1.5	±2.5	±4	±6	±8

不论是孔和轴还是长度尺寸,其极限偏差都采用对称分布的公差带。

标准同时规定了倒圆半径与倒角高度尺寸的极限偏差。

表 4-9　倒圆半径和倒角高度尺寸的极限偏差数值(mm)

公差等级	基本尺寸分段			
	0.5~3	>3~6	>6~30	>30
精密 f 中等 m	±0.2	±0.5	±1	±2
粗糙 c 最粗 v	±0.4	±1	±2	±4

当采用一般公差时,在图样上只注基本尺寸,不注极限偏差,而在图样的技术要求或有关文件中,用标准号和公差等级代号作出总的说明。例如,当选用中等级 m 时,则表示为 GB/T1804-m。

一般公差主要用于精度较低的非配合尺寸,一般可以不检验。当生产方和使用方有争议时,应以表中查得的极限偏差作为依据来判断其合格性。

4.5　公差与配合的选用

公差与配合的选择是机械设计与制造中重要环节。公差与配合的选择是否恰当,对产品的性能、质量、互换性和经济性有着重要的影响。其内容包括选择基准制、公差等级和配合种类三个方面。选择的原则是在满足要求的条件下能获得最佳的技术经济效益。选择的方法有计算法、试验法和类比法。一般使用的方法是类比法。

计算法是按一定的理论和公式,通过计算确定公差与配合,其关键是要确定所需间隙或过盈。由于机械产品的多样性与复杂性,因此理论计算是近似的,目前只能作为重要的参考。

试验法就是通过专门的试验或统计分析来确定所需的间隙或过盈。用试验法选取配合最为可能,但成本较高,故一般只用于重要的、关键性配合的选取。

类比法是以经过生产验证的,类似的机械、机构和零部件为参考,同时考虑所设计机器的使用条件来选取公差与配合,也就是凭经验来选取公差与配合。类比法一直是选择公差与配合的主要方法。

4.5.1 基准制的选用

国家标准规定有基孔制与基轴制两种基准制度。两种基准制即可得到各种配合,又统一了基准件的极限偏差,从而避免了零件极限尺寸数目过多和不便制造等问题。选择基准制时,应从结构、工艺性及经济性几个方面综合考虑。

1. 优先选用基孔制

优先选用基孔制主要是从工艺上和宏观经济效益来考虑的。选用基孔制可以减少孔用定值刀具和量具的规格数目,有利于刀具、量具的标准化和系列化,具有较好经济性。

2. 在下列情况下应选用基轴制

(1)在同一基本尺寸的轴上有不同配合要求,考虑到若轴为无阶梯的光轴则加工工艺性好(如发动机中的活塞销等),此时采用基轴制配合。

例如,图 4-21(a)所示的活塞部件,活塞销 1 的两端与活塞 2 应为过渡配合,以保证相对静止;活塞销 1 的中部与连杆 3 应为间隙配合,以保证可以相对转动,而活塞销各处的基本尺寸相同,这种结构就是同一基本尺寸的轴与多孔相配,且要求实现两种不同的配合。若按一般原则采用基孔制配合,则活塞销要做成两头大、中间小的台阶形,如图 4-21(b)所示。这样不仅给制造上带来困难,而且在装配时,也容易刮伤连杆孔的工作表面。如果改用基轴制配合,则活塞销就是一根光轴,而活塞 2 与连杆 3 的孔按配合要求分别选用不同的公差带

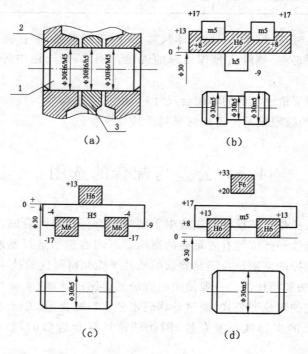

1-活塞销;2-活塞;3-连杆

图 4-21 活塞、连杆、活塞销配合制选择

（例如 φ30M6 和 φ30H6），以形成适当的过渡配合（φ30M6/h5）和间隙配合（φ30H6/h5），其尺寸公差带如图 4-21(c)所示。

（2）直接使用有公差等级要求不高，不再进行机械加工的冷拔钢材（这种钢材是按基准轴的公差带制造）做轴。在这种情况下，当需要各种不同的配合时，可选择不同的孔公差带位置来实现。这种情况应用在农业机械、纺织机械、建筑机械等使用的长轴。

（3）加工尺寸小于 1mm 的精密轴比同级孔要困难，因此在仪器制造、钟表生产、无线电工程中，常使用经过光轧成形的钢丝直接做轴，这时采用基轴制较经济。

4. 与标准件配合

与标准件或标准部件配合的孔或轴，应以标准件为基准件来确定采用基孔制还是基轴制。例如，滚动轴承的外圈与壳体孔的配合应采用基轴制，而其内圈与轴径的配合则是基孔制。

4. 允许采用非基准制配合。

非基准制配合是指相配合的孔和轴，孔不是基准孔 H 轴也不是基准轴 h 的配合。最为典型的是轴承盖与轴承座孔的配合。

如图 4-22 所示，在箱体孔中装配有滚动轴承和轴承盖，有滚动轴承是标准件，它与箱体孔的配合是基轴制配合，箱体孔的公差带已由此而确定为 J7，这时如果轴承盖与箱体孔的配合坚持用基轴制，则配合为 J/h，属于过渡配合。但轴承盖需要经常拆卸，显然应该采用间隙配合，同时考虑到轴承盖的性能要求和加工的经济性，轴承盖配合尺寸采用 9 级精度，最后选择轴承盖与箱体孔的配合为 J7/e9。

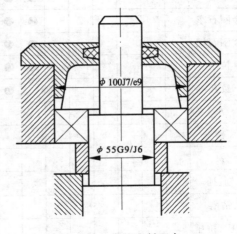

图 4-22 非基准制配合

4.5.2 公差等级的确定

我们已经知道公差等级的高低代表了加工的难易程度，因此确定公差等级就是确定加工尺寸的制造精度。合理地选择公差等级，就是要解决机械零件、部件的使用要求与制造工艺成本之间的矛盾。确定公差等级的基本原则是，在满足使用要求的前提下，尽量选用较低的公差等级。

公差等级的选用一般采用类比法，也就是参考从生产实践中总结出来的经验资料，进行比较选用。选择时应考虑以下几个方面：

1. 孔和轴的工艺等价性

孔和轴的工艺等价性是指孔和轴加工难易程度应相同。在常用尺寸段内，对间隙配合和过渡配合，孔的公差等级高于或等于 IT8 级时，轴比孔应高一级，如 H8/g7，H7/n6。当孔的精度低于 IT8 级时，孔和轴的公差等级应取同一级，如 H9/d9。对过盈配合，孔的公差等级高于或等于 IT7 级时，轴应比孔高一级，如 H7/p6，而孔的公差等级低于 IT7 级时，孔和轴的公差等级应取同一级，如 H8/s8。这样可以保证孔和轴的工艺等价性。实践中也允许任何等级的孔、轴组成配合。

2. 相关件和配合件的精度

例如,齿轮孔与轴的配合,它们的公差等级取决于相关件齿轮的精度等级。与滚动轴承配合的轴径和外壳孔的精度等级取决于滚动轴承的精度等级。

4. 加工成本

要掌握各种加工方法能够达到的精度等级,结合零件加工工艺综合考虑选择公差等级。各种加工方法能够达到的公差等级如表 4-10,可供设计时参考。

表 4-10　各种加工方法的加工精度

加工方法	公差等级(IT)																			
	01	0	1	2	3	4	5	6	7	8	9	10	11	12	13	14	15	16	17	18
研磨	●	●	●	●	●	●	●													
珩磨						●	●	●	●											
圆磨							●	●	●											
平磨							●	●	●	●										
金刚石车							●	●	●	●										
金刚石镗							●	●	●											
拉削							●	●	●	●										
铰孔								●	●	●	●	●								
车									●	●	●	●	●							
镗									●	●	●	●	●	●	●					
铣										●	●	●	●							
刨、插												●	●							
钻削												●	●	●	●					
滚压、挤压												●	●							
冲压												●	●	●	●	●				
压铸													●	●	●	●				
粉末冶金成形								●	●	●										
粉末冶金烧结									●	●	●	●								
砂型铸造																		●	●	●
锻造																	●	●		

我们应该结合工件的加工方法根据该加工方法的经济加工精度确定公差等级。

4. 应熟悉常用尺寸公差等级的应用

表 4-11　公差等级的应用

应用	公差等级（IT）																		
	01	0	1	2	3	4	5	6	7	8	9	10	11	12	13	14	15	16	17	18
量块	●	●	●																	
量规				●	●	●	●	●	●											
配合尺寸							●	●	●	●	●	●	●	●	●					
特别精密的配合				●	●	●														
非配合尺寸														●	●	●	●	●	●	●
原材料尺寸										●	●	●	●	●	●	●	●	●	●	●

4.5.3　配合种类的确定

配合的选用就是要解决结合零件孔与轴在工作时的相互关系，以保证机器正常工作。在设计中，应根据使用要求，尽量选用优先配合和常用配合，如不能满足要求，可选用一般用途的孔、轴公差带组成配合。甚至当特殊要求时，可以从标准公差和基本偏差中选取合适的孔、轴公差带组成配合。

1. 配合性质的判别及应用

基孔制：基孔制配合的孔是 H，a～h 与 H 形成间隙配合；j 和 js 与 H 形成过渡配合；k～n 与 H 形成过渡配合或过盈配合；p～zc 和 H 形成过盈配合。

例如：ϕ50H8/f7 是间隙配合，ϕ40H7/n6 是过渡配合，ϕ30H7/r6 是过盈配合。

基轴制：基准制配合的轴是 h，A～H 与 h 形成间隙配合；J 和 JS 与 h 形成过渡配合；K～N 与 h 形成过渡配合或过盈配合；P～ZC 和 h 形成过盈配合。

例如：E8/h8 是间隙配合；M7/h6 是过渡配合；P7h6 是过盈配合。

对于非基准制配合，主要根据相配合的孔和轴的基本偏差判别其配合性质。如 ϕ40J7/f9，J 的基本偏差是上偏差是正值，而 f 的基本偏差是上偏差是负值，据此基本上就可判定孔的公差带在轴的公差带以上，所以该配合是间隙配合。

2. 配合特征及其应用

表 4-12 介绍了常用轴的基本偏差选用说明，表 4-13 为优先配合选用说明。可供配合选用时参考。当选定配合之后，需要按工作条件，并参考机器或机构工作时结合件的相对位置状态、承载情况、润滑条件、温度变化、配合的重要性、装卸条件以及材料的物理机械性能等，根据具体条件，对配合的间隙或过盈的大小进行修正，参考 4-14。

表 4-12　常用轴的基本偏差选用说明

配合	基本偏差	特征及应用
间隙配合	a、b	可得到特别大的间隙,应用很少
	c	可得到很大的间隙,一般用于缓慢、松弛的动配合,以及工作条件较差(如农业机械),受力变形,或为了便于装配,而必须保证有较大间隙的地方
	d	一般用于 IT7~IT11 级,适用于松的转动配合,如密封盖、滑轮等与轴的配合,也适用于大直径滑动轴承配合
	e	多用于 IT7~IT9 级,通常用于要求有明显间隙,易于转动的轴承配合,如大跨距轴承、多支点轴承等配合;高等级的 e 轴,适用于高速重载支承
	f	多用于 IT6~IT8 级的一般转动配合,当温度影响不大时,广泛用于普通润滑油润滑的支承,如齿轮箱、小电动机、泵等的转轴与滑动轴承的配合
	g	间隙很小,制造成本高,除很轻负荷的精密装置外,不推荐用于转动配合。多用于 IT5、6、7 级,最合不回转的精密滑动配合
	h	多用于 IT4~IT11 级,广泛用于无相对转动的零件,作为一般的定位配合。若无温度、变形影响,也用于精密滑动配合
过渡配合	js	偏差完全对称,平均间隙较小,多用于 IT4~IT7 级,要求间隙比 h 轴小,并允许略有过盈的配合,如联轴节,齿圈与钢制轮毂,可用木槌装配
	k	平均间隙接近于零的配合,适用于 IT4~IT7 级,推荐用于稍有过盈的定位配合,一般用木槌装配
	m	平均过盈较小的配合,适用于 IT4~IT7 级,一般用木槌装配,但在最大过盈时,要求有相当的压入力
	n	平均过盈比 m 轴稍大,很少得到间隙,适用于 IT4~IT7 级,用锤或压力机装配,一般推荐用于紧密的组件配合,H6/n5 的配合为过盈配合
过盈配合	p	与 H6 或 H7 配合时是过盈配合,与 H8 配合时则为过渡配合。对非铁类零件,为较轻的压入配合,当需要时易于拆卸,对钢、铸铁,或铜钢组件装配是标准压入配合
	r	对铁类零件为中等打入配合,对非铁类零件,为轻打入的配合。当需要时可以拆卸,与 H8 孔配合,直径在 100mm 以上时为过盈配合,直径小时为过渡配合
	s	用于钢和铁制零件的永久、半永久装配,可产生相当大的结合力。当用弹性材料,如轻合金,配合性质与铁类零件的 p 轴相当,例如套环压装在轴上。尺寸较大时,为了避免损伤配合表面,需用热胀或冷缩装配
	t	过盈较大的配合。对钢和铸铁零件适于作永久性结合,不用键可传递力矩,需用热胀或冷缩装配,例如联轴节与轴的配合
	u	过盈大,一般应验算在最大过盈时,工件材料是否损坏,用热胀或冷缩装配,例如火车轮毂与轴的配合
	v、x、y、z	过盈很大,须经试验后才能应用,一般不推荐

表 4-13　优先配合选用说明

优先配合		说　明
基孔制	基轴制	
$\dfrac{H11}{c11}$	$\dfrac{C11}{h11}$	间隙非常大,用于很松,转动很慢的间隙配合,用于装配方便的很松的配合
$\dfrac{H9}{c9}$	$\dfrac{C9}{h9}$	间隙很大的自由转动配合,用于精度要求不高,或有大的温度变化、高转速或大的轴径压力时

优先配合		说　明
基孔制	基轴制	
$\dfrac{H8}{f7}$	$\dfrac{F8}{h7}$	间隙不大的转动配合,用于中等转速与中等轴颈压力的精确转动,也用于装配较容易的中等定位配合
$\dfrac{H7}{g6}$	$\dfrac{G7}{h6}$	间隙很小的滑动配合,用于不希望自由转动,但可自用移动和滑动并精密定位时,也可用于要求明确的定位配合
$\dfrac{H7}{h6}$	$\dfrac{H7}{h6}$	
$\dfrac{H8}{h7}$	$\dfrac{H8}{h7}$	均为间隙定位配合,零件可自由拆卸,而工作时,一般相对静止不动,在最大实体条件下的间隙为零,在最小实体条件下的间隙由标准公差决定
$\dfrac{H9}{h9}$	$\dfrac{H9}{h9}$	
$\dfrac{H11}{h11}$	$\dfrac{H11}{h11}$	
$\dfrac{H7}{k6}$	$\dfrac{K7}{h6}$	过渡配合,用于精密定位
$\dfrac{H7}{n6}$	$\dfrac{N7}{h6}$	过渡配合,用于允许有较大过盈的更精密定位
$\dfrac{H7}{p6}$	$\dfrac{P7}{h6}$	过盈定位配合,即小过盈配合,用于定位精度特别重要时,能以最好的定位精度达到部件的刚性及对中要求
$\dfrac{H7}{s6}$	$\dfrac{S7}{h6}$	中等压入配合,适用于一般钢件,或用于薄壁件的冷缩配合,用于铸铁件可得到最紧的配合
$\dfrac{H7}{u6}$	$\dfrac{U7}{h6}$	压入配合,适用于可以承受高压入力的零件,或不宜承受压入力的冷缩配合

4. 用类比法确定配合的松紧程度时应考虑的因素

(1)孔和轴的定心精度要求　相互配合的孔、轴定心精度要求高时,过盈量应大些,甚至采用小过盈配合。

(2)孔和轴的拆装要求　经常拆装零件的孔和轴的配合,要比不经常拆装零件的松些。有时,零件虽然不经常拆装,但如拆装困难,也要选用较松的配合。

(3)过盈配合中的受载情况　如用过盈配合传递转矩,过盈量应随着负载增大而增大。

(4)孔和轴工作时的温度　当装配温度与工作温度差别较大时,应考虑热变形对配合性质的影响。

(5)配合件的结合长度和形位误差　若配合的结合长度较长时,由于形状误差的影响,实际形成的配合比结合面短的配合要紧些,所以应适当减小过盈或增大间隙。

(6)装配变形　针对一些薄壁零件的装配,要考虑装配变形对配合性质的影响,乃至从工艺上解决装配变形对配合性质的影响。

(7)生产类型　单件小批生产时加工尺寸呈偏态分布,容易使配合偏紧;大批大量生产的加工尺寸呈正态分布。所以要区别生产类型对松紧程度进行适时调整。

(8)尽量采用优先配合

表 4-14　工作情况对过盈和间隙的影响

具体情况	过盈应增大或减小	间隙应增大或减小
材料强度低	减小	—
经常拆卸	减小	—
有冲击载荷	增大	减小
工作时孔温高于轴温	增大	减小
工作时轴温高于孔温	减小	增大
配合长度增大	减小	增大
配合面形状和位置误差增大	减小	增大
装配时可能歪斜	减小	增大
旋转速度增高	减小	增大
有轴向运动	—	增大
润滑油粘度增大	—	增大
表面趋向粗糙	增大	减小
装配精度高	增大	减小

实训一　游标卡尺测量零件尺寸

1. 实训目的

使用游标卡尺测量零件尺寸,目的是掌握零件尺寸的检测方法以及游标卡尺的使用方法、测量范围和测量精度。

2. 实验设备

分度值为 0.02mm 的游标卡尺、软布、被测工件、平板。

仪器说明:游标卡尺是机械加工中广泛应用的测量器具之一。它可以直接测量出各种工件的内径、外径、中心距、宽度、长度和深度等。本实验所用游标卡尺为 50 分度,分度值为 0.02mm。

3. 任务实施

(1)首先将游标卡尺擦干净,轻轻推动尺框,使两个量爪靠拢,待严密贴合并没有明显的漏光间隙时,检查零位。若调零有困难,可先记录下零位时的误差,并注意误差的正负值,在测量结果中加以修正。

(2)测量是,左手拿工件,右手握尺,先张开活动量爪,测量外尺寸时,使用外测量爪;测量内尺寸时,使用内测量爪。将被测工件靠在固定量爪上,然后推动尺框,使活动量爪轻微接触工件,用锁紧螺钉固定,读取尺寸。游标卡尺的正确使用方法如图 4-23 所示。

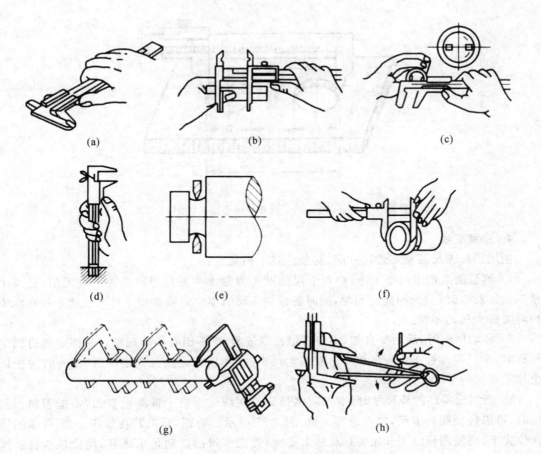

图 4-23　游标卡尺的正确使用方法

（3）读数方法分 3 个步骤。

①读整数。读出游标零线与左边靠近零线最近的尺身刻线数值，读数值就是被测工件尺寸的整数值。

②读小数。找出与尺身刻线对齐的游标刻线，将其格数乘以游标分度值 0.02mm 所得的

积，即为被测工件尺寸的小数值。

③求和。把上面①、②读数值相加，就是被测工件尺寸值。

（4）用游标卡尺测量两孔的中心距。用游标卡尺测量两孔的中心距有两种方法。

一种是先用游标卡尺分别量出两孔的内径 D_1 和 D_2，再量出两孔内表面之间的最大距离 A，如图所示，则两孔的中心距。

$$L = A - \frac{1}{2}(D_1 + D_2)$$

另一种测量方法也是先分别量出两孔的内径 D_1 和 D_2，再量出两孔内表面之间的最小距离 B，如图 4-24 所示，则两孔的中心距

$$L = B + \frac{1}{2}(D_1 + D_2)$$

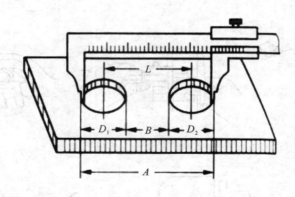

图 4-24 两孔的中心距

4. 注意事项

使用游标卡尺测量零件尺寸时，必须注意下列几点：

1. 测量前应把卡尺揩干净，检查卡尺的两个测量面和测量刃口是否平直无损，把两个量爪紧密贴合时，应无明显的间隙，同时游标和主尺的零位刻线要相互对准。这个过程称为校对游标卡尺的零位。

2. 移动尺框时，活动要自如，不应有过松或过紧，更不能有晃动现象。用固定螺钉固定尺框时，卡尺的读数不应有所改变。在移动尺框时，不要忘记松开固定螺钉，亦不宜过松以免掉了。

3. 当测量零件的外尺寸时：卡尺两测量面的联线应垂直于被测量表面，不能歪斜。测量时，可以轻轻摇动卡尺，放正垂直位置，图 4-25 所示。否则，量爪若在如图 4-25 所示的错误位置上，将使测量结果 a 比实际尺寸 b 要大；先把卡尺的活动量爪张开，使量爪能自由地卡进工件，把零件贴靠在固定量爪上，然后移动尺框，用轻微的压力使活动量爪接触零件。如卡尺带有微动装置，此时可拧紧微动装置上的固定螺钉，再转动调节螺母，使量爪接触零件并读取尺寸。决不可把卡尺的两个量爪调节到接近甚至小于所测尺寸，把卡尺强制的卡到零件上去。这样做会使量爪变形，或使测量面过早磨损，使卡尺失去应有的精度。

正确   错误

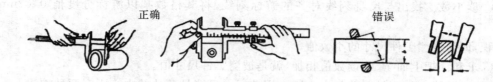

图 4-25 测量外尺寸时正确与错误的位置

测量沟槽时，应当用量爪的平面测量刃进行测量，尽量避免用端部测量刃和刀口形量爪去测量外尺寸。而对于圆弧形沟槽尺寸，则应当用刃口形量爪进行测量，不应当用平面形测量刃进行测量，如图 4-26 所示。

测量沟槽宽度时，也要放正游标卡尺的位置，应使卡尺两测量刃的联线垂直于沟槽，不能歪斜。否则，量爪若在如图 4-27 所示的错误的位置上，也将使测量结果不准确（可能大也可能小）。

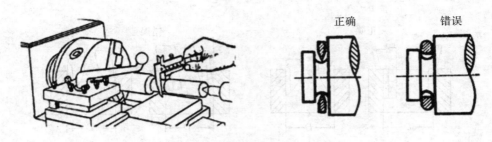

图 4-26   测量沟槽时正确与错误的位置

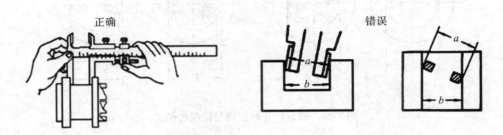

图 4-27   测量沟槽宽度时正确与错误的位置

4. 当测量零件的内尺寸时：图 4-28 所示。要使量爪分开的距离小于所测内尺寸，进入零件内孔后，再慢慢张开并轻轻接触零件内表面，用固定螺钉固定尺框后，轻轻取出卡尺来读数。取出量爪时，用力要均匀，并使卡尺沿着孔的中心线方向滑出，不可歪斜，免使量爪扭伤；变形和受到不必要的磨损，同时会使尺框走动，影响测量精度。

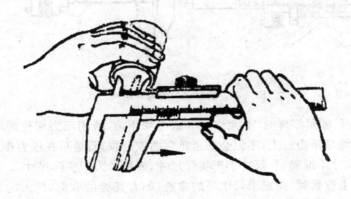

图 4-28   内孔的测量方法

卡尺两测量刃应在孔的直径上，不能偏歪。图 4-29 为带有刀口形量爪和带有圆柱面形量爪的游标卡尺，在测量内孔时正确的和错误的位置。当量爪在错误位置时，其测量结果，将比实际孔径 D 要小。

5. 用下量爪的外测量面测量内尺寸时如用图 4-30 所示的两种游标卡尺测量内尺寸，在读取测量结果时，一定要把量爪的厚度加上去。即游标卡尺上的读数，加上量爪的厚度，

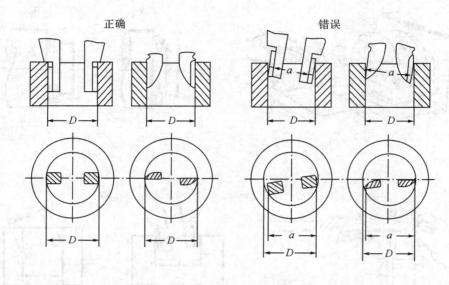

图 4-29　测量内孔时正确与错误的位置

才是被测零件的内尺寸。测量范围在 500mm 以下的游标卡尺,量爪厚度一般为 10mm。但当量爪磨损和修理后,量爪厚度就要小于 10mm,读数时这个修正值也要考虑进去。

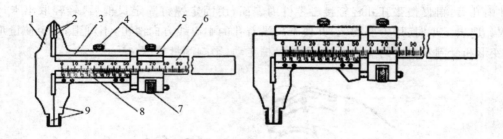

图 4-30　游标卡尺的两种结构型式

6. 用游标卡尺测量零件时,不允许过分地施加压力,所用压力应使两个量爪刚好接触零件表面。如果测量压力过大,不但会使量爪弯曲或磨损,且量爪在压力作用下产生弹性变形,使测量得的尺寸不准确(外尺寸小于实际尺寸,内尺寸大于实际尺寸)。

在游标卡尺上读数时,应把卡尺水平的拿着,朝着亮光的方向,使人的视线尽可能和卡尺的刻线表面垂直,以免由于视线的歪斜造成读数误差。

7. 为了获得正确的测量结果,可以多测量几次。即在零件的同一截面上的不同方向进行测量。对于较长零件,则应当在全长的各个部位进行测量,务使获得一个比较正确的测量结果。

5．填写实训报告

游标卡尺测量尺寸

仪器	名　　称	分 度 值（μm）	示值范围（mm）	测量范围（mm）	器具的不确定度（μm）

被测零件	名　　称	图样上给定的极限尺寸（mm）		安全裕度 A（μm）	器具不确定度的允许值（μm）
		最　大	最　小		
		验收极限尺寸（mm）			
		最　大	最　小	基 本 尺 寸（mm）	

测量示意图					

测 量 序 号					
实 际 尺 寸（mm）					
实 际 偏 差（μm）					
合 格 性 结 论		理 由		审 阅	

实训二　外径千分尺测量轴径尺寸

1．实训目的

掌握外径千分尺的使用方法、测量范围和测量精度。

2．实训设备

0～25mm、25～50mm 的外径千分尺、软布、被测工件、平板。

3．实训步骤

（1）首先将外径千分尺测头、被测工件表面擦洗干净。

（2）校准零位。测量范围小于 25mm 时，直接合拢两测量面进行校正；测量范围大于 25mm 时，使用量具盒内的校对量杆进行校正。若调零有困难，可记录下零位误差，在测量结果中修正。

（3）转动活动套筒（微分筒），使千分尺两测量面之间的距离大于工件的被测尺寸。

（4）将工件的被测表面放在两测头之间，并使被测轴线与千分尺测量杆保持垂直。

（5）转动活动套筒，使测量杆轴向移动，接近保持表面时，应改用棘轮装置（测力装置），直到棘轮发出响声时停止转动。

（6）锁紧千分尺后，可读数。

4．注意事项

测量时，千分尺应放正；先转动微分筒，待测头接近被测表面时，再改用棘轮装置；读数

时,不要错读 0.5mm

5. 填写实训报告

用外径千分尺测量轴径实验报告

<table>
<tr><td rowspan="2">仪器</td><td>名　　称</td><td>分 度 值(μm)</td><td>示值范围(mm)</td><td>测量范围(mm)</td><td>器具的不确定度(μm)</td></tr>
<tr><td></td><td></td><td></td><td></td></tr>
<tr><td rowspan="5">被测零件</td><td>名　　称</td><td colspan="2">图样上给定的极限尺寸(mm)</td><td>安全裕度
A（μm）</td><td>器具不确定度的允许
值（μm）</td></tr>
<tr><td></td><td>最　大</td><td>最　小</td><td></td><td></td></tr>
<tr><td></td><td colspan="2">验收极限尺寸（mm）</td><td></td><td></td></tr>
<tr><td></td><td>最　大</td><td>最小</td><td colspan="2">基 本 尺 寸（mm）</td></tr>
<tr><td></td><td></td><td></td><td colspan="2"></td></tr>
</table>

<table>
<tr><td rowspan="3">测量示意图</td><td colspan="3"></td></tr>
</table>

<table>
<tr><td>测 量 数 据</td><td colspan="3">实 际 偏 差（μm）</td><td colspan="3">实 际 尺 寸（mm）</td></tr>
<tr><td>测 量 位 置</td><td>Ⅰ－Ⅰ</td><td>Ⅱ－Ⅱ</td><td>Ⅲ－Ⅲ</td><td>Ⅰ－Ⅰ</td><td>Ⅱ－Ⅱ</td><td>Ⅲ－Ⅲ</td></tr>
<tr><td rowspan="4">测量方向</td><td>A－A′</td><td></td><td></td><td></td><td></td><td></td></tr>
<tr><td>B－B′</td><td></td><td></td><td></td><td></td><td></td></tr>
<tr><td>A′－A</td><td></td><td></td><td></td><td></td><td></td></tr>
<tr><td>B′－B</td><td></td><td></td><td></td><td></td><td></td></tr>
<tr><td>合 格 性 结 论</td><td colspan="3">理　由</td><td colspan="3">审　阅</td></tr>
</table>

实训三　内径百分表测量孔径尺寸

1. 实训目的

掌握内径百分表的构造和工作原理;掌握内径百分表测量零件孔径的方法;加深对内尺寸测量特点的了解。

2. 实训设备

内径百分表、量块及其附件、软布、被测工件、平板。

仪器说明:内径百分表是一种用比较法来测量中等精度孔径的通用量仪,尤其适合于测量深孔的直径,在大批量生产中测量更加方便。内径百分表的测量范围有 10～18mm.18～35 mm.35～50 mm. 50～100 mm、100～160 mm.160～250 mm. 250～450 mm 共 7 种。各种规格的内径百分表均备有整套可换测头,其结构如图 4-31 所示。

百分表的表盘上每一格的刻度值为 0.01mm,1 圈为 100 格,因此在指示盘上,大针转一圈,小针转动 1 格,表示测量杆位移 1mm。

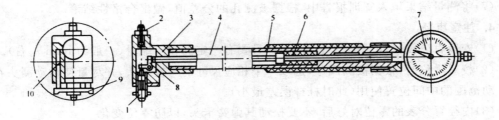

1-活动测量头　2-换测量头　3-主体　4-直管　5-传动杆　6-弹簧　7-分表
8-等臂杠杆　9-定位装置　10-弹簧

图 4-31　内径百分表

目前国产百分表的测量范围有 $0\sim3mm$、$0\sim5mm$、$0\sim10mm^3$ 种。定位装置 9 起找正直径位置的作用,因为可换测量头 2 和活动测量头 1 的轴线实际为定位装置的中垂线,此定位装置保证了可换测量头和活动测量头的轴线位于被测量孔的直径位置上。在调整零位和测量时,测量头在孔径内可能倾斜,影响测量结果的准确性,因此测量时,量仪应在孔内左右轻微摆动,找出百分表指针所指示的最小数值。内径百分表活动测量头允许的移动量很小,它的测量范围是由更换或调整可换测量头的长度实现的。仪器备有一套长短不同的可换测头,可根据被测孔径大小进行了更换。内径百分表的测量范围取决于可换测头的尺寸范围。

3．实训步骤

(1)将百分表和被测工件擦干净。

(2)将百分表装到手柄上,并使其指针压缩半圈左右,然后用固定螺帽将表盘 I 固定。

(3)按被测孔径选择可换测头,把它旋入量仪的下端,拧装在螺孔里并紧固。

(4)根据被测量孔的公称尺寸,选择量块,把它研合后放于量块夹中。然后以量块夹为基准,按图 4-32 所示方法调整量仪零位。

(5)将量仪放人被测孔中测量孔径。使内径百分表的测杆与孔径轴线保持垂直,才能测量准确。沿内径百分表的测杆方向微微摆动量仪,找出指针所指最小数值的位置(顺时针方向的转折点),读出该位置上的指示值。

(6)在孔的 3 个不同横截而的每个截面相互垂直的两个方向上各测量一次,共测量 6 个点。

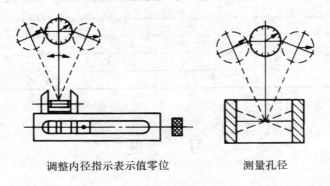

调整内径指示表示值零位　　　　　测量孔径

图 4-32　内径百分表测量孔径

(7)将测量结果填入实训报告中,根据被测孔的公差值,做出合格性结论。

4. 注意事项

(1)安装百分表时,夹紧力不宜过大,并且要有一定的预压缩量(一般为1mm左右)。

(2)校对零位时,根据被测尺寸,选取一个相应尺寸的可换测头,并尽量使活动测头在活动范围的中间位置使用(此时杠杆误差最小)。

(3)内径百分表的零位对好后,不要松动其弹簧卡头,以防零位变化。

(4)装卸百分表时,不允许硬性的插入或拔出,要先松开弹簧夹头的紧同螺钉或螺母。

(5)使用完毕,要把百分表和可换测头取下擦净,并在测头上涂油防锈,放入专用盒内保存。

5. 填写实训报告

用内径百分表测量孔径实验报告

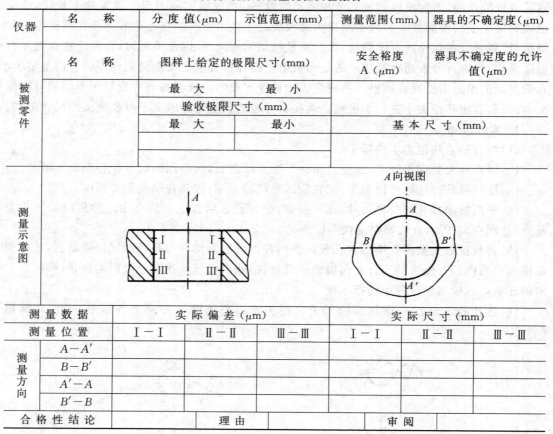

仪器	名　　称	分度值(μm)	示值范围(mm)	测量范围(mm)	器具的不确定度(μm)

被测零件	名　　称	图样上给定的极限尺寸(mm)		安全裕度 A(μm)	器具不确定度的允许值(μm)
		最　大	最　小		
		验收极限尺寸(mm)			
		最　大	最　小	基本尺寸(mm)	

测量数据		实际偏差(μm)			实际尺寸(mm)		
测量位置		Ⅰ－Ⅰ	Ⅱ－Ⅱ	Ⅲ－Ⅲ	Ⅰ－Ⅰ	Ⅱ－Ⅱ	Ⅲ－Ⅲ
测量方向	A－A′						
	B－B′						
	A′－A						
	B′－B						
合格性结论		理由			审阅		

习　　题

1. 简述尺寸要素、实际(组成)要素、提取组成要素,拟合组成要素的含义。

2. 简述孔与轴、实际尺寸与公称尺寸、偏差与公差、间隙与过盈的定义以及区别。

3. 什么是基准制,规定基准制的目的是什么? 在什么情况下采用基轴制?

4. 配合有哪几类,各类配合中孔和轴公差带的相对位置有何特点

5. 为什么要规定基准制为什么优先采用基孔制?

6. 选定公差等级的基本原则是什么?

7. 试画出下列各孔、轴配合的公差带图,并计算它们的极限尺寸、尺寸公差、配合公差及极限间隙或极限过盈。

(1)孔 $\phi 30^{+0.039}_{0}$ mm,轴 $\phi 30^{+0.027}_{+0.002}$ mm (2)孔 $\phi 70^{+0.054}_{0}$ mm,轴 $\phi 70^{-0.030}_{-0.1400}$ mm

8. 试查表确定下列孔、轴公差带代号。

(1)轴 $\phi 40^{+0.033}_{+0.017}$ mm (2)轴 $\phi 18^{+0.046}_{+0.028}$ mm (3)孔 $\phi 65^{-0.03}_{-0.06}$ mm (4)孔 $\phi 240^{+0.285}_{+0.170}$ mm

9. 求下列三种孔、轴配合的极限间隙或过盈、配合公差,并绘制公差带图。

(1)孔 $\phi 25^{+0.021}_{0}$ mm 与轴 $\phi 25^{-0.020}_{-0.033}$ mm 的配合。

(2)孔 $\phi 25^{+0.021}_{0}$ mm 与轴 $\phi 25^{+0.041}_{-0.028}$ mm 的配合。

(3)孔 $\phi 25^{+0.021}_{0}$ mm 与轴 $\phi 25^{+0.015}_{+0.002}$ mm 的配合。

10. 某配合的基本尺寸为 $\phi 45$ mm,要求基孔制,间隙在 $0.022 \sim 0.066$ mm 之间,试确定孔、轴的公差等级和配合类型。

第 5 章　几何量公差

本章学习的主要目的和要求：

1. 了解几何量公差相关知识内容；
2. 能够掌握国家标准资料使用；
3. 掌握零件形位误差的检测方法并能评价零件的合格性。

5.1　几何公差概述

零件在加工过程中由于受各种因素的影响，不可避免会产生形状和位置误差（简称形位误差），形位误差对机器的使用功能和寿命具有重要影响。

例如：配合偶件圆柱表面的形状误差，会使间隙配合中的间隙分布不均匀，造成局部磨损加快，从而降低零件的使用寿命；相互结合零件的表面形状误差，会减少零件的实际支撑面积，使接触面之间的压强增大，从而产生过大的应力和产生严重的变形，等。

零件的形位误差对机器的工作精度和使用寿命，都会造成直接不良影响，特别是在高速、重载等工作条件下，这种不良影响更为严重。然而在实际生产中，制造绝对理想、没有任何几何误差的零件，是既不可能也无必要的。

为了保证零件的使用要求和零件的互换性，实现零件的经济性制造，必须对形位误差加以控制，规定合理的几何公差。

近年来根据科学技术和经济发展的需要，按照与国际标准接轨的原则，我国对几何公差国家标准进行了几次修订，主要内容包括：GB/T1182—2008《产品几何技术规范（GPS）几何公差形状、方向、位置和跳动公差标注》，GB/T16671—2009《产品几何技术规范（GPS）几何公差最大实体要求、最小实体要求和可逆要求》，GB/T 1958—2004《产品几何技术规范（GPS）形状和位置公差检测规定》等。

5.1.1　几何要素

形位公差的研究对象是零件的几何要素，就是零件几何要素本身的形状精度和有关要素之间相互的位置精度问题。零件几何要素由点、线、面构成。具体包括点（圆心、球心、中心点、交点）、线（素线、曲线、轴线、中心线、引线）、面（平面、曲面、圆柱面、圆锥面、球面、中心平面）等，如图 5-1 所示零件的球心、锥顶，圆柱面和圆锥面的素线、轴线，球面、圆柱面和圆锥面。如图 5-1 所示。

零件的几何要素可按不同方式分类。

1. 按存在状态分

实际要素：指零件实际存在的要素，通常用测量得到的要素代替。

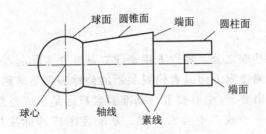

图 5-1　零件的几何要素

理想要素:指具有几何意义的要素,它们不存在任何误差。机械零件图样表示的要素均为理想要素。

2. 按功能关系分

单一要素:指仅对要素自身提出功能要求而给出形状公差的要素。

关联要素:指相对基准要素有功能要求而给出位置公差的要素。

3. 按结构特征分

轮廓要素:指构成零件外形的点、线、面各要素,即零件外轮廓。

中心要素:指轮廓要素对称中心所表示的点、线、面各要素,实际存在,却无法直接看到。

4. 按作用分

被测要素:指有几何公差要求的要素。被测要素是零件需要研究和测量的对象。

基准要素:指用来确定被测要素的方向和位置的要素。

5.1.2　形位公差的种类

GB/T1182—2008 国家标准《产品几何技术规范(GPS)几何公差形状、方向、位置和跳动公差标注》规定,形位公差分为两大类,形状公差和位置公差,如表 5-1 所示。

表 5-1　形位公差特征项目及符号

公差		特征项目	符号	有或无基准要求	公差		特征项目	符号	有或无基准要求
形状	形状	直线度	—	无	位置	定向	平行度	//	有
		平面度	▱	无			垂直度	⊥	有
		圆度	○	无			倾斜度	∠	有
		圆柱度	⌕	无		定位	位置度	⊕	有或无
形状或位置	轮廓	线轮廓度	⌒	有或无			同轴(同心)度	◎	有
							对称度	=	有
		面轮廓度	⌓	有或无		跳动	圆跳动	/	有
							全跳动	⌰	有

5.1.3 基准

1. 基准概念

基准有基准要素和基准之分。零件上用来建立基准并实际起基准作用的实际要素称为基准要素。用以确定被测要素方向或者位置关系的公称理想要素称为基准。基准可以是组成要素(轮廓要素)或导出要素(中心要素);基准要素只能是组成要素。

基准可由零件上的一个或多个要素构成。基准在图样的标注用英文大写字母(如 A、B、C)表示,水平写在基准方格内,与一个涂黑的或空白的三角形相连,涂黑和空白基准三角形含义相同,如图 5-2 所示。

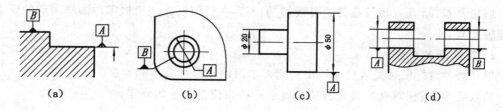

图 5-2 基准标注

2. 基准类型

基准有三种类型:单一基准、公共基准和基准体系。

(1)单一基准:是指仅以一个要素(如一个平面或一条直线)作为确定被测要素方向或位置的依据称为单一基准;

(2)公共基准:是指将两个或两个以上要素组合作为一个独立的基准,称为公共基准或组合基准,如两个平面或两条直线(或两条轴线)组合成一个公共平面或一条公共直线(或公共轴线)作为基准;

(3)基准体系:是指由三个互相垂直的基准平面组成的基准体系,它的三个平面式确定和测量零件上各要素几何关系的起点。

5.1.4 形位公差标注方法

在技术图样中,形位公差采用代号标注形式,如图 5-3 所示。

形位公差的基本内容在公差框格内给出。公差框格分为两格或多格,可水平绘制或垂直绘制。

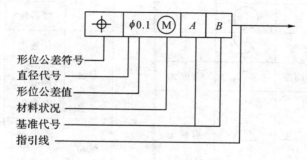

图 5-3 形位公差代号

指引线一端从框格一侧引出,另一端带有箭头,箭头指向被测要素公差带的宽度方向或直径。

公差框格的第二格之间填写的公差带为圆形或圆柱形时,公差值前加注"φ",若是球形则加注"Sφ"。

1. 被测要素的标注

设计要求给出几何公差的要素用带指示箭头的指引线与公差框格相连。指引线一般与框格一端的中部相连,也可以与框格任意位置水平或垂直相连。

当被测要素为轮廓线或轮廓面时,指示箭头应直接指向被测要素或其延长线上,并与尺寸线明显错开,如图 5-4 所示。

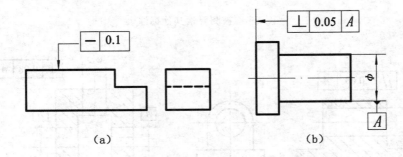

(a)   (b)

图 5-4　被测要素为轮廓要素时的标注

当被测要素为中心点、中心线、中心面时,指示箭头应与被测要素相应的轮廓尺寸线对齐,如图 5-5 所示,指示箭头可代替一个尺寸线的箭头。

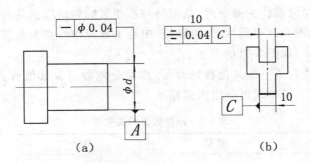

(a)   (b)

图 5-5　被测要素是中心要素时的标注

当被测要素为视图的整个轮廓线(面)时,应在指示箭头的指引线的转折处加注全周符号。如图 3-6(a)所示线轮廓度公差 0.1mm 是对该视图上全部轮廓线的要求。其他视图上的轮廓不受该公差要求的限制。以螺纹、齿轮、花键的轴线为被测要素时,应在几何公差框格下方标明节径 PD、大径 MD 或小径 LD,如图 5-6 所示。

2. 基准要素的标注

对关联被测要素的方向、位置和跳动公差要求必须注明基准。方框内的字母应与公差框格中的基准字母对应,且不论基准代号在图样中的方向如何,方框内的字母均应水平书写。单一基准由一个字母表示,如图 5-7(a)所示;公共基准采用由横线隔开的两个字母表示,如图 5-7(b)所示;基准体系由两个或三个字母表示,如错误!未找到引用源。所示。

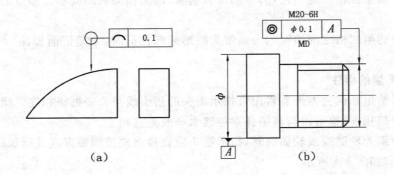

图 5-6 被测要素其他标注

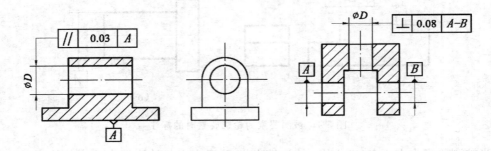

图 5-7 基准要素的标注

当以轮廓线或轮廓面作为基准时,基准符号在要素的轮廓线或其延长线上,且与轮廓的尺寸线明显错开,如图 5-7(a)所示;当以轴线、中心平面或中心点为基准时,基准连线应与相应的轮廓尺寸线对齐,如图 5-7(b)所示。

国家标准中还规定了一些其他特殊符号,形位公差数值和其他有关符号如表 5-2 形位公差的相关符号所示,需要式可查用国家标准。

表 5-2 形位公差的相关符号

符号	意义	符号	意义
Ⓜ	最大实体状态	50	理论正确尺寸
Ⓟ	延伸公差带	$\frac{\phi 20}{A_1}$	基准目标
Ⓔ	包容原则(单一要素)		

5.1.5 形位公差带

1. 形状公差

单一实际要素的形状所允许的变动全量。

2. 位置公差

关联实际要素的位置对基准所允许的变动全量。

标准中,将位置公差又分为定向、定位,跳动 3 种,分别是关联实际要素对基准在方向上、位置上和回转时所允许的变动范围。

形位公差的特征项目较多,而每个项目的具体要求不同,形位公差带的形状也就有各种不同的形状。

形位公差带是用来限制被测实际要素变动的区域,只要被测实际要素完全落在给定的公差带内,就表示其形状和位置符合设计要求。

形位公差带包括公差带的形状、方向、位置、大小 4 个要素。形位公差的公差带形状如图 3-4 所示,是由被测实际要素的形状和位置公差各项目的特征来决定的。公差带的大小是由公差值 t 确定的,指的是公差带的宽度或直径。

形位公差带的方向和位置有两种情况:公差带的方向或位置可以随实际被测要素的变动而变动,没有对其他要素保持一定几何关系的要求,这时公差带的方向或位置是浮动的;若形位公差带的方向或位置必须和基准要素保持一定的几何关系,则称为是固定的。

所以,位置公差(标有基准)的公差带的方向和位置一般是固定的,形状公差(未标基准)的公差带的方向和位置一般是浮动的。

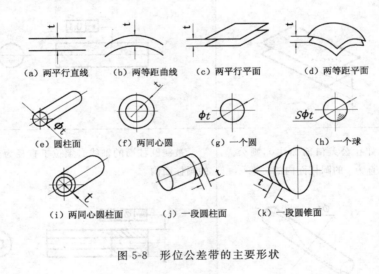

(a) 两平行直线   (b) 两等距曲线   (c) 两平行平面   (d) 两等距平面

(e) 圆柱面   (f) 两同心圆   (g) 一个圆   (h) 一个球

(i) 两同心圆柱面   (j) 一段圆柱面   (k) 一段圆锥面

图 5-8   形位公差带的主要形状

5.2   形位公差及公差带的特点分析

5.2.1   形状公差及公差带

形状公差有 4 个项目:直线度、平面度、圆度和圆柱度。被测要素有直线、平面和圆柱面。形状公差不涉及基准,形状公差带的方位可以浮动,只能控制被测要素的形状误差。

1. 直线度

直线度是表示零件上的直线要素实际形状保持理想直线的状况,即平直程度。

直线度公差是实际直线对理想直线所允许的最大变动量,也就是用以限制实际直线加工误差所允许的变动范围。

公差特征及符号	公差带的定义	标注和解释
直线度	在给定平面内,公差带是距离为公差值 t 的两平行直线之间的区域 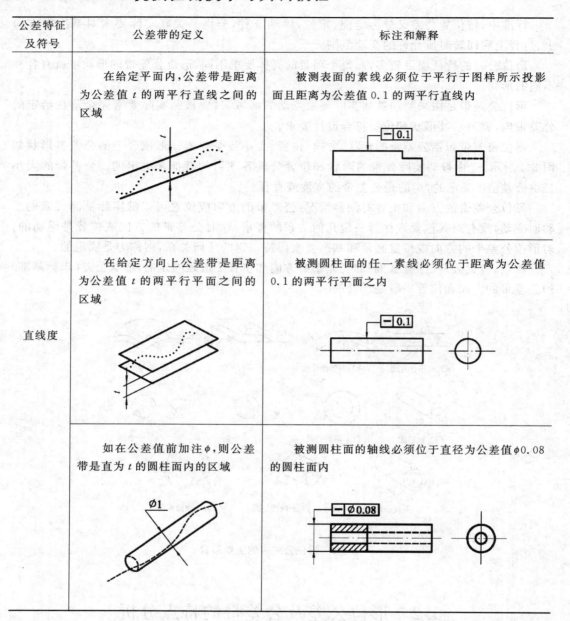	被测表面的素线必须位于平行于图样所示投影面且距离为公差值 0.1 的两平行直线内
	在给定方向上公差带是距离为公差值 t 的两平行平面之间的区域	被测圆柱面的任一素线必须位于距离为公差值 0.1 的两平行平面之内
	如在公差值前加注 ϕ,则公差带是直为 t 的圆柱面内的区域	被测圆柱面的轴线必须位于直径为公差值 $\phi0.08$ 的圆柱面内

2. 平面度

平面度是表示零件的平面要素实际形状保持理想平面的状况,即平整程度。

平面度公差是实际表面所允许的最大变动量,用以限制实际表面加工误差所允许的变动范围。

平面度	公差带是距离为公差值 t 的两平行平面之间的区域	被测表面必须位于距离为公差值0.08 mm 的两平行平面内
		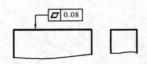

3. 圆度

圆度是表示零件上圆要素的实际形状与其中心保持等距的状况,即圆整程度。

圆度公差是同一截面上,实际圆对理想圆所允许的最大变动量,用以限制实际圆的加工误差所允许的变动范围。

圆度 	公差带是在同一正截面上,半径差为公差值 t 的两同心圆之间的区域 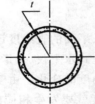	被测圆柱面任一正截面的圆周必须位于半径差为公差值 0.03 的同心圆之间 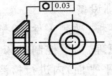 被测圆锥面任一正截面上的圆周必须位于半径差为公差值 0.1mm 的两同心圆之间 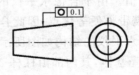

4. 圆柱度

圆柱度是表示零件上圆柱面外形轮廓上的各点对其轴线保持等距的状况。

圆柱度公差是实际圆柱面对理想圆柱面所允许的最大变动量,用以限制实际圆柱面加工误差所允许的变动范围。

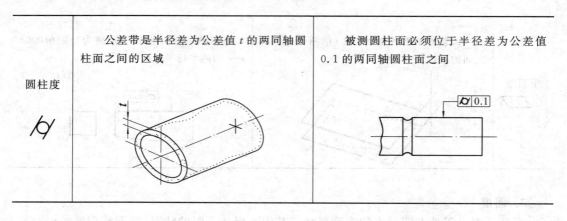

圆柱度	公差带是半径差为公差值 t 的两同轴圆柱面之间的区域	被测圆柱面必须位于半径差为公差值0.1的两同轴圆柱面之间

实训四　直线度误差检测

1. 实训目的

通过测量加深理解直线度误差的定义;了解合像水平仪的结构,并熟悉使用它测量直线度的方法;熟练掌握直线度误差的测量及数据处理。

2. 实训设备

基准平板、被测工件、粉笔、合像水平仪。

测量原理:为了控制机床、仪器导轨或其他窄而长平面的直线度误差,常在给定平面(垂直平面、水平平面)内进行检测。常用的计量器具有框式水平仪、合像水平仪、电子水平仪和白准直仪等。使用这类器具的共同特点是测定微小角度的变化。由于被测表面存在直线度误差,当计量器具置于不同的被测部位时,其倾斜角度就要发生相应的变化。如果节距(相邻两测点的距离)一经确定,这个变化的微小角度与被测相邻两点的高低差就有确切的对应关系。通过对逐个节距的测量,得出变化的角度,通过作图或计算,即可求出被测表面的直线度误差值。由于合像水平仪的测量准确度高、测量范围大(±10mm/m)、测量效率高、价格便宜、携带方便等优点,因此合像水平仪在检测工作中得到了广泛的应用。

合像水平仪的结构如图所示。合像水平仪的结构如图 5-9(a)所示,它由底板 1 和壳体 4 组成外壳基体,其内部由杠杆 2、水准器 8、两个棱镜 7、测量系统 9、10、11 以及放大镜 6 所组成。水准器 8 是一个密封的玻璃管,管内注入精馏乙醚,并留有一定量的空气,以形成气泡。管的内壁在长度方向具有一定的曲率半径。气泡在管中停住时,气泡的位置必然垂直于重力方向,也就是说,当水平仪倾斜时,气泡本身并不倾斜,而始终保持水平位置。测量时,通过放大镜 6 观察,后调整读数。先将合像水平仪放于桥板上相对不动,再将桥板置于被测表面上。若被测表面无直线度误差,并与自然水平面基准平行,此时水准器的气泡则位于两棱镜的中间位置,气泡边缘通过合像棱镜 7 所产生的影像,在放大镜 6 中观察将出现如图所示的情况。但在实际测量中,由于被测表面安放位置不理想和被测表面本身不直,致使气泡移动。此时可转动测微螺杆 10,使水准器转动一角度,从而使气泡返回棱镜组 7 的中间位置,则图示中两影像的错移量 4 将消失而恢复成一个光滑的半圆头。水平仪的分度值 i 用[角]秒和 mm/m 表示。合像水平仪的分度值为 2″,该角度相当于在 1m 长度上,对边高

0.01mm 的角度,这时分度值也用 0.01mm/m 或 0.01/1000 表示。测微螺杆移动量 s 导致水准器的转角 α 与被测表面相邻两点的高低差 h(m)有确切的对应关系,即误差 f 为:

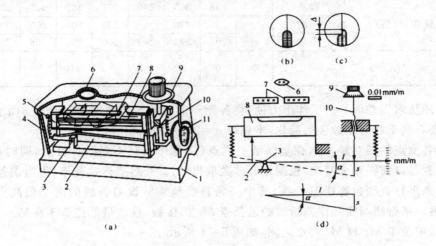

1-底板 2-杠杆 3-桥板 4-壳体 5-支架 6-放大镜 7-两个棱镜
8-水准器 9-微调旋钮 10-螺杆 11-读数视窗
图 5-9 用合像水平仪测量直线度误差

$$f = h = 0.01 \cdot La$$

式中 0.01——合像水平仪的分度 i 值(mm/m);

  L——桥板节距(mm);

  a——角度读数值(用格数来计数)。

如此逐点测量,就可得到相应的读数 a 值,后面将用实例来阐述直线度误差的评定方法。

3. 实训步骤

(1)首先量出被测工件表面总长,继而确定相邻两点之间的距离(节距)。

(2)按节距 L 用粉笔在工件表面画记号线,然后将工件放置在基准平板上。

(3)调整桥板的两圆柱中心距。置合像水平仪于桥板之上,然后将桥板依次放在各节距的位置,如图 5-10 所示。每放一个节距后,要旋转微分筒 9 合像,使放大镜中出现如图 5-9(b)所示的情况,此时即可进行读数。必须注意,假如某一测点两次读数相差较大,说明测量情况不正常,应仔细查找原因并加以消除,然后重测。

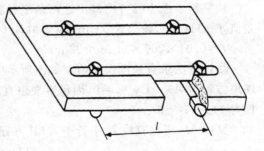

图 5-10 调整中心距

(4)数据处理。数据处理有作图法和计算法两种方法,下面以实例分别说明。用合像水平仪测量一窄长平面的直线度误差,仪器的分度值为 0.011mm/m,选用的桥板节距 L=200mm,测量直线度,记录(顺测、回测、平均)数值见表 5-3。若被测平面直线度的公差等级为 5 级,试判断该平面的直线度误差是否合格。

表 5-3 测量数据表

测点序号 i		a	1	2	3	4	5	6	7	8
仪器读数 a_i（格）	顺测	—	298	300	290	301	302	306	299	296
	回测	—	296	298	288	299	300	306	297	296
	平均	—	297	299	289	300	301	306	298	296
$\vert a_i = a_i\ a$		0	0	+2	−8	+3	+4	+9	+1	−1

①作图法求误差值。为了作图方便，将各测点的读数平均值同减一个数 a（a 值可取任意数，但要有利于相对差数字的简化，本例取 $a=297$），得出相对差 Δa_i。

根据各测点的相对差 Δa_i，在坐标纸上取点（注意作图时不要漏掉首点，同时后一测点的坐标位置是以前一点为基准，根据相邻差数取得的）。将各点连接起来，得出误差折线。

用两条平行直线包容误差折线，其中一条直线与实际误差折线的两个最高点 M_1、M_2 相接触，另一平行线与实际误差折线的最低点 M_3 相接触，且该最低点 $M3$ 在第一条平行线上的投影，应位于 M_1 和 M_2 两点之间，如图 5-11 所示。

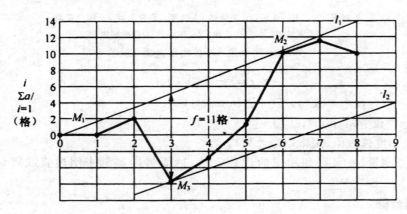

图 5-11 作图法求直线度误差

从平行于纵坐标方向画出这两条平行直线间的距离，此距离就是被测表面的直线度误差值 $f=11$（格），按公式 $f(\mu m)=0.01Lf$（格），将 f（格）换算为 $f(\mu m)$，即：
$$f=0.01\times200\times11\mu m=22\mu m$$

②计算法求直线度误差值。如图所示中 $M_1(0,0)$、$M_2(6,10)$、$M_3(3,-6)$，设包容线的理想方程为 $Ax+By+c=0$，因包容理想直线 l_1 通过 M_1、M_2，因此通过两点法求得 l_1 的方程为 $11x-7y=0$。

又因 M_3 所在直线 l_2 平行于 l_1，其方程为：
$$11x-7y+c=0$$

将 M_3 代入上式，求得 $c2=-66$，故 l_2 的方程为：
$$11x-7y-66=0$$

令式 $11x-7y=0$ 中 $x=0$，则 $y=0$；令式 $11x-7y-66=0$ 中 $x=0$，则 $y=-11$，所以 l_1、l_2 在 y 轴上的截距之差为 11 格，即 l_1、l_2 在平行于纵轴方向上的距离为 11 格，由公式 $f(\mu m)=0.01Lf$（格），求得，$f=0.01\times200\times11\mu m=22\mu m$。

按国家标准 GB/T 1184—1996,直线度 5 级公差值为 25μm,误差值小于公差值,所以被测工件直线度误差合格。

4. 填写实训报告

直线度误差检测

仪 器	名 称	分 度 值 (μm)	示值范围 (mm)	测量范围 (mm)	器具的不确定度 (μm)
被测零件	名 称	图样上给定的直线度公差 (μm)			
测量序号					
测量数据					
数据处理					
形位误差(μm)	直线度误差				
合格性结论	理由		审阅		

实训五　平面度误差检测

1. 实训目的

掌握平面度误差的测量及数据处理方法;加深对平面度误差概念的理解。

2. 实训设备

基准平板、被测工件、指示表及指示表架。

测量原理:平面度误差的测量是根据与理想要素相比较的原则进行的。用标准平板作为模拟基准,利用指示表和指示表架测量被测平板的平面度误差。

测量时,将被测工件支承在基准平板上,基准平板的工作面作为测量基准,在被测工件表面上按一定的方式布点,通常采用的是米字形布点方式,如图 5-12 所示。用指示表对被测表面上各点逐行测量并记录所测数据,然后评定其误差值。

低精度的平面可用指示表的最大与最小读数差近似作为该平面的误差值。较高

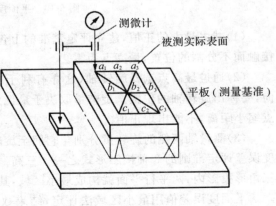

图 5-12　平面度误差测量

精度的平面通常用计算法、图解法或最小包容区域法确定其平面度误差。

平面度的测量结果必须符合最小条件。确定理想平面的位置,使之符合平面度误差评定准则形式中的一种。由于测得的数据既含有被测平面的平面度误差,又含有被测平面对基准平面的平行度误差,所以需要对各测点的结果进行基面旋转,即将实际被测要素上的各点对基准平面(测量基准)的坐标值转换为与评定方法相应的另一坐标平面(评定基准)的坐标值,才能摆脱因基面本身误差所造成的对测量精度的影响。

按图 5-12 所示,以较大平板作为测量基准,利用千分表和表架,测量小平板平面的平面度误差,共布 9 个点,测量结果如表 5-4 所示。

表 5-4　测量结果

测点	a_1	a_2	a_3	b_1	b_2	b_3	c_1	c_2	c_3
读数	0	-1	$+5$	$+7$	-2	$+4$	$+7$	-3	$+4$

从所测数据分析看出,测量结果不符合任何一种平面度误差的评定准则,说明评定基准和与测量结果不一致,因此需要进行基面旋转。在基面旋转过程中要注意保持实际平面不失真。例如用上例测得的数据处理方法如表 5-13 所示。

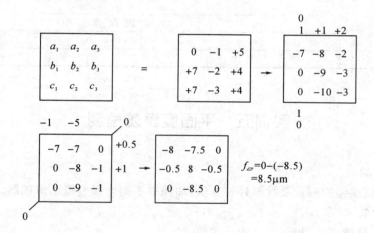

图 5-13　平面度误差数据处理

(1)减去最大的正值,建立评定基准的上包容面,相当于将基准平面平移到与被测基准接触而不分割的位置,最高点为零。

(2)通过最高点选择旋转轴(这样有利于减去摄大的负值),然后选择旋转量和旋转方向,要标出旋转轴的位置。旋转量取决于最低点。为改变各点至评定轴的距离,必须使最低点缩小距离,不能出现正值。

(3)测量轴两侧的旋转量分别与它们至旋转轴的格数成正比。以上旋转结果符合平面度误差评定准则的 3 种接触形式之一——三高一低。最低点的投影落在由 3 个最高点形成的三角形投影内,两平行平面就构成最小区域,其宽度为实际表面的平面度误差值。

平面度误差值用最小区域法评定,结果数值最小,且唯一,并符合平面度误差的定义。但在实际工作中需要多次选点计算才能获得,因此它主要用于工艺分析和发生争议时的仲裁。在满足零件使用功能的前提下,检测标准规定可用近似方法来评定平面度误差。常用的近似方法有三点法和对角线法。三点法评定结果受选点的影响,使结果不唯一,一般用于低精度的工件;对角线法选点确定,结果唯一,计算出的数值虽稍大于定义值,但相差不多,且能满足使用要求,故应用较广。

三种方法分别计算如下:

①三远点法。把 a_1、a_3、c_3 3 点旋转成了等高点,则平面度误差 $f=[(+19)-(-9.5)]$ $\mu m=28.5\mu m$,如图 5-14 所示。

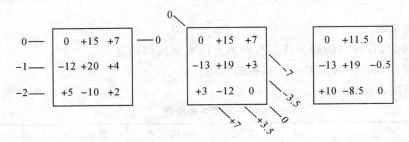

图 5-14　三远点法处理平面度误差

②对角线法。把 a_1 和 c_3、c_1 和 a_3 分别转成了等高点,则平面度误差 $f=[(+20)-(-11)]\mu m=31\mu m$,如图 5-15 所示。

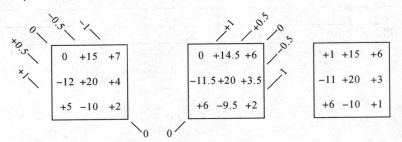

图 5-15　对角线法处理平面度误差

③最小区域法。把 a_3、b_1、c_2 3 点旋转成了最低的 3 点,b_2 是最高点且投影落在了 a_3、b_1、c_2 3 点之间,符合三角形准则,则平面度误差 $f=[(+20)+(-5)]\mu m=25\mu m$,如图 5-16 所示。

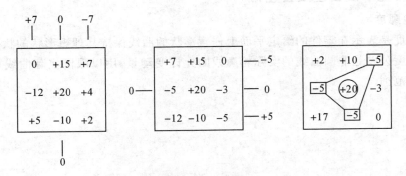

图 5-16　最小区域法处理平面度误差

3. 实训步骤

(1)将被测工件用可调支承支撑在平板上,指示表夹在表架上。

(2)按米字形布线的方式进行布点。

(3)在 a_1 点将指示表调零,然后移动指示表架,依次记取各点读数,将结果填入实训报告中。

(4)用最小区域法或对角线法计算出平面度误差值,并与其公差值比较,做出合格性结论。

4. 注意事项

(1)测量时,百分表的测量杆要与被测工件表面保持垂直。

(2)不要使用百分表测量表面粗糙的工件。

5. 填写实训报告

平面度误差检测

仪 器	名　　称	分 度 值（μm）	示值范围（mm）	测量范围（mm）	器具的不确定度（μm）
被测零件	名　　称	平面度公差（μm）			
测 量 序 号					
测 量 数 据					
数据处理					
形位误差(μm)	平 面 度 误 差				
合 格 性 结 论	理 由		审 阅		

5.2.2 轮廓度公差及公差带

1. 线轮廓度

线轮廓度是表示在零件的给定平面上任意形状的曲线保持其理想形状的状况。

线轮廓度公差是非圆曲线的实际轮廓线的允许变动量,用以限制实际曲线加工误差所允许的变动范围。

线轮廓度 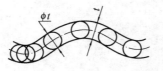	公差带是包络一系列直径为公差值 t 的圆的两包络线之间的区域。诸圆的圆心位于具有理论正确几何形状的线上	在平行于图样所示投影面的任一截面上,被测轮廓线必须位于包络一系列直径为公差值 0.04 且圆心位于具有理论正确几何形状的线上的两包络线之间
	无基准要求的线轮廓度公差见图 a; 有基准要求的线轮廓度公差见图 b	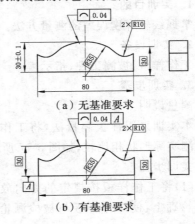

2. 面轮廓度

面轮廓度是表示零件上任意形状的曲面保持其理想形状的状况。

面轮廓度公差是非圆曲面的轮廓线对理想轮廓面的允许变动量,用以限制实际曲面加工误差的变动范围。

面轮廓度 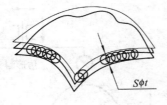	公差带是包络一系列直径为公差值 t 的球的两包络面之间的区域,诸球的球心应位于具有理论正确几何形状的面上	被测轮廓面必须位于包络一系列球的两包络面之间,诸球的直径为公差值 0.02,且球心位于具有理论正确几何形状的面上的两包络面之间
	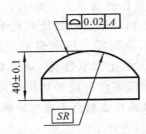	

实训六　线轮廓度误差检测

1. 实训目的

掌握线轮廓度误差的测量方法。

2. 实训设备

工作样板、被测工件、指示表。

3. 实训步骤

测量说明：

本实训采用样板测量法，将工作样板形状与被测实际形状相比较，如图 5-17 所示。

实训步骤：

（1）将工作样板按规定的方向放置在被检测的轮廓上，使工作样板与被检测轮廓对和在一起。

（2）观察两轮廓之间的光隙的大小。

（3）根据观察到光隙的大小来判断线轮廓度的误差，取最大间隙并将其作为该零件的线轮廓度误差。

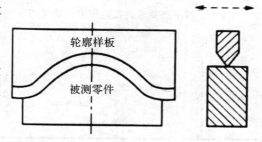

图 5-17　样板检测线轮廓度

光隙法判断间隙大小的方法如下：

当间隙较大时，可用塞尺直接测出最大间隙值，此即为被测根据的直线度误差值；当间隙较小时，可按标准光隙估计其间隙大小。光隙较小时，将呈现不同的颜色：光隙为 $2.5\mu m$ 时，呈白光；光隙为 $1.25\sim75\mu m$ 时，呈红光；光隙为 $0.8\mu m$ 时，呈蓝光；光隙小于 $0.5\mu m$ 时，则不透光。

4. 其他常用方法

（1）坐标测量方法。如图 5-18 所示。调正被测零件相对于仿形系统和轮廓样板的位置，再将指示表调零。仿形测头在轮廓样板上移动，由指示表上读取数值。取其数值的两倍，并将其作为该零件的线轮廓度误差。必要时，将测得的值换算成垂直于理想轮廓方向（法向）上的数值后，再评定误差。

（2）投影仪测量方法。将被测轮廓投在投影屏上与极限轮廓相比较，实际轮廓的投影应在极限轮廓线之间。此法适用于测量尺寸较小和薄的零件。

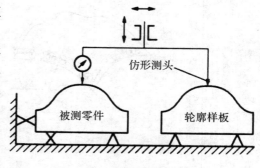

图 5-18　坐标法检测线轮廓度

5. 填写实训报告

线轮廓误差报告

仪 器	名 称		精 度	
被测零件图				
公差带形状与大小				
公差值			误差值	
合格性结论		理 由	审 阅	

5.2.3 定向公差及公差带

定向公差有三个项目:平行度、垂直度和倾斜度。被测要素有直线和平面,基准要素有直线和平面。按被测要素相对于基准要素,有线对线、线对面、面对线和面对面四种情况。定向公差带在控制被测要素相对于基准平行、垂直和倾斜所夹角度方向误差的同时,能够自然地控制被测要素的形状误差。

1. 平行度

平行度是表示零件上被测实际要素相对于基准保持等距离的状况。

平行度公差是被测要素的实际方向与基准相平行的理想方向之间所允许的最大变动量,用以限制被测实际要素偏离平行方向所允许的变动范围。

平行度	公差带是两对互相垂直的距离分别为 t_1 和 t_2 且平行于基准线的两平行平面之间的区域	被测轴线必须位于距离分别为公差值 0.2mm 和 0.1mm,在给定的互相垂直方向上且平行于基准轴线的两组平行平面之间

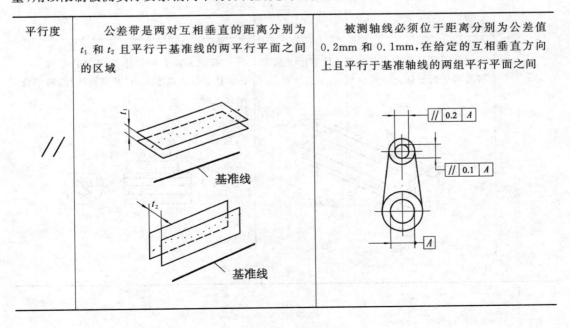

续表

平行度		
	如在公差值前加注,公差带是直径为公差值 t 且平行于基准线的圆柱面内的区域 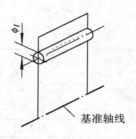 基准轴线	被测轴线必须位于直径为 0.1mm 且平行于基准轴线 B 的圆柱面内 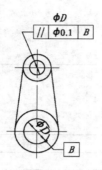 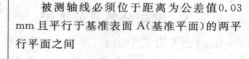
	公差带是距离为公差值 t 且平行于基准平面的两平行平面之间的区域 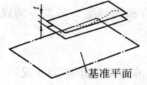 基准平面	被测轴线必须位于距离为公差值0.03 mm 且平行于基准表面 A(基准平面)的两平行平面之间 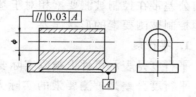
	公差带是距离为公差值 t 且平行于基准线的两平行平面之间的区域 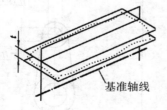 基准轴线	被测表面必须位于距离为公差值0.05 mm 且平行于基准线 A(基准轴线)的两平行平面之间 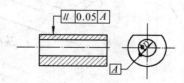

| 平行度
 // | 公差带是距离为公差值 t 且平行于基准面的两平行平面之间的区域

 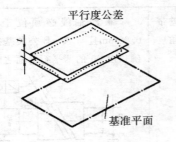
 平行度公差
 基准平面 | 被测表面必须位于距离为公差值0.05 mm 且平行于基准平面 A（基准平面）的两平行平面之间

 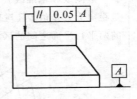 |

2. 垂直度

垂直度是表示零件上被测要素相对于基准要素保持正确的 90°角的状况。

垂直度公差是被测要素的实际方向对于基准相垂直的理想方向之间所允许的最大变动量，用以限制被测实际要素偏离垂直方向所允许的最大变动范围。

| 垂直度
 ⊥ | 公差带是距离为公差值 t 且垂直于基准轴线的两平行平面之间的区域

 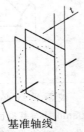
 基准轴线 | 被测轴线必须位于距离为公差值0.08 mm 且垂直于基准线 A（基准轴线）的两平行平面之间

 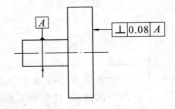 |
| | 如在公差值前加注 ϕ，公差带是直径为公差值 t 且垂直于基准面的圆柱面内的区域

 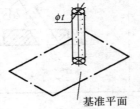
 基准平面 | 被测轴线必须位于直径为公差值 $\phi 0.05$ mm 且垂直于基准线 A（基准平面）的圆柱面内

 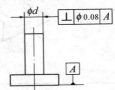 |

3. 倾斜度

倾斜度是表示零件上两要素相对方向保持任意给定角度的正确状况。

倾斜度公差是被测要素的实际方向,对于与基准成任意给定角度的理想方向之间所允许的最大变动量。

倾斜度	被测线和基准线在同一平面内,公差带是距离为公差值 t 且与基准线成一给定角度的两平行平面之间的区域	被测轴线必须位于距离为公差值 0.08mm 且与 A—B 公共基准线成一理论正确角度 60°的两平行平面之间
	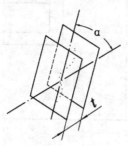	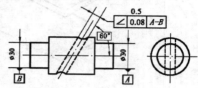
	公差带是距离为公差值 t 且与基准面成一给定角度的两平行平面之间的区域	被测表面必须位于距离为公差值 0.08mm 且与基准面 A(基准平面)成理论正确角度 40°的两平行平面之间
	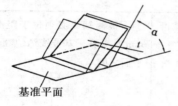	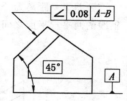
	公差带为直径等于公差值 ϕt 的圆柱面所限定的区域,且与基准平面成理论角度	被测轴线必须位于距离为公差值 0.05mm 且与基准面 A(基准平面)成理论正确角度 60°的两平行平面之间且平行于基准平面 B
	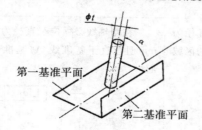	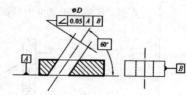

实训七　平行度、垂直度误差检测

1. 实训目的

了解平行度与垂直度误差的测量原理及方法；熟悉通用量具的使用；加深对位置公差的理解。

2. 实训设备

平板、被测件(角座)、心轴、带指示表的测量架、精密直角尺、塞尺、外径游标卡尺等。

仪器说明：被测件角座如图 5-19 所示，图样上提出 4 个位置公差要求。

(1)顶面对底面的平行度公差为 0.15mm；

(2)两孔的轴线对底面的平行度公差为 0.05mm；

(3)两孔轴线之间的平行度公差为 0.35mm；

(4)侧面对底面的垂直度公差为 0.20mm。

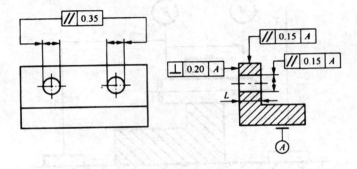

图 5-19　角座零件图

3. 实训步骤

(1)按检测原则 1(与理想要素比较原则)测量顶面对底面的平行度误差。将被测件放在测量平板上，以平板面作为模拟基准；调整百分表在支架上的高度，将百分表测量头与被测面接触，使百分表指针倒转 1～2 圈，固定百分表，然后在整个被测表面上沿规定的各测量线移动百分表支架，取百分表的最大与最小读数之差，并将其作为被测表面的平行度误差。如图 5-20 所示。

(2)按检测原则 1，分别测量两孔轴线对底面的平行度误差。如图 5-21 所示，将被测件放在测量平板上，心轴放置在被测孔内，以平板模拟为基准，用心轴模拟被测孔的轴线，按心轴上的素线调整百分表的高度，并固定之(调整方法同步骤(1))，在测量距离为 L 的两个位置上测得的读数分别为 M_1 和 M_2。则该孔被测轴线的平行度误差应为：

$$f = \frac{L_1}{L_2} |M_1 - M_2|$$

式中　L_1——被测轴线的长度；

　　　L_2——测量距离。

在 0°～180°范围内按上述方法测量若干个不同角度位置，取各测量位置所对应的 f 值中最

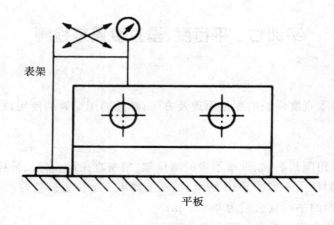

表架

平板

图 5-20　测量顶面对底面的平行度误差

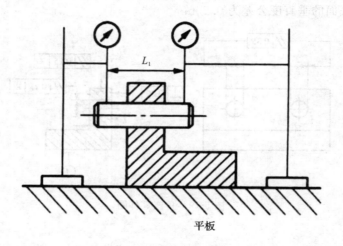

L_1

平板

图 5-21　测量两孔轴线对底面的平行度误差

大值,并将其作为平行度误差。

　　测量一孔后,心轴放置在另一被测孔内,采用相同方法测量。

　　(3)按检测原则1测量两孔轴线之间的平行度误差。如图 5-22 所示。将心轴放置在两被测孔内,用心轴模拟两孔轴线。用游标卡尺在靠近孔口端面处测量尺寸 a_1 及 a_2,差值(a_1 $-a_2$)即为所求平行度误差。

　　(4)按检测原则 3(测量特征参数原则)测量侧面对底面的垂直度误差。如图 5-23 所示,被测件放在平板上,用平板模拟基准,将精密直角尺的短边置于平板上,长边靠在被测侧面上,此时直角尺长边即为理想要素。用塞尺测量直角尺长边与被测侧面之间的最大间隙,测得的值即为该位置的垂直度误差。移动直角尺,在不同位置重复上述测量,取最大误差值并将其作为被测面的垂直度误差。

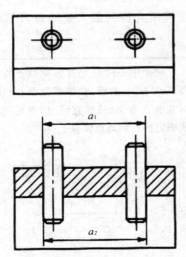

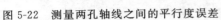

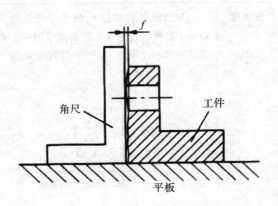

图 5-22　测量两孔轴线之间的平行度误差　　　图 5-23　测量侧面对底面的垂直度误差

4. 填写实训报告

平行度、垂直度误差检测

仪　器	名　称			精　度		
被测零件图						
公差带形状与大小						
被测要素						
基准要素						
公差值						
误差值						
合格性结论		理由			审阅	

5.2.4　定位公差及公差带

定位公差有三个项目：位置度、同轴度和对称度。定位公差涉及基准，公差带的方向（主要是位置）是固定的。定位公差带在控制被测要素相对于基准位置误差的同时，能够自然地控制被测要素相对于基准的方向误差和被测要素的形状误差。

1. 位置度

位置度是零件上的点、线、面等要素相对其理想位置的准确状况。

位置度公差是被测要素的实际位置相对于理想位置所允许的最大变动量,用以限制被测要素偏离理想位置所允许的最大变动范围。

位置度	如公差值前加注φ,公差带是直径为公差值 t 的圆内的区域。圆公差带的中心点的位置由相对于基准 A 和 B 的理论正确尺寸确定。 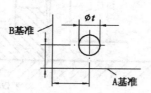	两个中心线的交点必须位于直径为公差值 0.3mm 的圆内,该圆是圆心位于由相对基准 A 和 B(基准直线)的理论正确尺寸所确定的点和理想位置上 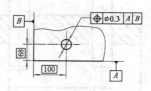
	如公差值前加注 Sφ,公差带是直径为公差值 t 的球内的区域。球公差带的中心点的位置由相对于基准 A、B 和 C 的理论正确尺寸确定。 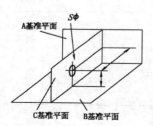	被测球的球心必须位于直径为公差值 0.03mm 的球内。该球的球心位于由相对基准 A、B、C 的理论正确尺寸所确定的理想位置上 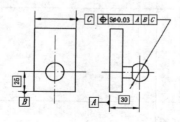
	公差带是距离为公差值 t 且以线的理想位置为中心线对称配置的两平行直线之间的区域。中心线的位置由相对于基准 A 的理论正确尺寸确定,此位置度公差仅给定一个方向 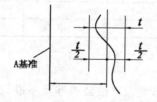	每根刻线的中心线必须位于距离为公差值 0.05mm 且相对于基准 A 的理论正确尺寸所确定的理想位置对称的诸两平行直线之间 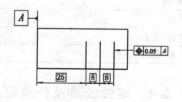

续表

位置度	如公差值前加注 ϕ,公差带是直径为公差值 t 的圆柱面内的区域。圆柱公差带的中心轴线位置由相对于基准 B 和 C 的理论正确尺寸确定	被测要素 ϕD 孔的轴线必须位于直径为公差值 $\phi 0.1$mm 的圆柱面内,该圆柱面的中心轴线位置由相对基准 B、C 的理论正确尺寸 30mm 和 40mm 确定
	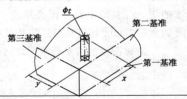	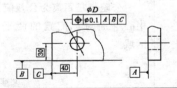
	公差带是距离为公差值 t 且以被测斜平面的理想位置为中心面对称配置的两平行平面间的区域。中心面的位置由基准轴线 A 和相对于基准面 B 的理论正确尺寸确定	被测要素斜平面必须位于距离为公差值 0.05mm 两平行平面之间,该两平行平面的对称中心平面位置由基准轴线 A 及理论正确角度 60° 和相对于基准面 B 的理论正确尺寸 50mm 确定
	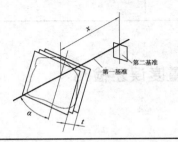	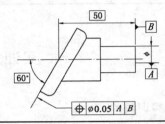

2. 同轴度(同心度)

同轴度(同心度)是表示零件上被测轴线相对于基准轴线保持在同一直线上的状况。

同轴度公差是被测轴线相对于基准轴线所允许的变动全量,用以限制被测实际轴线偏离有基准轴线所确定的理想位置所允许的变动范围。

公差带是直径为公差值 ϕt 且与基准圆心同心的圆内的区域	外圆的圆心必须位于直径为公差值 0.1mm 且与基准圆心同心的圆内
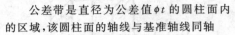	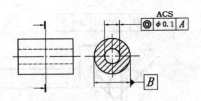
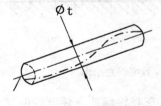 公差带是直径为公差值 ϕt 的圆柱面内的区域,该圆柱面的轴线与基准轴线同轴	大圆柱面的轴线必须位于直径为公差值 $\phi 0.1$mm 且与公共基准线 A-B(公共基准轴线)同轴的圆柱面内
	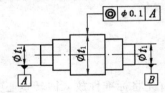

3. 对称度

对称度是表示零件上两对称中心要素保持在同一中心平面内的状态。

对称度公差是实际要素的对称中心面（或中心线、轴线）对理想对称平面所允许的变动量。

公差带是距离为公差值 t 且相对基准的中心平面对称配置的两平行平面之间的区域	被测中心平面必须位于距离为公差值 0.08mm 且相对于公共基准中心平面 A－B 对称配置的两平行平面之间

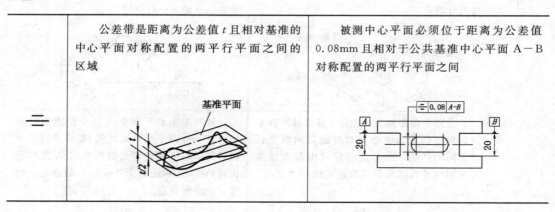

实训八　位置度误差检测

1. 实训目的

掌握位置度的检测方法。

2. 实训设备

平板、指示表、表架、回转定心夹头。

3. 实训步骤

(1)点的位置度误差检测。如图 5-24 所示为点的位置度误差检测的零件。

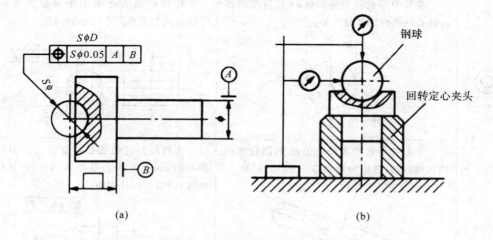

图 5-24　测量点的位置度误差示图

①首先将标准件放入回转定心夹头中定位，在将钢球放在标准件的球面内。

②带指示器的测量架放在平面板上,并使测量架上两个指示器的测头分别与标准件钢球的垂直和水平直径处接触,并调零。

③取下标准件,换上被测件,以同样的方法使两指示器的测头再与标准件球的垂直和水平直径处接触(指示器不能调零),转动被测件,在同一周内观察指示器的读数变化,取水平方向指示器最大读数的一半,将其作为相对基准 A 的径向误差 f_x,并在垂直方向直接读出相对基准 B 的轴向误差值 f_y,则被测点的位置度误差值为

$$f = 2\sqrt{f_x^2 + f_y^2}$$

(2)线的位置度误差检测,用三坐标测量机测量,在后续章节中会提及。

4. 其他的常用检测方法

(1)用万能工具显微测量

(2)用投影仪测量

5. 填写实训报告

位置度误差检测

仪 器	名 称		精 度	
被测零件图				
公差带形状与大小				
被测要素				
基准要素				
公差值				
误差值				
合 格 性 结 论		理 由		审 阅

5.2.5 跳动公差及公差带

跳动公差有 2 个项目:圆跳动和全跳动。跳动公差带在控制被测要素相对于基准位置误差的同时,能够自然地控制被测要素相对于基准的方向误差和被测要素的形状误差。

1. 圆跳动

圆跳动是表示零件上的回转表面在限定的测量面内相对于基准轴线保持固定位置的状况。

圆跳动公差是被测实际要素绕基准轴线无轴向移动地旋转 1 周时,在限定的测量范围内所允许的最大变动量。

公差带为在任一垂直于基准轴线的横截面内,半径差为公差值 t,圆心在基准轴线上的两同心圆所限定的区域	当被测要素围绕基准线 A(基准轴线)的约束旋转一周时,在任一测量平面内的径向圆跳动量均不得大于 0.05mm
	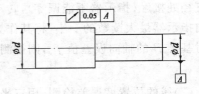
公差带是在与基准同轴的任一半径位置的测量圆柱面上距离为 t 的两圆之间的区域	被测面围绕基准线 D(基准轴线)旋转一周时,在任一测量圆柱面内轴向的跳动量均不得大于 0.1mm
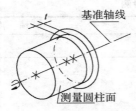	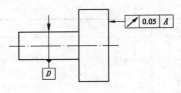
公差带是在于基准同轴的任一测量圆锥面上距离为 t 的两圆之间的区域(除另有规定,其测量方向应与被测面垂直)	被测面围绕基准线 A(基准轴线)旋转一周时,在任一测量圆锥面上的跳动量均不得大于 0.05mm
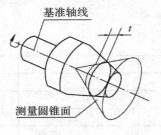	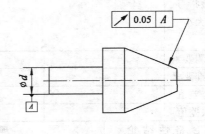

2. 全跳动

全跳动是指零件绕基准轴线连续旋转时沿整个被测表面上的跳动量。

全跳动的公差是被测实际要素绕基准轴线连续旋转,同时指示器沿其理想轮廓相对移动时,所允许的最大跳动量。

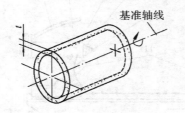	公差带是半径差为公差值 t 且基准同轴的两圆柱面之间的区域	被测要素围绕公共基准线 $A-B$ 作若干次旋转,并在测量仪器与工件间同时作轴向的相对移动时,被测要素上各点间的示值均不得大于 0.2mm。测量仪器或工件必须沿着基准轴线方向并相对于公共基准轴线 $A-B$ 移动 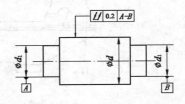
	公差带是距离为公差值 t 且与基准垂直的两平行平面之间的区域 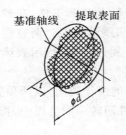	被测要素围绕基准线 D 作若干次旋转,并在测量仪器与工件间作径向相对移动时,在被测要素上各点间的示值差均不得大于 0.1mm。测量仪器或工件必须沿着轮廓具有理想正确形状的线和相对于基准轴线 D 的正确方向移动 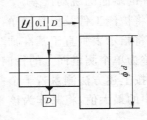

实训九　径向圆跳动和端面圆跳动误差检测

1. 实训目的

熟悉百分表、偏摆仪的使用方法;掌握径向圆周跳动、端面圆跳动的检测方法。

2. 实训设备

带指示表的测量架、被测零件、偏摆检查仪。

仪器说明:

偏摆检查仪结构如图 5-25 所示,主要由底座 1、前顶尖座 2、后顶尖座 8 和支架 6 等组成。两个顶尖座和支架座可沿导轨面移动,并通过手柄 11 固定。两个顶尖分别装在固定套管 3 和活动套管 7 内,按动杠杆 10 可使活动套管后退,当松开杠杆时,活动套管 7 借弹簧作用前移,可以方便更换被测零件。转动手柄 9 可紧固活动套管。支架座上可根据需要安装测微表。

3. 实训步骤

实训时,将被测工件安装在两顶尖之间,让指示表的测量头置于被测件的外轮廓,并垂

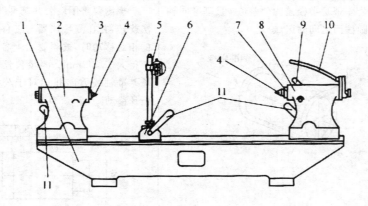

1-底座　2-前顶尖座　3-固定套管　4-顶尖　5-测微表　6-支架
7-活动套管　8-后顶尖座　9-手柄　10-杠杆　11-手柄

图 5-25　偏摆检测仪

直于基准轴线,调整指示表压缩一圈左右,然后慢慢转动被测工件,在被测工件回转一周过程中,指示表读数的最大差值即为所测工件的径向圆跳动误差。调整指示表测头让其平行于被测件基准轴线,重复上述动作,被测工件回转一周过程中,指示表读数的最大差值即为所测工件的端面圆跳动误差。

(1)将被测工件及量具擦净,按说明安装在仪器的两顶尖间,以两顶尖模拟基准轴线。

(2)将指示表垂直于基准轴线安装。在被测零件回转一周过程中,指示表的最大值与最小值之差为单个测量面上的径向圆跳动。

(3)按上述方法测量若干个截面,如图 5-26 所示的 a、b、c 3 个截面,取各截面上测得的跳动量中的最大值,将其作为该零件的径向圆跳动误差。

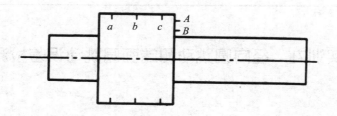

图 5-26　圆跳动误差检测零件

(4)调整指示表位置至 A、B 点所在的轴肩面,测量端面圆跳动。

(5)指示表与被测面垂直,在零件回转一周过程中,指示表的最大值与最小值之差为单个测量圆柱面上的端面圆周跳动误差。

(6)测量若干个端面,取各测量端面上截面测得的最大值,将其作为该零件的端面圆跳动误差。

(7)将测量结果填入实训报告中,根据被测零件的公差值,做出合格性结论。

4. 填写实训报告

径向圆跳动和端面圆跳动误差检测报告

仪　器	名　称			精　度	
被测零件图					
公差带形状与大小					
被测要素					
基准要素					
测量数据	径向圆跳动(μm)			端面圆跳动(μm)	
	$a-a$	$b-b$	$c-c$	点 A	点 B
合格性结论		理由		审阅	

实训十　径向全跳动和端面全跳动误差检测

1. 实训目的

掌握全跳动的测量方法。

2. 实训设备

平板、带指示器的测量架、支承、被测零件、一对同轴导向套筒。

3. 实训步骤

(1)径向全跳动误差检测,如图 5-27 所示。

①将被测零件固定在两同轴导向筒内,同时在轴向上同定。

②调整套筒,使其同轴并与平板平行。

③将指示器接触被测工件一端并调零,转动被测工件,同时让指示器沿基准轴线方向向另一端作直线移动。

④在整个测量过程中,指示器的最大误差值即为该零件的径向全跳动误差。

⑤将测量结果填入实训报告中,根据被测零件的公差值,做出合格性结论。

(2)端面全跳动误差检测,如图 5-28 所示。

①将被测零件支承在导向套筒内,并在轴向上固定。

②将指示器接触被测工件并调零,然后转动被测工件,同时指示器沿其径向做直线移动。

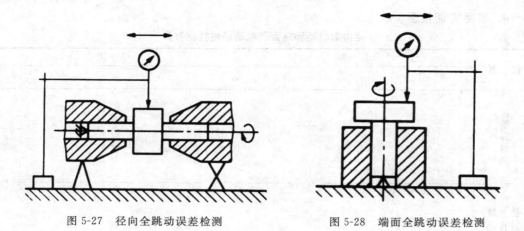

图 5-27 径向全跳动误差检测　　　　　图 5-28 端面全跳动误差检测

③在整个测量过程中,指示器读数的最大差值即为该零件的端面全跳动误差。

④将测量结果填入实训报告中,根据被测零件的公差值,做出合格性结论。

注:基准轴线也可以用一对 v 形块或一对顶尖的方法来确定。

4. 填写实训报告

径向全跳动和端面全跳动误差检测报告

仪　　器	名　　称				精　　度	
被测零件图						
公差带形状与大小						
被测要素						
基准要素						
测量数据	径向圆跳动(μm)			端面圆跳动(μm)		
	(1)	(2)	(3)	(1)	(2)	(3)
合格性结论		理由			审阅	

5.3　公差原则

公差原则是处理尺寸公差与形状、位置公差之间相互关系的基本原则,它规定了确定尺寸(线性尺寸和角度尺寸)公差和形位公差之间相互关系的原则。公差原则有独立原则和相关原则,相关的国家标准包括 GB/T4249—2009 和 GB/T16671—2009。

5.3.1 有关公差原则的术语及定义

1. 作用尺寸

作用尺寸是零件装配时起作用的尺寸,它是由要素的实际尺寸与其形位误差综合形成的。根据装配时两表面包容关系的不同,作用尺寸分为体外作用尺寸和体内作用尺寸。

(1)体外作用尺寸(d_{fe}、D_{fe})

体外作用尺寸是在被测要素的给定长度上,与实际内表面(孔)体外相接的最大理想面或与实际外表面(轴)体外相接的最小理想面的直径或宽度,如图 5-29 所示。对于关联实际要素,要求体外相接理想面的中心要素必须与基准保持图样给定的方向或位置关系,如图 5-30 所示,与实际轴外接的最小理想孔的轴线应垂直于基准面 A。

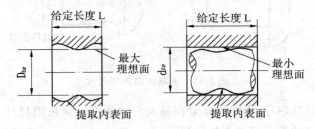

图 5-29　单一体外作用尺寸

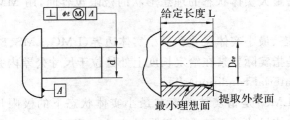

图 5-30　关联体外作用尺寸

(2)体内作用尺寸(d_{fe}、D_{fe})

体内作用尺寸是在被测要素的给定长度上,与实际内表面(孔)体内相接的最小理想面或与实际外表面(轴)体内相接的最大理想面的直径或宽度,如图 5-31 所示。对于关联实际要素,要求该体内相接的理想面的中心要素必须与基准保持图样给定的方向或者位置关系,如图 5-32 所示。

2. 实体状态和实体尺寸

当实际要素在尺寸公差范围内时,尺寸不同,零件所含有的材料量不同,装配时(或配合中)的松紧程度也不同,零件材料含量处于极限状态时即为实体状态,有最大实体和最小实体。

(1)最大实体状态、最大实体尺寸和最大实体边界(MMC、MMS、MMB)

最大实体状态是指实际要素在给定长度上处处位于尺寸公差带内并且有实体最大时的状态,用 MMC(maximum material condition)表示。

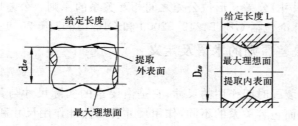

图 5-31 单一体内作用尺寸

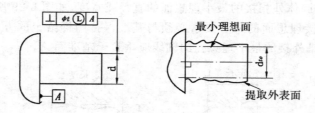

图 5-32 关联体内作用尺寸

最大实体尺寸(MMS)是指实体要素在最大实体状态下的极限尺寸,用 $D_M(d_M)$。外表面(轴)的最大实体尺寸等于其最大极限尺寸 d_{max},即 $d_M = d_{max}$,内表面(孔)的最大实体尺寸等于其最小极限尺寸 D_{min},即 $D_M = D_{min}$。

最大实体边界是最大实体状态的理想形状的极限包容面,用 MMB(maximum material boundary)表示。

(2)最小实体状态、最小实体尺寸和最小实体边界(LMC、LMS、LMB)

最小实体状态是指实际要素在给定长度上处处位于尺寸公差内并且有实体最小时的状态,用 LMC(least material condition)表示。

最小实体尺寸(LMS)是指实体要素在最小实体状态下的极限尺寸,用 $D_L(d_L)$ 表示。外表面(轴)的最小实体尺寸等于其最小极限尺寸 d_{min},即 $d_L = d_{min}$,内表面(孔)的最小实体尺寸等于其最大极限尺寸 D_{max},即 $D_L = D_{max}$。

最小实体边界是指最小实体状态的理想形状的极限包容面,用 LMB(least material boundary)表示。

3. 实体实效状态、实体实效尺寸和实体实效边界

实效状态是指被测要素实体尺寸和该要素的几何公差综合作用下的极限状态。有最大实体实效和最小实体实效两种状态。边界是由设计给定的具有理想形状的极限包容面。

(1)最大实体实效状态、最大实体实效尺寸和最大实体实效边界(MMVC、MMVS、MMVB)

在给定长度上,实际尺寸要素处于最大实体状态,且其中心要素的形状或位置误差等于给出公差值时的综合极限状态,称为最大实体实效状态 MMVC(maximum material virtual condition)。

最大实体实效状态下的体外作用尺寸,称为最大实体实效尺寸 MMVS(maximum material virtual size)。

最大实体尺寸减去形位公差值为内表面最大实体实效尺寸：

$$D_{MV} = D_M - t = D_{\min} - t$$

最小实体尺寸减去形位公差值为外表面最大实体实效尺寸：

$$d_{MV} = d_M + t = d_{\max} + t$$

最大实体实效状态对应的极限理想包容面称为最大实体实效边界 MMVB(maximum material virtual boundary)。

(2)最小实体实效状态、最小实体实效尺寸和最小实体实效边界(LMVC、LMVS、LM-VB)

在给定长度上,实际尺寸要素处于最小实体状态,且其中心要素的形状或位置误差等于给出公差值时的综合极限状态,称为最小实体实效状态 LMVC(least material virtual condition)。

最小实体实效状态下的体内作用尺寸,称为最小实体实效尺寸 LMVS(least material virtual condition)。

最小实体尺寸加形位公差值为内表面最小实体实效尺寸：

$$D_{LV} = D_L + t = D_{\max} + t$$

最小实体尺寸减去形位公差值为外表面最小实体实效尺寸：

$$d_{LV} = d_L - t = d_{\min} - t$$

最小实体实效状态对应的极限包容面称为最小实体实效边界 LMVB(least material virtual condition)。

5.3.2　独立原则

独立原则是指图样上给定的每个尺寸、形状、位置等要求,均是互相独立的,应当分别满足图样要求,即尺寸公差控制尺寸误差,几何公差控制形位误差。

独立原则的适用范围较广。一般非配合尺寸均采用独立原则,例如,印刷机的滚筒,尺寸精度不高,但对其圆柱度要求高,以保证印刷是它与纸面接触均匀,使印刷的图文清晰,因而按独立原则给出圆柱度公差,而直径尺寸所用的未注公差与圆柱度公差不相关。

采用独立原则时可用普通计量器具检测尺寸误差和几何误差。

5.3.3　相关原则

相关原则又可分为包容要求、最大实体要求(及其可逆要求)和最小实体要求(及其可逆要求)。

1. 包容要求

包容要求是指要求单一尺寸要素的实际轮廓不得超出最大实体边界,且其实际尺寸不超出最小实体尺寸的一种公差原则。根据包容要求,被测实际要素的合格条件是

对于内表面：$D_{fe} \geqslant D_M = D_{\min}$ 且 $D_a \leqslant D_L = D_{\max}$

对于外表面：$d_{fe} \leqslant d_M = d_{\max}$ 且 $d_a \geqslant d_L = d_{\min}$

采用包容要求的尺寸要素应在其尺寸极限偏差或公差带代号之后加注符号Ⓔ。

包容要求主要用于配合性质要求较严格的配合表面,用最大实体边界保证所需的最小间隙或最大过盈。如回转轴的轴颈和滑动轴承、滑动套筒和孔、滑块和滑动槽等。

2. 最大实体要求 MMR

最大实体要求是指被测要素的实际轮廓应遵守其最大实体实效边界,当其实际尺寸偏

离最大实体尺寸时,允许其形位公差值超出其给定的公差值,即允许形位公差增大,在保证零件可装配的场合下降低加工难度。

最大实体要求应用于被测要素时,应在形位公差框格中的公差值后面标注符号Ⓜ;最大实体要求应用于基准要素时,应在形位公差框格基准符号后面标注符号Ⓜ。

(1)最大实体要求用于被测要素

被测要素的实际轮廓应遵守其最大实体实效边界,即其体外作用尺寸不得超出最大实体实效尺寸;而且要素的局部尺寸在最大与最小实体尺寸之间。

合格零件的判定条件是

对于内表面:$D_{fe} \geqslant D_{MV} = D_{min} - t$ 且 $D_M = D_{min} \leqslant D_a \leqslant D_L = D_{max}$

对于外表面:$d_{fe} \leqslant d_{MV} = d_{min} + t$ 且 $d_M = d_{max} \geqslant d_a \geqslant d_L = d_{min}$

(2)最大实体要求用于基准要素

基准要素应遵守相应的相应边界。若基准要素的实际轮廓偏离其相应的边界,即其体外作用尺寸偏离其相应的边界尺寸,则允许基准要素在一定范围内浮动,其浮动范围等于基准要素的体外作用尺寸与其相应的边界尺寸之差。

最大实体要求应用于基准要素时,基准要素应遵守的边界有两种情况:

①基准要素本身采用最大实体要求时,应遵守最大实体实效边界,此时,基准代号应直接标注在形成该最大实体实效边界的形位公差框格下面;

②基准要素本身不采用最大实体要求时,应遵守最大实体边界,此时,基准代号应标注在基准的尺寸线处,连线与尺寸线对齐。

3. 最小实体要求 LMR

最小实体要求是指控制被测要素的实际轮廓处于其最小实体实效边界之内的一种公差要求。当其实际尺寸偏离最小实体尺寸时,允许其形位误差值超出其给出的公差值。即可用于被测要素,也可应用于基准要素。

最小实体要求用于被测要素时,应在被测要素的形位公差框格中的公差值后标准符号Ⓛ。应用于基准要素时,应在被测要素的形位公差框格内相应的基准字母代号后标注符号Ⓛ。

(1)最小实体要求应用于被测要素

被测要素的实际轮廓在给定长度上处处不得超出最小实体实效边界,即其体内作用尺寸不能超出最小实体实效尺寸,且其局部实际尺寸在最大实体尺寸和最小实体尺寸之间。

合格零件的判定条件是

对于内表面:$D_{fi} \leqslant D_{LV} = D_{max} + t$ 且 $D_M = D_{min} \leqslant D_a \leqslant D_{max} = D_L$

对于外表面:$d_{fi} \geqslant d_{LV} = d_{min} - t$ 且 $d_L = d_{min} \leqslant d_a \leqslant d_{max} = d_M$

(2)最小实体要求应用于基准要素

基准要素应遵守相应的边界。若基准要素的实际轮廓偏离其相应的边界,即其体内作用尺寸偏离其相应的边界尺寸,则允许基准要素在一定范围内浮动,其浮动范围等于基准要素的体内作用尺寸与其相应的边界尺寸之差。

最小实体要求应用于基准要素时,基准要素应遵守的边界有两种情况:

①基准要素本身采用最小实体要求时,应遵守最小实体实效边界,此时,基准代号应直接标注在形成该最小实体实效边界的形位公差框格下面。

②基准要素本身不采用最小实体要求时,应遵守最小实体边界,此时,基准代号应标注在基准的尺寸线处,连线与尺寸线对齐。

4. 可逆要求

可逆要求是在不影响零件功能的前提下,几何公差可以补偿尺寸公差,即被测实际要素的几何公差小于给出的几何公差值时,允许相应的尺寸公差增大,从而一定程度上降低了工件的废品率。可逆要求是最大实体要求或最小实体要求的附加要求。

可逆要求用于最大实体要求时,应在被测要素的几何公差框格中的公差值后标注"Ⓜ Ⓡ"。

可逆要求用于最小实体要求时,应在被测要素的几何公差框格中的公差值后标注"Ⓛ Ⓡ"。

5.4 几何公差的选用

正确、合理选用几何公差,对保证产品质量和提高经济效益具有十分重要的意义。几何公差的选用只要包括几何公差项目的选择、公差等级与公差值的选择、公差原则的选择和基准要素的选择。

5.4.1 几何公差项目选择

几何公差项目的选择取决于零件的几何特征、功能要求及检测的方便性。

(1)零件的几何特征

在进行几何特征选择前,首先分析零件的结构特点及使用要求,确定是否需要标注几何公差。

形状公差项目主要是按要素的几何形状特征制定的,因此要素的几何特征是选择公差项目的基本依据。

方向或位置公差项目是按要素间几何方位关系制定的,所以关联要素的公差项目以几何方位关系为基本依据。

(2)功能要求

零件的功能要求不同,对几何公差应提出不同的要求,应分析几何误差对零件使用性能的影响。如,平面的形状误差会影响支承面安置的平稳和定位可靠性,影响贴合面的密封性和滑动面的磨损。

(3)检测方便性

为了检测方便,有时可将所需的公差项目用控制效果相同或相近的公差项目代替。如,要素为圆柱面时,圆柱度是理想的项目,但圆柱度检测不便,可选用圆度、直线度或跳动公差等进行控制。

在选择要素几何特征时可以参照以下几点:

①根据零件上要素本身的几何特征及要素间的互相方位关系进行选择;

②如果在同一要素上标注若干几何公差项目,则应考虑选择综合项目以控制误差;

③应选择测量简便的项目;

④参照国家标准的规定进行选择。

5.4.2 基准选择

基准是确定关联要素间方向、位置的依据。在选择公差项目时,必须同时考虑要采用的基准。在选择基准时一般考虑以下几点：

①根据零件各要素的功能要求，一般选择主要配合表面作为基准，如轴颈、轴承孔、安装定位面等。

②根据装配关系，应选零件上相互配合、相互接触的定位要素作为各自的基准，如对于盘、套类零件，一般是以其内孔轴线作为径向定位装配，或以其端面进行轴向定位。

③根据加工定位的需要和零件结构，应选择宽大的平面，较长的轴线做基准以使定位稳定。复杂结构零件，应选 3 个基准面。

④根据检测的方便程度，应选择在检测中装夹定位的要素作为基准，并尽可能将装配基准、工艺基准与检测基准统一起来。

5.4.3 公差原则选择

公差原则的选择主要根据被测要素的功能要求，综合考虑各种公差原则的应用场合和可行性、经济性。表 5-5 公差原则选择示例列出几种公差原则的应用场合和示例，可供选择参考。

表 5-5　公差原则选择示例

公差原则	应用场合	示　　例
独立原则	尺寸精度与形位精度需要分别满足要求	齿轮箱体孔的尺寸精度与两孔轴线的平行度；连杆活塞销孔的尺寸精度与圆柱度；滚动轴承内、外圈滚道的尺寸精度与形状精度
	尺寸精度与形位精度要求相差较大	滚筒类零件尺寸精度要求很低，形状精度要求较高；平板的尺寸精度要求不高，形状精度要求很高；通油孔的尺寸有一定精度要求，形状精度无要求
	尺寸精度与形位精度无联系	滚子链条的套筒或滚子内、外圆柱面的轴线同轴度与尺寸精度；发动机连杆上的尺寸精度与孔轴线间的位置精度
	保证运动精度	导轨的形状精度要求严格，尺寸精度一般
	保证密封性	气缸的形状精度要求严格，尺寸精度一般
	为注尺寸公差或未注几何公差	如退刀槽、倒角、圆角等非功能要素
包容要求	保证国家标准规定的配合性质	保证最小间隙为零，如 $\phi30H7\text{Ⓔ}$ 孔与 $\phi30h6\text{Ⓔ}$ 轴的配合
	尺寸公差与形位公差间无严格比例关系要求	一般的孔与轴配合，只要求作用尺寸不超越最大实体尺寸，局部实际尺寸不超越最小实体尺寸
最大实体要求	保证关联作用尺寸不超过最大实体尺寸	关联要素的孔与轴的配合性质要求，在公差框格的第二标注"0Ⓜ"
	保证可装配性	如轴承盖上用于穿过螺钉的通孔，法兰盘上用于穿过螺栓的通孔
最小实体要求	保证零件强度和最小壁厚	如孔组轴线的任意方向位置度公差，采用最小实体要求可保证孔组间的最小壁厚
可逆要求	与最大（最小）实体要求联用	能充分利用公差带，扩大被测要素实际尺寸的变动范围，在不影响使用性能要求的前提下可以选用

公差原则的可行性与经济性是相对的，在实际选择时应具体情况具体分析。同时还需从零件尺寸大小和检测的方便程度进行考虑。

5.4.4 几何公差值选择

国家标准 GB/T1184—1996 对几何公差项目进行了精度等级的划分,其中,直线度、平面度、平行度、垂直度、倾斜度、同轴度、对称度、圆跳动、全跳动等 9 个项目各分 12 级,1 级精度最高,12 级精度最低;而圆度、圆柱度 2 个项目分 13 级,0 级最高,12 级最低。线、面轮廓度计位置度未规定公差等级。

各项目的各级公差如表 5-6～表 5-9 所示(摘自 GB/T1184—1996)。

表 5-6 直线度、平面度公差值

主参数 L/mm	公差等级											
	1	2	3	4	5	6	7	8	9	10	11	12
	公差值/μm											
≤10	0.2	0.4	0.8	1.2	2	3	5	8	12	20	30	60
>10～16	0.25	0.5	1	1.5	2.5	4	6	10	15	25	40	80
>16～25	0.3	0.6	1.2	2	3	5	8	12	20	30	50	100
>25～40	0.4	0.8	1.5	2.5	4	6	10	15	25	40	60	120
>40～63	0.5	1	2	3	5	8	12	20	30	50	80	150
>63～100	0.6	1.2	2.5	4	6	10	15	25	40	60	100	200

注:主参数 L 系轴、直线、平面的长度。

表 5-7 圆度、圆柱度公差值

主参数 d (D)/mm	公差等级												
	0	1	2	3	4	5	6	7	8	9	10	11	12
	公差值/μm												
≤3	0.1	0.2	0.3	0.5	0.8	1.2	2	3	4	6	10	14	25
>3～6	0.1	0.2	0.4	0.6	1	1.5	2.5	4	5	8	12	18	30
>6～10	0.12	0.25	0.4	0.6	1	1.5	2.5	4	6	9	15	22	36
>10～18	0.15	0.25	0.5	0.8	1.2	2	3	5	8	11	18	27	43
>18～30	0.2	0.3	0.6	1	1.5	2.5	4	6	9	13	21	33	52
>30～50	0.25	0.4	0.6	1	1.5	2.5	4	7	11	16	25	39	62
>50～80	0.3	0.5	0.8	1.2	2	3	5	8	13	19	30	46	74

注:主参数 d(D) 系轴(孔)的直径

表 5-8 平行度、垂直度、倾斜度公差值

主参数 L、d (D)/mm	公差等级											
	1	2	3	4	5	6	7	8	9	10	11	12
	公差值/μm											
≤10	0.4	0.8	1.5	3	5	8	12	20	30	50	80	120
>10～16	0.5	1	2	4	6	10	15	25	40	60	100	150
>16～25	0.6	1.2	2.5	5	8	12	20	30	50	80	120	200
>25～40	0.8	1.5	3	6	10	15	25	40	60	100	150	250
>40～63	1	2	4	8	12	20	30	50	80	120	200	300
>63～100	1.2	2.5	5	10	15	25	40	60	100	150	250	400

注:1. 主参数 L 为给定平行度时轴线或平面的长度,或给定垂直度、倾斜度时被测要素的长度;

2. 主参数 d(D) 为给定面对线垂直度时,被测要素的轴(孔)直径。

表 5-9　同轴度、对称度、圆跳动和全跳动公差值

主参数 d (D)、B、 L/mm	公差等级											
	1	2	3	4	5	6	7	8	9	10	11	12
	公差值/μm											
≤1	0.4	0.6	1.0	1.5	2.5	4	6	10	15	25	40	60
≥1~3	0.4	0.6	1.0	1.5	2.5	4	6	10	20	40	60	120
>3~6	0.5	0.8	1.2	2	3	5	8	12	25	50	80	150
>6~10	0.6	1	1.5	2.5	4	6	10	15	30	60	100	200
>10~18	0.8	1.2	2	3	5	8	12	20	40	80	120	250
>18~30	1	1.5	2.5	4	6	10	15	25	50	100	150	300
>30~50	1.2	2	3	5	8	12	20	30	60	120	200	400
>50~120	1.5	2.5	4	6	10	15	25	40	80	150	250	500

注：1. 主参数 $d(D)$ 为给定同轴度时轴直径，或给定圆跳动、全跳动时轴(孔)直径；

　　2. 圆锥体斜向圆跳动公差的主参数为平均直径；

　　3. 主参数 B 为给定对称度时槽的宽度；

　　4. 主参数 L 为给定两孔对称度时的孔心距。

对于位置度，由于被测要素类型繁多，国家标准只规定了公差值数系，而未规定公差等级，如表 5-10 所示。

表 5-10　位置度公差指数系表

1	1.2	1.5	2	2.5	3	4	5	6	8
1×10^n	1.2×10^n	1.5×10^n	2×10^n	2.5×10^n	3×10^n	4×10^n	5×10^n	6×10^n	8×10^n

注：n 为正整数

几何公差值的选择原则，是在满足零件功能要求的前提下，兼顾工艺的经济性和检测条件，尽量选取较大的公差值。

几何公差值常用类比法确定，主要考虑零件的使用性能、加工的可能性和经济性等因素，还需要考虑：

形状公差与方向、位置公差的关系；几何公差与尺寸公差的关系；几何公差与表面粗糙度的关系；零件的结构特点。

表 5-11～表 5-14 列出了各种几何公差等级的应用举例，可供类比时参考。

表 5-11　直线度、平面度等级应用

公差等级	应用举例
1,2	用于精密量具、测量仪器以及精度要求高的精密机械零件，如量块、零级样板、平尺、零级宽平尺、工具显微镜等精密量仪的导轨面等
3	1 级宽平尺工作面，1 级样板平尺的工作面，测量仪器圆弧导轨的直线度，量仪的测杆等
4	零级平板，测量仪器的 V 型导轨，高精度平面磨床的 V 型导轨和滚动导轨等
5	1 级平板，2 级宽平尺，平面磨床的导轨、工作台，液压龙门刨床导轨面，柴油机进气、排气阀门导杆等
6	普通机床导轨面，柴油机机体结合面
7	2 级平板，机床主轴箱结合面，液压泵盖、减速器壳体结合面等
8	机床传动箱体、挂轮箱体、溜板箱体，柴油机汽缸体，连杆分离面，缸盖结合面，汽车发动机缸盖，曲轴箱结合面，液压管件和法兰连接面等
9	自动车床床身底面，摩托车曲轴箱体，汽车变速箱壳体，手动机械的支承面等

表 5-12 圆度、圆柱度公差等级应用

公差等级	应用举例
0,1	高精度量仪主轴,高精度机床主轴,滚动轴承的滚珠和滚柱等
2	精密量仪主轴、外套、阀套高压油泵柱塞及套,纺锭轴承,高速柴油机进、排气门,精密机床主轴轴颈,针阀圆柱表面,喷油泵柱塞及柱塞套等
3	高精度外圆磨床轴承,磨床砂轮主轴套筒,喷油嘴针,阀体,高精度轴承内外圈等
4	较精密机床主轴、主轴箱孔,高压阀门,活塞,活塞销,阀体孔,高压油泵柱塞,较高精度滚动轴承配合轴,铣削动力头箱体孔等
5	一般计量仪器主轴、测杆外圆柱面,陀螺仪轴颈,一般机床主轴轴颈及轴承孔,柴油机、汽油机的活塞、活塞销,与 P6 级滚动轴承配合的轴颈等
6	一般机床主轴及前轴承孔,泵、压气机的活塞、气缸,汽油发动机凸轮轴,纺机锭子,减速传动轴轴颈,高速船用发动机曲轴、拖拉机曲柄主轴颈,与 P6 级滚动轴承配合的外壳孔,与 P0 级滚动轴承配合的轴颈等
7	大功率低速柴油机曲轴轴颈、活塞、活塞销、连杆、气缸,高速柴油机箱体轴承孔,千斤顶或压力油缸活塞,机车传动轴,水泵及通用减速器转轴轴颈,与 P0 级滚动轴承配合的外壳孔等
8	低速发动机、大功率曲柄轴轴颈,压气机连杆盖、体,拖拉机气缸、活塞,炼胶机冷铸轴辊,印刷机传墨辊,内燃机曲轴轴颈,柴油机凸轮轴承孔,凸轮轴,拖拉机、小型船用柴油机气缸套等
9	空气压缩机缸体,液压传动筒,通用机械杠杆与拉杆用套筒销子,拖拉机活塞环、套筒孔

表 5-13 平行度、垂直度、倾斜度公差等级应用

公差等级	应用举例
1	高精机床、测量仪器、量具等主要工作面和基准面等
2,3	精密机床、测量仪器、量具、模具的工作面和基准面,精密机床的导轨,重要箱体主轴孔对基准面的要求,精密机床主轴轴肩端面,滚动轴承座圈端面,普通机床的主要导轨,精密刀具的工作面和基准面等
4,5	普通机床导轨,重要支承面,机床主轴孔对基准的平行度,精密机床重要零件,计量仪器、量具、模具的工作面和基准面,床头箱体重要孔,通用减速器壳体孔,齿轮泵的油孔端面,发动机轴和离合器的凸缘,气缸支承端面,安装精密滚动轴承壳体孔的凸肩等
6,7,8	一般机床的工作面和基准面,压力机和锻锤的工作面,中等精度钻模的工作面,机床一般轴承孔对基准的平行度,变速器箱体孔,主轴花键对定心直径部位轴线的平行度,重型机械轴承盖端面,卷扬机、手动传动装置中的传动轴,一般导轨,主轴箱体孔,刀架,砂轮架,气缸配合面对基准轴线,活塞销孔对活塞中心线的垂直度,滚动轴承内、外圈端面对轴线的垂直度等
9,10	低精度零件,重型机械滚动轴承端盖,柴油机、煤气发动机箱体曲轴孔、曲轴颈、花键轴和周肩端面,带运输机法兰盘等端面对轴线的垂直度,手动卷扬机及传动装置中的轴承端面,减速器壳体平面等

表 5-14 同轴度、对称度、跳动公差等级应用

公差等级	应用举例
1,2	精密测量仪器的主轴和顶尖。柴油机喷油嘴针阀等
3,4	机床主轴轴颈,砂轮轴轴颈,汽轮机主轴,测量仪器的小齿轮轴,安装高精度齿轮的轴颈等
5	机床轴颈,机床主轴箱孔,套筒,测量仪器的测量杆,轴承座孔,汽轮机主轴,柱塞油泵转子,高精度轴承外圈,一般精度轴承内圈等

续表

公差等级	应用举例
6,7	内燃机曲轴,凸轮轴轴颈,柴油机机体主轴承孔,水泵轴,油泵柱塞,汽车后桥输出轴,安装一般精度齿轮的轴颈,涡轮盘,测量仪器杠杆轴,电机转子普通滚动轴承内圈,印刷机传墨辊的轴颈,键槽等
8,9	内燃机凸轮轴孔,连杆小端铜套,齿轮轴,水泵叶轮,离心泵体,气缸套外径配合面对内径工作面,运输机械滚筒表面,压缩机十字头,安装低精度齿轮用轴颈,棉花精梳机前后滚子,自行车中轴等

在确定形位公差值(公差等级)时,还应注意下列情况:

在同一要素上给出的形状公差值应小于位置公差值。

圆柱形零件的形状公差(轴线直线度除外)一般应小于其尺寸公差值。

平行度公差值应小于其相应的距离公差值。

对于下列情况,考虑到加工的难易程度和除主参数外其他因素的影响,在满足功能要求的情况下,可适当降低1~2级选用。孔相对于轴;细长的孔或轴;距离较大的孔或轴;宽度较大(一般大于1/2长度)的零件表面;线对线、线对面相对于面对面的平行度、垂直度。

凡有关标准已对形位公差作出规定的,如与滚动轴承相配合的轴和壳体孔的圆柱度公差、机床导轨的直线度公差等,都应按相应的标准确定。

5.5 形位误差的评定

5.5.1 形状误差的评定

形状公差是指实际单一要素的实际形状相对于理想要素形状的允许变动量,形状误差是被测实际要素的形状对其理想要素的变动量。在数值上,形状误差不应大于形状公差,因此直线度、平面度、圆度误差的合格性,应按图形状误差的最小包容区域来评定。如图 5-33 所示。

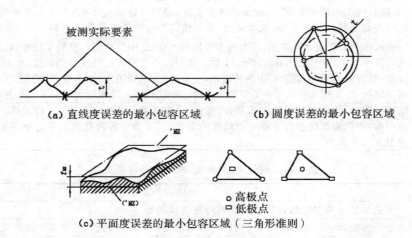

(a)直线度误差的最小包容区域   (b)圆度误差的最小包容区域

○ 高极点
□ 低极点

(c)平面度误差的最小包容区域(三角形准则)

图 5-33 形状误差按最小包容区域评定

5.5.2　定向误差的评定

定向公差是指实际关联要素相对于基准的实际方向对理想方向的允许变动量。平行度、垂直度和倾斜度误差的合格性,应按定向误差的最小包容区域来评定。

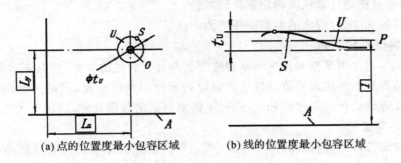

(a) 点的位置度最小包容区域　　　(b) 线的位置度最小包容区域

图 5-34　定位误差的评定

5.5.3　定位误差的评定

定位公差是指实际关联要素相对于基准的实际位置对理想位置的允许变动量。定向误差的合格性,应按定位误差的最小包容区域来评定。

评定形状、定向和定位误差的最小包容区域大小是有区别的,这与形状、定向和定位公差带大小的特点相类似。不涉及基准的形状最小包容区域的尺度应当最小,涉及基准的定位最小包容的尺度应当最大,涉及基准的定向最小包容区域的尺度应当在“最大”和“最小”之间。

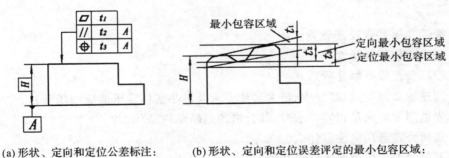

(a) 形状、定向和定位公差标注:　　　(b) 形状、定向和定位误差评定的最小包容区域:
$t_1 < t_2 < t_3$　　　　　　　　　　　　$f_1 < f_2 < f_3$

图 5-35　评定形状、定向和定位误差的区别

5.5.4　形位误差的检测原则

被测零件的结构特点不同,其尺寸大小和精度要求不同,检测室使用的设备及条件不同。从检查原理上说,可以讲形位误差的检测方法概括为以下几种检测原理

1. 与理想要素比较原则

与理想要素比较原则是指测量时将被测实际要素与相应的理想要素作比较,从中获得测量数据,再按所得数据进而评定形位误差。

2. 测量坐标值原则

无论是平面的，还是空间的被测要素，它们的几何特征总是可以在适当的坐标系中反映出来，测量坐标值原则就是利用计量器具固有的坐标系，测出被测实体要素上的各测点的相对坐标值，再经过精确计算从而确定形位误差值。

该原则对轮廓度、位置度的测量应用更为广泛。

3. 测量特征参数原则

测量特征参数原则是指测量实际被测要素上具有代表性的参数，用以表示形位误差值。

该原则所得到的形位误差值与按定义确定的形位误差值相比，只是一个近似值。但应用该原则往往可以简化测量过程和设备，也不需要复杂的数据处理，适用于生产现场。

4. 测量跳动原则

跳动是按回转体零件特有的测量方法，来定义的位置误差项目。测量跳动原则是针对圆跳动和全跳动的定义与实现方法，概括出的检测原则。

5. 边界控制原则

按最大实体要求给出形位公差是，意味着给出了一个理想边界——最大实体实效边界，要求被测实体不得超越该边界。判断被测实体是否超越最大实体实效边界的有效方法是用功能量规检验。

用光滑极限量规的通规或位置量规的工作表面来模拟体现图样上给定的边界，以便检测实际被测要素的体外作用尺寸的合格性。

习　　题

1. 简述几何要素及其分类。
2. 基准的作用是什么？
3. 形位公差带有哪几种形式？
4. 简述独立原则、包容要求、最大实体要求及最小实体要求的应用场合。
5. 当被测要素满足包容要求时，其合格的判断条件是什么？
6. 几何公差选用应注意什么？
7. 形位误差的检测原则有哪几种？

第6章　表面粗糙度及其检测

本章学习的主要目的和要求：
1. 了解表面粗糙度相关知识内容；
2. 能够掌握国家标准资料查找、使用；
3. 掌握零件粗糙度误差的检测方法。

6.1　概　　述

无论通过何种加工方法得到的零件表面,总会存在着由较小间距和峰谷组成的微量高低不平的痕迹。这种加工表面具有的较小间距和微小峰谷不平度,叫做表面粗糙度。在设计零件时,对表面粗糙度提出的要求是几何精度中必不可少的一个方面,对该零件的工作性能有重大影响。为了正确评定表面粗糙度和保证互换性,我国制定了相关的国家标准,现行的主要包括：

GB/T 3505—2009《产品几何技术规范　表面结构　轮廓法　表面结构的术语、定义及参数》

GB/T 1031—2009《产品几何技术规范　表面结构　轮廓法　表面粗糙度参数及其数值》

GB/T 131—2006《产品几何技术规范　技术产品文件中表面结构的表示法》

GB/T 7220—2004《表面粗糙度　术语　参数测量》

6.1.1　表面粗糙度的概念

表面粗糙度,是指加工表面具有的较小间距和微小峰谷不平度。当两波峰或波谷之间的距离(波距)在 1mm 以下时,用肉眼是难以区别的,因此它属于微观几何形状误差。表面粗糙度越小,则表面越光滑,在过去也称为表面光洁度。

表面粗糙度是反映被测零件表面微观几何形状误差的一个重要指标,它不同于表面宏观形状(宏观形状误差)和表面波纹度(中间形状误差),这三者通常在一个表面轮廓叠加出现,如图 6-1 所示。

表面宏观形状误差主要是由机床几何精度方面的误差引起的。

中间形状误差具有较明显的周期性的间距 λ 和幅度 h,只在高速切削条件下才会出现,它是由机床—工件—刀具加工系统的振动、发热和运动不平衡造成的。

微观形状误差是在机械加工中因切削刀痕、表面撕裂挤压、振动和摩擦等因素,在被加工表面留下的间距很小的微观起伏。

目前对表面粗糙度、表面波纹度和形状误差还没有统一的划分标准,通常是按相邻的峰

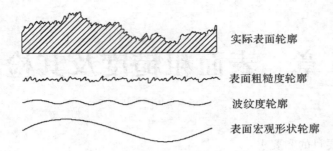

图 6-1 表面宏观形状、波纹度和粗糙度轮廓

间距离或谷间距离来区分。间距小于 1mm 的属于表面粗糙度,间距在 1~10mm 之间的属于表面波纹度,而间距大于 10mm 的属于形状误差。

6.1.2 表面粗糙度对零件使用性能和寿命的影响

表面粗糙度对机械零件的使用性能有很大的影响,主要体现在以下几个方面:

(1)表面粗糙度影响零件的耐磨性。表面越粗糙,配合表面间的有效接触面积越小,压强就越大,零件的磨损就越快。

(2)表面粗糙度影响配合性质的稳定性。对间隙配合来说,表面越粗糙,就越容易磨损,使工作过程中的间隙逐渐增大;对过盈配合来说,由于装配时将微观凸峰挤平,减小了实际有效过盈量,降低了联结强度。

(3)表面粗糙度影响零件的疲劳强度。粗糙的零件表面存在着较大的波谷,就像尖角缺口和裂纹一样,对应力集中很敏感,增大了零件疲劳损坏的可能性,从而降低了零件的疲劳强度。

(4)表面粗糙度影响零件的抗腐蚀性。粗糙的表面,会使腐蚀性气体或液体更容易积聚在上面,同时通过表面的微观凹谷向零件表层渗透,使腐蚀加剧。

(5)表面粗糙度影响零件的密封性。粗糙的表面之间无法严密的贴合,气体或液体会通过接触面间的缝隙渗漏。降低零件表面粗糙度数值,可提高其密封性

(6)表面粗糙度影响零件的接触刚度。零件表面越粗糙,表面间的接触面积就越小,单位面积受力就越大,峰顶处的局部塑性变形就越大,接触刚度降低,进而影响零件的工作精度和抗震性。

此外,表面粗糙度对零件的测量精度、外观、镀涂层、导热性和接触电阻、反射能力和辐射性能、液体和气体流动的阻力、导体表面电流的流通等都会有不同程度的影响。

6.2 表面粗糙度的评定

6.2.1 主要术语及定义

为了客观地评定表面粗糙度,首先要确定测量的长度范围和方向,即评定基准。评定基准是在实际轮廓线上量取得到的一段长度,它包括取样长度、评定长度和基准线。如图 6-2

所示。

实际轮廓是平面与实际表面相交所得的轮廓线。按照相截方向的不同,可分为横向实际轮廓和纵向实际轮廓两种。

横向实际轮廓是指垂直于表面加工纹理的平面与表面相交所得的轮廓线。对车、刨等加工来说,这条轮廓线反映出切削刀痕及进给量引起的表面粗糙度,通常测得的表面粗糙度参数值最大。

纵向实际轮廓是指平行于表面加工纹理的平面与表面相交所得的轮廓线。其表面粗糙度是由切削时,刀具撕裂工件材料的塑性变形引起,通常测得的表面粗糙度参数值最小。

在评定或测量表面粗糙度时,除非特别指明,通常均指横向实际轮廓,即与加工纹理方向垂直的截面上的轮廓。

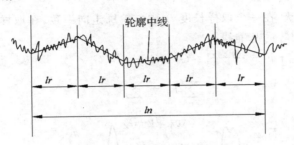

图 6-2　取样长度和评定长度

1. 取样长度(Sampling Length) lr

取样长度是用于判别具有表面粗糙度特征的一段基准线长度。

从图 6-1 中可以看出,实际表面轮廓同时存在着宏观形状误差、表面波纹度和表面粗糙度,当选取的取样长度不同时得到的高度值是不同的。规定和选择这段长度是为了限制和减弱其他几何形状误差,特别是表面波纹度对表面粗糙度测量结果的影响。

如果取样长度过长,则有可能将表面波纹度的成分引入到表面粗糙度的结果中;如果取样长度过短,则不能反映被测表面的粗糙度的实际情况。

如图 6-2 所示,在一个取样长度 lr 范围内,一般应至少包含 5 个轮廓峰和 5 个轮廓谷。

2. 评定长度(Evaluation) ln

评定长度是评定轮廓所必需的一段长度,它可以包括一个或几个取样长度。

由于加工表面的粗糙度并不均匀,只取一个取样长度中的粗糙度值来评定该表面粗糙度的质量是不够客观的,所以通常我们会取几个连续的取样长度。至于取多少个取样长度与加工方法有关,即与加工所得到的表面粗糙度的均匀程度有关。被测表面越均匀,所需的个数就越少,一般情况为 5 个,即 $ln=5\ lr$。

3. 轮廓中线(基准线)

轮廓中线是用以评定表面粗糙度参数而给定的线,又称基准线。轮廓中线从一段轮廓线上获得,但它不一定在基准面上。轮廓中线有两种:

(1)轮廓的最小二乘中线

具有几何轮廓形状并划分轮廓的基准线,在一个取样长度 lr 内使轮廓线上各点的轮廓偏距(在测量方向上轮廓线上的点与基准线之间的距离)的平方和为最小。(见图 6-3)

$$\int_0^{lr} \left[Z(x) \right]^2 \mathrm{d}x = 最小$$

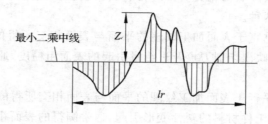

图 6-3 轮廓的最小二乘中线

（2）轮廓的算术平均中线

具有几何轮廓形状，在一个取样长度 lr 内与轮廓走向一致，在取样长度内由该线划分，使上、下两边的面积相等的基准线。

如图 6-4 所示，$F_1 + F_2 + \cdots + F_n = G_1 + G_2 + \cdots + G_n$

$$\sum_{i=1}^{n} F_i = \sum_{i=1}^{n} F'_i$$

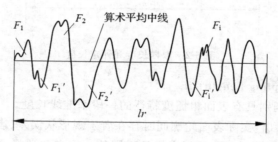

图 6-4 轮廓的算术平均中线

最小二乘中线符合最小二乘原则，从理论上讲是理想的、唯一的基准线。在我国标准 GB/T 3505—2009 中规定，轮廓中线规定采用最小二乘中线。

4. 传输带

传输带是指长波轮廓滤波器和短波轮廓滤波器的截止波长值之间的波长范围。

长波轮廓滤波器是指确定粗糙度与波纹度成分之间相交界限的滤波器，以 λc（或 Lc）表示长波轮廓滤波器的截止波长，在数值上 $\lambda c = lr$。长波轮廓滤波器会抑制波长大于 λc 的长波。

短波轮廓滤波器是指确定存在于表面上的粗糙度与比它更短的波的成分之间相交界限的滤波器，以 λs（或 Ls）表示短波轮廓滤波器的截止波长。短波轮廓滤波器会抑制波长小于 λs 的短波。

粗糙度和波纹度轮廓的传输特性如图 6-5 所示。

截止波长 λs 和 λc 的标准化值可由表 6-1 查取。其中，轮廓算术平均偏差 Ra、轮廓最大高度 Rz、轮廓单元的平均宽度 Rsm、标准取样长度和标准评定长度取自 GB/T 1301—2009、GB/T 10610—2009，表示滤波器传输带 $\lambda s \sim \lambda c$ 这两个极限值的标准化值取自 GB/T 6062—2002。

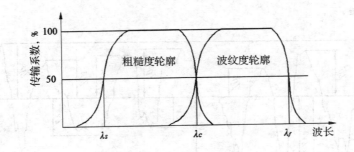

图 6-5　粗糙度和波纹度轮廓的传输特性

表 6-1　截止波长 λs 和 λc 标准值对照表

$Ra(\mu m)$	$Rz(\mu m)$	$Rsm(mm)$	标准取样长度 lr		标准评定长度
			$\lambda s(mm)$	$lr=\lambda c(mm)$	$ln=5\times lr(mm)$
≥0.008~0.02	≥0.025~0.1	≥0.013~0.04	0.0025	0.08	0.4
>0.02~0.1	>0.1~0.5	>0.04~0.13	0.0025	0.25	1.25
>0.1~2	>0.5~10	>0.13~0.4	0.0025	0.8	4
>2~10	>10~50	>0.4~1.3	0.008	2.5	12.5
>10~80	>50~320	>1.3~4	0.025	8	40

6.2.2　表面粗糙度的评定参数

为了满足机械产品对零件表面的各种功能要求,国标 GB/T 3505—2009 从表面微观几何形状的幅度、间距等方面的特征,规定了一系列相应的评定参数。下面介绍其中的几个主要参数。

1. 幅度参数

(1)轮廓算术平均偏差 Ra

在一个取样长度 lr 内,轮廓偏距绝对值的算术平均值(见图 6-6)。

$$Ra = \frac{1}{n}\sum_{i=1}^{n}\mid Zi \mid$$

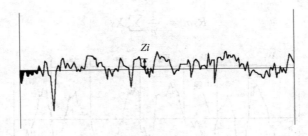

图 6-6　轮廓算术平均偏差

(2) 轮廓最大高度 Rz

在一个取样长度 lr 内,最大轮廓峰高和最大轮廓谷深之和(见图 6-7)。

$$Rz=Zp+Zv$$

Zp 为最大轮廓峰高,如图 6-7 中的 Zp_6。Zv 为最大轮廓谷深,如图 6-7 中的 Zv_2。此

时 $Rz = Zp_6 + Zv_2$。

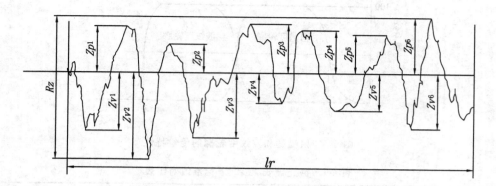

图 6-7　轮廓最大高度

注：在旧标准 GB/T 3505—1983 中，符号 Rz 表示"微观不平度十点高度"（该参数在现行国标 GB/T 3505—2009 中已取消），而由符号 Ry 表示"轮廓最大高度"。符号 Rz 的意义不同，所得到的结果也会不同，对技术文件和图纸上出现的 Rz 必须注意其采用的标准，防止不必要的错误。

微观不平度十点高度 Rz（GB/T 3505—1983）的定义是，在取样长度 lr 内，5 个最大的轮廓峰高的平均值与 5 个最大的轮廓谷深的平均值之和。

$$Rz = \frac{1}{5}\sum_{i=1}^{5} Zpi + \frac{1}{5}\sum_{i=1}^{5} Zvi$$

2. 间距参数

轮廓单元的平均宽度 Rsm

一个轮廓峰与相邻的轮廓谷的组合叫做轮廓单元。在一个取样长度 lr 范围内，中线与各个轮廓单元相交线段的长度，叫做轮廓单元的宽度，用符号 Xs_i 表示。

在一个取样长度 lr 内，轮廓单元宽度 Xs 的平均值，称为轮廓单元的平均宽度 Rsm（见图 6-8）。

$$Rsm = \frac{1}{n}\sum_{i=1}^{n} Xs_i$$

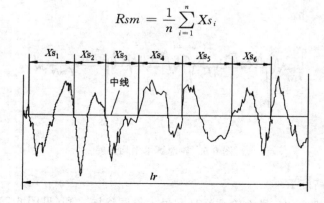

图 6-8　轮廓单元的平均宽度

3. 混合参数

轮廓支承长度率 $Rmr(c)$

轮廓支承长度率 $Rmr(c)$ 是指在给定水平截面高度 c 上,轮廓的实体材料长度 $Ml(c)$ 与评定长度 ln 的比率。轮廓的实体材料长度 $Ml(c)$ 是一条平行于中线的线与轮廓相截所得各段截线长度 bi 之和(见图 6-9)。

$$Rmr(c) = \frac{Ml(c)}{ln} \qquad Ml(c) = \sum_{i=1}^{n} bi$$

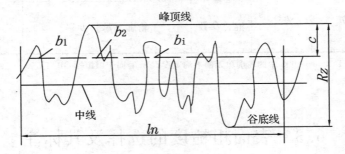

图 6-9 轮廓支承长度率

轮廓支承长度率 $Rmr(c)$ 能直观地反映零件表面的耐磨性,对提高承载能力也具有重要的意义。在动配合中,$Rmr(c)$ 值大的表面,使配合面之间的接触面积增大,减少了磨擦损耗,延长零件的寿命。所以 $Rmr(c)$ 也被作为耐磨性的度量指标。如图 6-10 所示,(a)的接触面积较大,轮廓支承长度较大,耐磨性更好。

注:在旧标准 GB/T 3505—1983 中,轮廓支承长度率的符号是 tp,轮廓的实体材料长度的符号是 ηp,分别等同于现行标准中的 $Rmr(c)$ 和 $Ml(c)$。

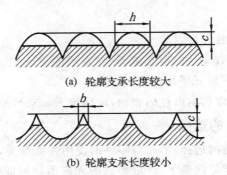

(a) 轮廓支承长度较大

(b) 轮廓支承长度较小

图 6-10 接触面积大小对耐磨性的影响

Rsm、$Rmr(c)$ 作为幅度参数的附加参数,不能单独在图样上注出,只能作为幅度参数的辅助参数注出。

现行国标 GB/T 3505—2009 与旧国标 GB/T 3505—1983 相比,在术语、评定参数及符号方面有所不同,主要区别见表 6-2。

表 6-2　GB/T 3505—2009 与 GB/T 3505—1983 在术语、评定参数及符号上的变化

基本术语	1983	2009	主要评定参数		1983	2009
取样长度	l	lr	轮廓算术平均偏差	幅度参数	Ra	Ra
评定长度	ln	ln	轮廓最大高度		Ry	Rz
纵坐标值	y	$Z(x)$	微观不平度十点高度		Rz	—
轮廓峰高	yp	Zp	微观不平度的平均间距	间距参数	Sm	—
轮廓谷深	yv	Zv	轮廓的单峰间距		S	—
在水平位置 c 上轮廓的实体材料长度	ηp	$Ml(c)$	轮廓单元的平均宽度		—	Rsm
			轮廓支承长度率	混合参数	tp	$Rmr(c)$

注：现行国标 GB/T 3505—2009 中的轮廓单元的平均宽度 Rsm 等同于旧国标 GB/T 3505—1983 中的微观不平度的平均间距 Sm。

6.3　表面粗糙度的选择及其标注

6.3.1　评定参数的选择

1. 幅度参数的选择

（1）如无特殊要求，一般仅选用幅度参数，如 Ra、Rz 等。

（2）当 $0.025\mu m \leqslant Ra \leqslant 6.3\mu m$ 时，优先选用 Ra；而当表面过于粗糙或太光滑时，多采用 Rz。

（3）当表面不允许出现较深加工痕迹，防止应力过于集中，要求保证零件的抗疲劳强度和密封性时，则需选用 Rz。

2. 附加参数的选择

（1）附加参数一般不单独使用。

（2）对有特殊要求的少数零件的重要表面（如要求喷涂均匀、涂层有较好的附着性和光泽表面）需要控制 Rsm（轮廓单元平均宽度）数值。

（3）对于有较高支撑刚度和耐磨性的表面，应规定 $Rmr(c)$（轮廓的支撑长度率）参数。

6.3.2　评定参数值的选择

表面粗糙度评定参数值的选择，不但与零件的使用性能有关，还与零件的制造及经济性有关。在满足零件表面功能的前提下，评定参数的允许值尽可能大（除 $Rmr(c)$ 外），以减小加工困难，降低生产成本。

在国标 GB/T 1031—2009 中规定了常用评定参数可用的数值系列，轮廓算术平均偏差 Ra 和轮廓最大高度 Rz 的数值规定于表 6-3。

表 6-3   幅度参数 *Ra*、*Rz* 可用的数值系列   单位:μm

Ra	0.012	0.2	3.2	50	*Rz*	0.025	0.4	100	1600
	0.025	0.4	6.3	100		0.05	0.8	200	
	0.05	0.8	12.5			0.1	1.6	400	
	0.1	1.6	25			0.2	3.2	800	
Ra 的 补充 系列	0.008	0.080	1.00	10.0	*Rz* 的 补充 系列	0.032	0.50	8.0	125
	0.010	0.125	1.25	16.0		0.040	0.63	10.0	160
	0.016	0.160	2.0	20		0.063	1.00	16.0	250
	0.020	0.25	2.5	32		0.080	1.23	20	320
	0.032	0.32	4.0	40		0.125	2.0	32	500
	0.040	0.50	5.0	63		0.160	2.5	40	630
	0.063	0.63	8.0	80		0.25	4.0	63	1000
						0.32	5.0	80	1250

轮廓单元的平均宽度 *Rsm* 和轮廓支承长度率 *Rmr(c)* 的数值分别规定于表 6-4 和表 6-5。

表 6-4   轮廓单元的平均宽度 *Rsm* 可用的数值系列   单位:mm

Rsm	0.06	0.1	1.6
	0.0125	0.2	3.2
	0.025	0.4	6.3
	0.05	0.8	12.5

表 6-5   轮廓支承长度率 *Rmr(c)* 可用的数值系列   单位:mm

Rmr(c)	10	15	20	25	30	40	50	60	70	80	90

选用轮廓支承长度率参数时,应同时给出轮廓截面高度 c 值,它可用微米 *Rz* 的百分数表示。*Rz* 的百分数系列如下:5%、10%、15%、20%、25%、30%、40%、50%、60%、70%、80%、90%。

取样长度 *lr* 的数值从表 6-6 给出的系列中选取。

表 6-6   取样长度 *lr* 可用的数值系列   单位:mm

lr	0.08	0.25	0.8	2.5	8	25

评定参数值的选择,一般应遵循以下原则:

(1)在同一零件上工作表面比非工作表面粗糙度值小。

(2)摩擦表面比非摩擦表面、滚动摩擦表面比滑动摩擦表面的表面粗糙度值小。

(3)运动速度高、单位面积压力大、受交变载荷的零件表面,以及最易产生应力集中的部位(如沟槽、园角、台肩等),表面粗糙度值均应小些。

(4)配合要求高的表面,表面粗糙度值应小些。

(5)对防腐性能、密封性能要求高的表面,表面粗糙度值应小些。

(6)配合零件表面的粗糙度与尺寸公差、形位公差应协调。一般应符合:尺寸公差>形位公差>表面粗糙度。

一般尺寸公差、表面形状公差小时,表面粗糙度参数值也小,但也不存在确定的函数关系。在正常的工艺条件下,三者之间有一定的对应关系,设形状公差为 T,尺寸公差为 IT,

它们之间的关系见表 6-7。

表 6-7　形状公差与尺寸公差的关系

T 和 IT 的关系	Ra	Rz
$T \approx 0.6\,IT$	$\leqslant 0.05\,IT$	$\leqslant 0.2\,IT$
$T \approx 0.5\,IT$	$\leqslant 0.04\,IT$	$\leqslant 0.15\,IT$
$T \approx 0.4\,IT$	$\leqslant 0.025\,IT$	$\leqslant 0.1\,IT$
$T \approx 0.25\,IT$	$\leqslant 0.012\,IT$	$\leqslant 0.05\,IT$
$T < 0.25\,IT$	$\leqslant 0.15\,T$	$\leqslant 0.6\,T$

评定参数值的选择方法通常采用类比法。表 6-8 是常见的表面粗糙度的表面特征、经济加工方法和相关的应用实例,可以作为参考。

表 6-8　表面特征、加工方法和应用实例的参考对照表

	表面微观特性	$Ra/\mu m$	加工方法	应用举例
粗糙表面	微见刀痕	$\leqslant 20$	粗车、粗刨、粗铣、钻、毛锉、锯断	半成品粗加工过的表面,非配合的加工表面,如轴断面、倒角、钻孔、齿轮和皮带轮侧面、键槽底面、垫圈接触面
半光表面	微见加工痕迹方向	$\leqslant 10$	车、刨、铣、镗、钻、粗铰	轴上不安装轴承、齿轮处的非配合表面,紧固件的自由装配表面,轴和孔的退刀槽
	微见加工痕迹方向	$\leqslant 5$	车、刨、铣、镗、磨、粗刮、滚压	半精加工表面,箱体、支架、盖面、套筒等和其他零件结合而无配合要求的表面,需要发蓝的表面等
	看不清加工痕迹方向	$\leqslant 1.25$	车、刨、铣、镗、磨、拉、刮、压、铣齿	接近于精加工表面,箱体上安装轴承的镗孔表面,齿轮的工作面
光表面	可辨加工痕迹方向	$\leqslant 0.63$	车、镗、磨、拉、刮、精铰、磨齿、滚压	圆柱销、圆锥销,与滚动轴承配合的表面,普通车床导轨面,内、外花键定心表面
	微可辨加工痕迹方向	$\leqslant 0.32$	精铰、精镗、磨、刮、滚压	要求配合性质稳定的配合表面,工作时受交变应力的重要零件,较高精度车床的导轨面
	不可辨加工痕迹方向	$\leqslant 0.16$	精磨、珩磨、研磨、超精加工	精密机床主轴锥孔、顶尖圆锥面、发动机曲轴、凸轮轴工作表面、高精度齿轮表面
极光表面	暗光泽面	$\leqslant 0.08$	精磨、研磨、普通抛光	精密机床主轴轴颈表面,一般量规工作表面,气缸套内表面,活塞销表面
	亮光泽面	$\leqslant 0.04$	超精磨、精抛光、镜面磨削	精密机床主轴轴颈表面,滚动轴承的滚珠,高压油泵中柱塞和柱塞套配合表面
	镜状光泽面			
	镜面	$\leqslant 0.01$	镜面磨削、超精研磨	高精度量仪、量块的工作表面,光学仪器中的金属表面

6.3.3　表面粗糙度的符号

1. 表面粗糙度符号及其画法

图样上所标注的表面粗糙度符号、代号是指该表面完工后的要求。图样上表示零件表面粗糙度的符号见表 6-9。

表 6-9　表面粗糙度的图样符号及说明

符　号	意义及说明
（基本符号 √）	基本符号，表示表面可用任何方法获得，当不加注粗糙度参数值或有关说明（例如：表面处理、局部热处理状况等）时，仅适用于简化代号标注。
（基本符号加短划 √）	基本符号加以短划，表示表面是用去除材料的方法获得。例如：车、铣、磨、剪切、抛光、腐蚀、电火花加工、气割等。
（基本符号加小圆 √）	基本符号加以小圆，表示表面是用不去除材料的方法获得。例如：铸、锻、冲压变形、热轧、冷轧、粉末冶金等。 或者是用于保持原供应状况的表面（包括保持上道工序的状况）。
（三个符号加横线）	在上述三个符号的长边上均可加一横线，用于标注有关参数和说明。
（三个符号加小圈）	在上述三个符号的长边上均可加一小圈，用于表示在图样某个视图上构成封闭轮廓的各表面有相同的表面粗糙度要求。

有关表面粗糙度的各项规定应按功能要求给定。若仅需要加工（采用去除材料的方法或不去除材料的方法）但对表面粗糙度的其他规定没有要求时，允许只注表面粗糙度符号。

2. 表面粗糙度符号、代号的标注

表面粗糙度数值及其有关的规定在符号中注写的位置，见图 6-11。

a——表面粗糙度的单一要求（参数代号及其数值，单位为微米）。

b——当有二个或更多个表面粗糙度要求时，在 b 位置进行注写。如果要注写第三个或更多个表面粗糙度要求时，图形符号应在垂直方向扩大，以空出足够的空间，扩大图形符号时，a 和 b 的位置随之上移。

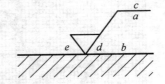

图 6-11　表面粗糙度符号、代号的注写位置

c——加工方法、表面处理、涂层或其他加工工艺要求等。

d——表面纹理及其方向

e—加工余量（单位为毫米）

3. 表面粗糙度符号的尺寸

表面粗糙度数值及其有关规定在符号中的注写的位置的比例见图 6-12、图 6-13 和图 6-14。

图形符号和附加标注的尺寸见表 6-10。图 6-12 中 b)符号的水平线长度取决于其上下所标注内容的长度。

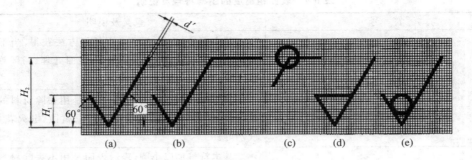

图 6-12　表面粗糙度图形符号的尺寸

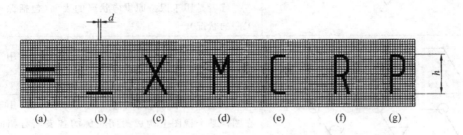

图 6-13　表面粗糙度附加部分的尺寸

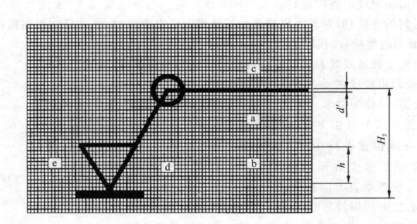

图 6-14　表面粗糙度基本图形符号的尺寸

表 6-10　图形符号和附加标注的尺寸　　　　　　　单位：mm

数字与字母高度 h	2.5	3.5	5	7	10	14	20
符号线宽 d'	0.25	0.35	0.5	0.7	1	1.4	2
字母线宽 d							
高度 H_1	3.5	5	7	10	14	20	28
高度 H_2（最小值）*	7.5	10.5	15	21	30	42	60
* H_2 取决于标注内容							

4. 表面粗糙度参数标注

(1)极限值的标注

标注单向或双向极限以表示对表面粗糙度的明确要求,偏差与参数代号应一起标注。当只标注参数代号、参数值时,默认为参数的上限值(如图 6-15(a));当参数代号、参数值作为参数的单向下限值标注时,参数代号前应该加注 L(如图 6-15(b))。

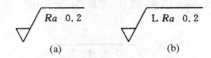

图 6-15　单向极限值的注法

当在完整符号中表示双向极限时,应标注极限代号,上限值在上方用 U 表示,下限值在下方用 L 表示。上下极限可以用不同的参数代号表达,见图6-16。如果同一参数具有双向极限要求,在不引起歧义的情况下,可以不加注 U、L。

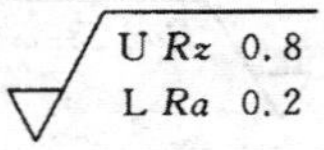

$$\sqrt{\begin{array}{l} U\ Rz\ 0.8 \\ L\ Ra\ 0.2 \end{array}}$$

图 6-16　双向极限值的注法

(2)极限值判断规则的标注

国标 GB/T 10610—1998 中规定,表面粗糙度极限值的判断规则有两种,分别是 16％规则和最大规则。

● 16％规则。运用本规则时,当被检表面测得的全部参数值中,超过极限值的个数不多于总个数的 16％时,该表面是合格的。

● 最大规则。运用本规则时,被检的整个表面上测得的参数值一个也不应超过给定的极限值。

16％规则是所有表面粗糙度要求标注的默认规则。如果标注的表面粗糙度参数代号后加注"max",这表明应采用最大规则解释其起给定极限。

如图 6-17 示,(a)采用"16％规则"(默认),而(b)因为加注了"max",故采用"最大规则"。

$$\sqrt{Rz\ 0.2} \qquad \sqrt{Rz\,max\ 0.2}$$
(a)　　　　　　(b)

图 6-17　极限值判断规则的注法

(3)传输带和取样长度、评定长度的标注

需要指定传输带时,传输带应标注在参数代号的前面,并用斜线"/"隔开。传输带标注包括滤波器截止波长(mm),短波滤波器在前,长波滤波器在后,并用连字母"—"隔开。如图 6-18 所示,其传输带为 0.0025～0.8mm。

在某些情况下,在传输带中只标注了两个滤波器中的一个。如果存在第二个滤波器,使

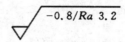

图 6-18　传输带的完整注法

用默认的截止波长值。如果只标注了一个滤波器,应保留"一"来区分是短波滤波器还是长波滤波器。如图 6-19,表示长波滤波器截止波长为 0.8mm,短波滤波器截止波长默认为 0.0025mm。

图 6-19　传输带的省略注法

当需要指定评定长度时,则应在参数符号的后面注写取样长度的个数。如图 6-20,表示评定长度包含 3 个取样长度。

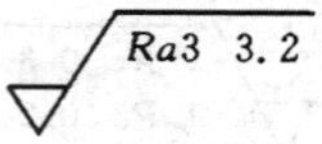

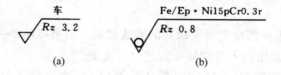

图 6-20　指定取样长度个数的注法

(4)加工方法或相关信息的注法

轮廓曲线的特征对实际表面的表面粗糙度参数值影响很大。标注的参数代号、参数值和传输带只作为表面粗糙度要求,有时不一定能够完全准确地表示表面功能。加工工艺在很大程度上决定了轮廓曲线的特征,因此,一般应注明加工工艺。加工工艺所用文字按图 6-21 所示方法在完整符号中注明,其中图 6-21(b)表示的是镀覆的示例,使用了 GB/T 13911 中规定的符号。

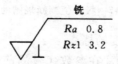

(a)　　　　　　　　(b)

图 6-21　车削加工和镀覆的注法

(5)需要控制表面加工纹理方向时,可在符号的右边加注加工纹理方向符号,如图 6-22。纹理方向是指表面纹理的主要方向,通常由加工工艺决定。表 6-11 包括了表面粗糙度所要求的与图样平面相应的纹理及其方向。

图 6-22　垂直于视图所在投影面的表面纹理方向的注法

表 6-11　表面纹理的标注

符　号	说　明	示意图
二	纹理平行于标注代号的视图所在的投影面	纹理方向
⊥	纹理垂直于标注代号的视图所在的投影面	纹理方向
×	纹理呈两斜向交叉且与视图所在的投影面相交	纹理方向
M	纹理呈多方向	
C	纹理呈近似同心圆,且圆心与表面中心相关	
R	纹理呈近似放射状,且圆心与表面中心相关	
P	纹理呈微粒、凸起、无方向	

注:若表中所列符号不能清楚地表明所要求的纹理方向,应在图样上用文字说明。

（6）加工余量的标注

在同一图样中，有多个加工工序的表面可标注加工余量。加工余量可以是加注在完整符号上的唯一要求，也可以同表面粗糙度的其他要求一起标注。见图6-23，（a）表示该表面有2mm的加工余量，（b）表示该表面在有3mm的加工余量的同时，还有其他要求，如轮廓最大高度3.2mm、车削加工等。

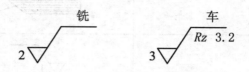

图6-23　加工余量的注法

6.3.4　表面粗糙度的标注

表面粗糙度要求对每一表面一般只标注一次，并尽可能注在相应的尺寸及其公差的同一视图上，除非另有说明，所标注的表面粗糙度要求是对完工零件表面的要求。

1. 表面粗糙度符号、代号的标注位置与方法

表面粗糙度的注写和读取方向应与尺寸的注写和读取方向一致（见图6-24）。

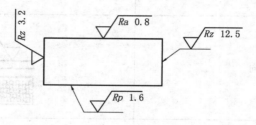

图6-24　表面粗糙度的注写和读取方向

（1）表面粗糙度要求可标注在轮廓线上，其符号应从材料外指向并接触表面。必要时，表面结构符号也可用带箭头或黑点的指引线引出标注（见图6-25、图6-26）。

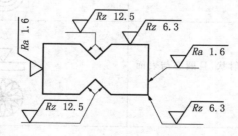

图6-25　表面粗糙度的标注位置(1)

（2）在不引起误解时，表面粗糙度要求可以标注在给定的尺寸线上（见图6-27）。

（3）表面粗糙度要求可标注在形位公差框格的上方（见图6-28）。

（4）表面粗糙度要求可以直接标注在延长线上，或用带箭头的指引线引出标注（见图6-25和图6-29）。

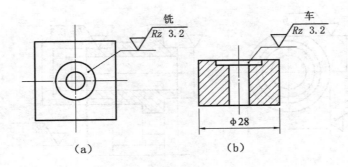

图 6-26　表面粗糙度的标注位置(2)

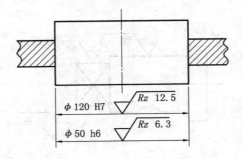

图 6-27　表面粗糙度的标注位置(3)

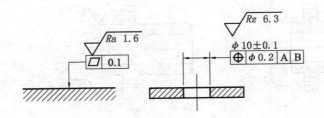

图 6-28　表面粗糙度的标注位置(4)

　　(5)圆柱和棱柱表面的表面粗糙度要求只标注一次(见图 6-29)。如果每个棱柱表面有不同的表面粗糙度要求,则应分别单独标注(见图 6-30)。

　　2．表面粗糙度要求的简化标注

　　(1)如果在工件的多数(包括全部)表面有相同的表面结构要求时,则其表面粗糙度要求可统一标注在图样的标题栏附近。此时(除全部表面有相同要求的情况外),表面粗糙度要求的符号后面有:

　　● 在圆括号内给出无任何其他标注的基本符号(见图 6-31(a));

　　● 在圆括号内给出不同的表面粗糙度要求(见图 6-31(b))。

　　不同的表面粗糙度要求应直接标注在图形中(见图 6-31)。

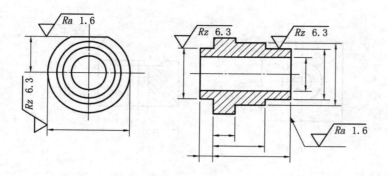

图 6-29 表面粗糙度的标注位置(5)

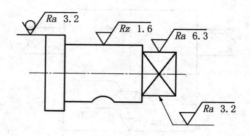

图 6-30 表面粗糙度的标注位置(6)

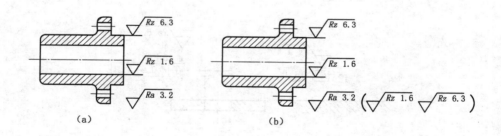

图 6-31 表面粗糙度的简化标注(1)

(2)当多个表面具有相同的表面粗糙度要求或图纸空间有限时,可以采用简化注法。

可用带字母的完整符号,以等式的形式,在图形或标题栏附近,对有相同表面粗糙度的表面进行简化注法(见图 6-32)。

可用表 6-9 中的前三种表面粗糙度符号,以等式的形式给出对多个表面共同的表面粗糙度要求(见图 6-33)。

3. 不同工艺获得同一表面的注法

由几种不同的工艺方法得到的同一表面,当需要明确每种工艺方法的表面粗糙度要求时,可按图 6-34 进行标注。

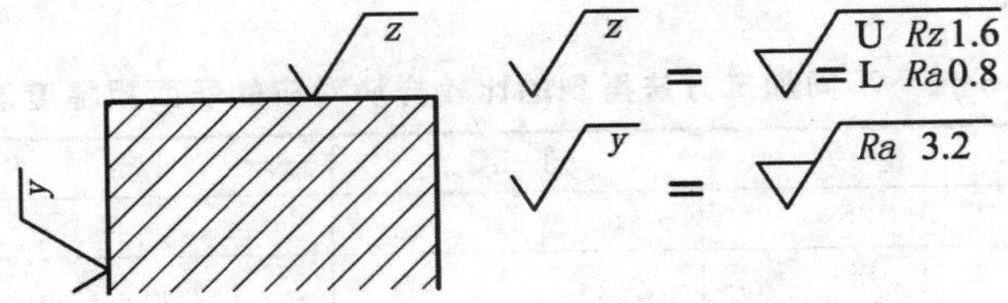

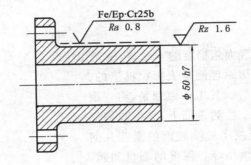

图 6-32　表面粗糙度的简化标注（2）

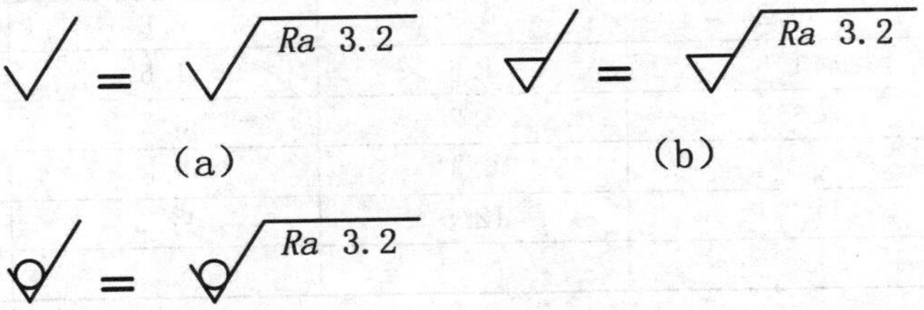

图 6-33　表面粗糙度的简化标注（3）

图 6-34　不同工艺获得同一表面的注法

6.4　表面粗糙度的检测

6.4.1　比较法

将被测表面与表面粗糙度比较样块（又称表面粗糙度比较样板）相比较，通过视觉、感触或其他方法进行比较后，对被测表面的粗糙度作出评定的方法，叫做比较法。

比较法多用于车间，一般只用来评定表面粗糙度值较大的工件。图 6-35 所示为常用的表面粗糙度比较样块的样式。

图 6-35　表面粗糙度比较样块

表面粗糙度比较样块的分类及对应的表面粗糙度参数（以表面轮廓算术平均偏差 Ra

表示)公称值见表 6-12。

表 6-12　不同加工方法得到的比较样块对应的表面粗糙度值　　　　单位：mm

样块加工方法	磨	车、镗	铣	插、刨
表面粗糙度参数 Ra 公称值	0.025			
	0.05			
	0.1			
	0.2			
	0.4	0.4	0.4	
	0.8	0.8	0.8	0.8
	1.6	1.6	1.6	1.6
	3.2	3.2	3.2	3.2
		6.3	6.3	6.3
		12.5	12.5	12.5
				25.0

在国家标准 GB/T 6060.2—2006 中规定了磨、车、镗、铣、插及刨加工表面粗糙度比较样块的术语与定义、制造方法、表面特征、分类；表面粗糙度值及评定、结构与尺寸、加工纹理以及标志包装等。

6.4.2　光切法

利用"光切原理"测量表面粗糙度的方法，叫做光切法。

光切显微镜是应用光切原理测量表面粗糙度的，又称双管显微镜(见图 6-36)。其工作原理是，将一束平行光带以一定角度投射于被测表面上，光带与表面轮廓相交的曲线影像即反映了被测表面的微观几何形状。它解决了工件表面微小峰谷深度的测量问题，同时避免了与被测表面的接触。

但是可被检测的表面轮廓的峰高和谷深，要受物镜的景深和分辨率的限制，当峰高或谷深超出一定的范围，就不能在目镜视场中成清晰的真实图像，从而导致无法测量或者测量误差很大。但由于光切显微

图 6-36　光切显微镜

镜具有不破坏表面状况、方法成本低、易于操作的特点，所以还在被广泛应用。

常用于测量 Ra 或 Rz 值。由于受到分辨率的限制，一般测量范围为 $Rz = 1 \sim 80 \mu m$。双管显微镜适用于测量车、铣、刨及其他类似加工方法得到的金属表面，也可用于测量木板、纸张、塑料、电镀层等表面的微观不平度，但是不便于检验用磨削或是抛光的方法加工的零件表面。

6.4.3　干涉法

利用光波干涉原理来测量表面粗糙度的方法，叫做干涉法。

在目镜焦平面上，由于两束光之间有光程差，相遇叠加便产生光程干涉，形成明暗交错的干涉条纹。如果被测表面为理想表面，则干涉条纹是一组等距平行的直条纹线，若被测表面高低不平，则干涉条纹为弯曲状。

常用的测量仪器是干涉显微镜（如图 6-37 所示），采用通过样品内和样品外的相干光束产生干涉的方法，把相位差（或光程差）转换为振幅（光强度）变化，根据干涉图形可分辨出样品中的结构，并可测定样品中一定区域内的相位差或光程差。

干涉显微镜通主要用于测量表面粗糙度的 Rz 和 Ry 值，可以测到较小的参数值，通常测量范围是 0.03～1μm。它不仅适用于测量高反射率的金属加工表面，也能测量低反射率的玻璃表面，但是主要还是用于测量表面粗糙度参数值较小的表面。

图 6-37　干涉显微镜

6.4.4　感触法

感触法又称针描法，是一种接触式测量表面粗糙度的方法。测量仪器有轮廓检测记录仪、表面粗糙度仪，能够对加工表面粗糙度进行精确测量。利用金刚石触针与被测表面相接触（接触力很小），并使触针沿着被测表面移动，由于被测表面的微观不平度，迫使触针在垂直于表面轮廓的方向产生上下移动，把被测表面的微观不平度转换为垂直信号，再经传感器转换为电信号后，经放大器将此变化量进行放大后在记录仪上记录，即得到被测截面的轮廓放大图。或者，将放大后的信号送入计算机，经积分运算后可以得到各种表面粗糙度参数值。前者称为轮廓检测记录仪，出现较早；后者称为表面粗糙度仪，是在现代计算机技术的基础上发展起来的，因其测量准确性高、便于操作、评定参数丰富的特点，现已被普遍采用。

表面粗糙度仪又可分为便携式和台式两种（见图 6-38），均可配备多种形状的测针，以适应对平面、内外圆柱面、锥面、球面、沟槽等各类形状表面的测量。

图 6-38　表面粗糙度仪

实训十一　光切显微镜测量表面粗糙度

1．实训目的

掌握光切显微镜测量表面粗糙度的原理和方法，加深理解微观不平度十点高度 Rz 和单峰平均间距 S 的实际含义。

2．实训设备

光切显微镜、被测零件。

3．实训步骤

(1)测量原理及计量器具说明。

微观不平度十点平均高度 Rz 是指在基本长度 L 内，从平行于轮廓中线 m 的任意一条线算起，到被测轮廓的 5 个最高点(峰)和五个最低点(谷)之间的平均距离，即

$$Rz=\frac{(h_2+h_4+\cdots+h_{10})-(h_1+h_3+\cdots+h_9)}{5}$$

光切显微镜的外形如图 6-39 所示。它由底座 1、工作台 2、观察光管 3、投射光管 11、支臂 7 和立柱 8 等几部分组成。光切显微镜能测量 $0.8\sim80\mu m$ 的表面粗糙度。

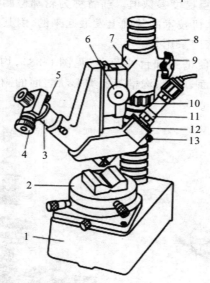

1-底座　2-工作台　3-观察光管　4-目镜测微器(刻度套筒)　5-锁紧螺钉　6-微调手轮
7-支臂　8-立柱　9-锁紧螺钉　10-支臂调节螺母　11-投射光管　12-调焦环　13-调节螺钉

图 6-39　光切显微镜

光切显微镜是利用光切原理测量表面粗糙度。见图 6-40，由光源 1 发出的光，经聚光镜 2、狭缝 3、物镜 4，形成带状光束，斜向 45°投射到被测工件表面上，凹凸不平的表面上呈现出曲折光带，再以 45°反射，经物镜 5 成像在目镜分划板 6 上，通过目镜 7 可以观察到的曲折亮带，亮带有两个边界，光带影像边界的曲折程度表示影像的峰谷高度 h'。h' 与表面凸起的实

际高度 h 之间的关系为

$$h' = \frac{hM}{\cos 45°} = \sqrt{2}hM$$

式中　M——物镜的放大倍数。

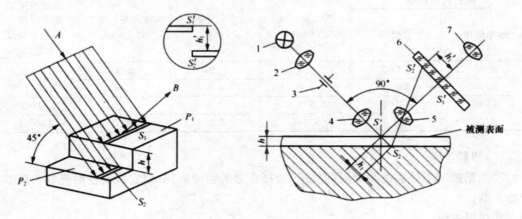

图 6-40　光切显微镜光学系统

如图 6-41 所示,为了测量和计算方便,测微目镜中十字线的移动方向和被测量光带边缘宽度 h'_1 成 45°斜角,故目镜测微器刻度套筒上的读数值 h''_1 与不平高度的关系为:$h'_1 = h''_1 \cos 45°$,所以:

$$h = \frac{h''_1 \cos^2 45°}{N} = \frac{h''_1}{2N}$$

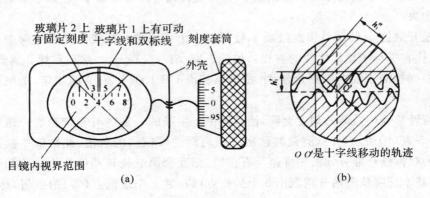

图 6-41　目镜影像调节

这里需要注意:刻度套筒轮每转一周或每转一格所代表的被测轮廓峰谷高度的实际值 h 取决于物镜的放大倍数 N,但由于仪器在使用过程中,机械件及光学件难免有微小变形和位置变化,每格代表的实际值也会随之变化,所以要定期进行定度工作。通常我们把 $\frac{1}{2N}$ 值称为定度值 C。C 为刻度套筒上的每一格刻度反映到被测平面上的实际高度值。$C = \frac{0.01}{2\beta}$

$(\text{mm/格}) = \dfrac{5}{\beta}(\mu m/\text{格})$，$\beta$ 为实际物镜总的放大倍率，显微镜定度见表 6-13。

表 6-13　物镜放大倍率

物镜放大倍数		基本测量长度（mm）	工作距离（mm）	物方现场直径（mm）	可测范围微观不平度十点平均高度 Rz 值（um）
标称倍率	总倍率				
60×	68	0.8	0.04	0.3	0.8～3.2
30×	33.54	0.8	0.3	0.6	1.6～6.3
14×	16.10	0.8/2.5	2.5	1.3	3.2～20
7×	8	2.5/8	9.5	2.5	10～80

（2）测量步骤。

①根据被测工件表面粗糙度的要求，选择合适的物镜组，分别安装在投射光管和观察光管的下端。

②接通电源。

③擦净被测工件，把它安放在工作台上，并使被测表面的切削痕迹的方向与光带垂直。当测量圆柱形工件时，应将工件置于 V 形块上。

④粗调节。参看图 6-42，用手托住支臂 7，松开锁紧螺钉 9，缓慢旋转支臂调节螺母 10，使支臂 7 上下移动，直到目镜中观察到绿色光带和表面轮廓不平度的影像，图所示。然后将螺钉 9 固紧。要注意防止物镜与工件表面相碰，以免损坏物镜组，

⑤细调节。缓慢而往复转动调节手轮 6，使目镜中光带最狭窄，轮廓影像最清晰并位于视场的中央。

⑥松开螺钉 5，转动目镜测微器 4，使目镜中十字线的一根线与光带轮廓中心线大致平行（此线代替平行于轮廓中线的直线），如图 5-86（a）～（c）所示。然后将螺 5 固紧

⑦根据被测表面的粗糙度级别，按国家标准 GB 1031—2009 的规定，选取基本长度和测量长度。

⑧旋转目镜测微器的刻度套筒，使目镜中十字线的一根线与光带轮廓一边的峰（谷）相切，如图 5-85（b）所示，并从测微器读出被测表面的峰（谷）的数值，此数值单位是格。视场内看到的双标线对准分划板刻度值为百位数，刻度套筒鼓轮转动值为十位数和个位数以此类推，在基本长度范围内分别测出 5 个最高点（峰）和 5 个最低点（谷）的数值，计算出 R_z 的数值。

⑨纵向移动工作台，在测量长度范围内，共测出 n 个基本长度上的 R_z 值，取它们的平均值作为被测表面的不平度平均高度。

⑩根据计算结果，判断被测表面粗糙度的适用性。

计算公式：

① $h = \dfrac{h''_1}{2N} = C \cdot h''_1$；

② $R_z = \dfrac{(h_2 + h_4 + \cdots + h_{10}) - (h_1 + h_3 + \cdots h_7)}{5}$

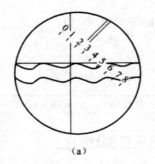 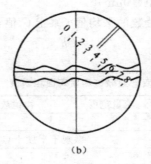 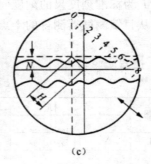

（a）	（b）	（c）

图 6-42　评定基准线的调节

③ $R_z（平均）= \dfrac{\sum\limits_{1}^{n} R_z}{n}$，计算出平均 R_z。

（3）目镜测微器分度值 C 的确定

由前述可知，目镜测微器套筒上每一格刻度间距所代表的实际表面不平度高度的数值（分度值）与物镜放大倍率有关。由于仪器生产过程中的加工和装配误差，以及仪器在使用过程中可能产生的误差，会使物镜的实际倍率与前表所列的公称值之间有某些差异。因此，仪器在投入使用时以及经过较长时间的使用之后，或者在调修重新安装之后，要用玻璃标准刻度尺来确定分度值 C，即确定每一格刻度间距所代表的不平度高度的实际数值。如图 6-43所示，风度值 C 测定的确定方法如下：

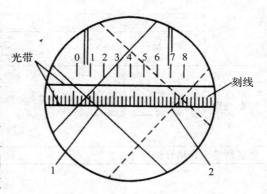

图 6-43　风度值 C 测定

①将玻璃标准刻度尺置于工作台上，调节显微镜的焦距，并移动标准刻度尺，使在目镜视场内能看到清晰的刻度尺刻线。

②松开螺钉 5，转动目镜测微器 4，使十字线交点移动方向与刻度尺像平行，然后固紧螺钉 5。

③按表选定标准刻度尺线格数 Z，将十字线焦点移至与某刻线重合，读出第一次读数 n_1（实线位置）。然后将十字线焦点移动 Z 格（虚线位置），读出第二次读数 n_2，两次读数差为：

$$A = |n_2 - n_1|$$

表 6-14　标准刻度尺线路线 Z

物镜标称倍率 N	7×	10×	30×	60×
标准刻度尺刻线格数 Z	100	50	30	20

④计算测微器刻度套筒上一格刻度间距所代表的实际被测值（即分度值）C：

$$C = \dfrac{TZ}{2A}$$

153

式中 T 为标准刻度尺的刻度间距（$10\mu\text{m}$）。

把从目镜测微器测得的十点读数的平均值h'乘上 C 值，即可求得 R_Z 值：

$$R_Z = Ch''$$

4．填写实验报告

双管显微镜测量表面粗糙度

仪 器	名 称	测量范围	物镜放大倍数(β)	套筒分度值（mm）	
被测工件	件号	微观不平度十点高度 的允许值（μm）			
测量记录	测得值	测量读数 $\left(\dfrac{ch''_1}{2} = \dfrac{5h''_1}{\beta} = 格数 \times \dfrac{5}{\beta}\right)$			
	序号	$h_{峰}$（波峰值）		$h_{谷}$（波谷值）	
	1				
	2				
	3				
	4				
	5				
	累加值	$\sum\limits_1^5 h_{峰} =$		$\sum\limits_1^5 h_{谷} =$	
数据处理	$R_z = \dfrac{\sum\limits_1^5 h_{峰} - \sum\limits_1^5 h_{谷}}{5}$		$R_z(平均) = \dfrac{\sum\limits_1^5 R_z}{n} =$		
测量结果	合格性结论		理由	审阅	

6.5 表面粗糙度理论与标准

6.5.1 表面粗糙度标准的产生和发展

表面粗糙度标准的提出和发展与工业生产技术的发展密切相关，它经历了从定性评定到定量评定两个阶段。表面粗糙度对机器零件表面性能的影响从 1918 年开始受到注意，在飞机和飞机发动机设计中，由于要求用最少材料达到最大的强度，人们开始对加工表面的刀痕和刮痕对疲劳强度的影响加以研究。但由于测量困难，当时没有定量数值上的评定要求，只是根据目测感觉来确定，即采用定性评定的方法。在 20 世纪 20～30 年代，世界上很多工业国家广泛采用三角符号▽的组合来表示不同精度的加工表面。

为了研究零件表面和其性能之间的关系，实现对表面形貌准确的量化描述，开始提出了表面粗糙度参数这一概念。随着加工精度要求的提高，以及对具有特殊功能零件表面的加工需求，又提出了表面粗糙度评定参数的定量计算方法和数值规定，即定量评定，并在 40 年代各国相应的国家标准发布以后，开始真正成为一个被广泛接受的标准。

首先是美国在 1940 年发布了 ASA B46.1 国家标准，之后又经过几次修订，成为现行标准 ANSI/ASME B46.1—1988《表面结构表面粗糙度、表面波纹度和加工纹理》,该标准采用中线制,并将 Ra 作为主参数;接着前苏联在 1945 年发布了 GOCT2789—1945《表面光洁度、表面微观几何形状、分级和表示法》国家标准,而后经过 3 次修订成为 GOCT2789—1973《表面粗糙度参数和特征》,该标准也采用中线制,并规定了包括轮廓均方根偏差即现在的 Rq 在内的 6 个评定参数及其相应的参数值。另外,其他工业发达国家的标准大多是在50 年代制定的,如联邦德国在 1952 年 2 月发布了 DIN4760 和 DIN4762 有关表面粗糙度的评定参数和术语等方面的标准等。

我国最早的表面粗糙度标准是 1951 年颁布的中华人民标准 620.040-13《工程制图表面记号及处理说明》,规定了表面光洁度的相关符号。经过数次修改后,在 1981 到 1982 年期间,修订为三个新的标准,并将表面光洁度更名为表面粗糙度,积极采用国际标准。随着我国加入 WTO 与国际标准接轨,于 1993 年发布了 GB/T 131—1993《表面粗糙度符号、代号及其注法》,主要对表面粗糙度参数 Ra、Rz、Ry 的上(下)限值和最大(小)值加以区分,指出了在什么情况下用最大值,什么情况下用最小值。现行标准是 GB/T 3505—2009《产品几何技术规范 表面结构 轮廓法 表面结构的术语、定义及参数》、GB/T 1031—2009《产品几何技术规范 表面结构 轮廓法 表面粗糙度参数及其数值》、GB/T 131—2006《产品几何技术规范 技术产品文件中表面结构的表示法》和 GB/T 7220—2004《表面粗糙度 术语 参数测量》。

6.5.2 表面粗糙度标准发展的迫切性

在现代工业生产中,许多制件的表面被加工而具有特定的技术性能特征,诸如:制件表面的耐磨性、密封性、配合性质、传热性、导电性以及对光线和声波的反射,液体和气体在壁面的流动性、腐蚀性,薄膜、集成电路元件以及人造器官的表面性能,测量仪器和机床的精度、可靠性、振动和噪声等等功能,而这些技术性能的评价常常依赖于制件表面特征的状况,也就是与表面的几何结构特征有密切联系。因此,控制加工表面质量的核心问题在于它的使用功能,应该根据各类制件自身的特点规定能满足其使用要求的表面特征参量。不难看出,对特定的加工表面,我们总希望用最或比较恰当的表面特征参数去评价它,以期达到预期的功能要求;同时我们希望参数本身应该稳定,能够反映表面本质的特征,不受评定基准及仪器分辨率的影响,减少因对随机过程进行测量而带来参数示值误差。

但是从标准制定的特点和内容上我们容易发现,随着现代工业的发展,特别是新型表面加工方法不断出现和新的测量器具及测量方法的应用,标准中的许多参数已无法适应现代生产的需求,尤其是在一些特殊加工场合,如精加工时,用不同方法加工得到的 Ra 值相同或很相近的表面就不一定会具有相同的使用功能,可见,此时 Ra 值对这类表面的评定显得无能为力了,而且传统评定方法过于注重对高度信息做平均化处理,而几乎忽视水平方向的属性,未能反映表面形貌的全面信息。近年来在表面特性研究的领域内,相对地说,关于零件表面功能特性方面的研究本身就较为薄弱,因为它牵涉到很多学科和技术领域。机器的各类零件在使用中各有不同的要求,研究表面特征的功能适应性将十分复杂,这也限制了对表面形貌与其功能特性关系的研究。

工业生产的飞速发展迫切需要更加行之有效且适应性更强的表面特征评价参数的出现,为解决这一矛盾,各国的许多学者都在这方面加大研究力度,以期在不远的将来制订出一套功能特性显著的参数。另一方面,为了防止"参数爆炸",同时也防止大量相关参数的出现,要做到用一个参数来评价多个性能特性,用数量很少的一组参数实现对表面的本质特征的准确描述。

习　题

1. 取样长度 lr 的定义是什么?为什么要规定取样长度?

2. 轮廓中线有几种?分别是如何定义的?我国现行标准中使用的是哪一种?

3. 表面粗糙度的评定参数可以分为几类?列举出至少 3 种参数的名称和代号。

4. 表面粗糙度的评定参数值的选择,需要遵循什么原则?

5. 表面粗糙度的检测有哪几种方法?

6. 简要描述表面粗糙度对零件使用性能和寿命的影响。

7. 表示用去除材料方法获得,单向最大值,默认传输带,轮廓最大高度 0.5mm,评定长度为 5 个取样长度(默认),"最大规则"的是(　　　　)。

(a)　　　　(b)　　　　(c)　　　　(d)

8. 下列 4 个图形符号中,(　　　　)表示纹理呈近似同心圆,且圆心与表面中心相关。

= M C R

(a)　　(b)　　(c)　　(d)

9. 下列表面粗糙度的标注,错误的是(　　　　)。

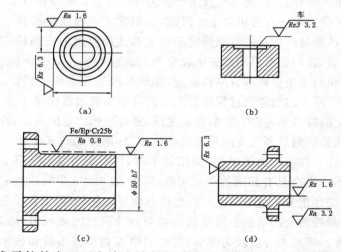

10. 现要求零件某表面不允许去除材料,双向极限值,两极限值均使用默认传输带。上限值:轮廓算术平均偏差 3.2mm,评定长度为 5 个取样长度,"最大规则"。下限值:轮廓算术平均偏差 0.8mm,评定长度为 3 个取样长度,"16%规则"。请写出该表面粗糙度参数的标注方法。

第7章 尺寸链

本章学习的目的和要求：

1. 了解尺寸链理论内容；
2. 能够掌握尺寸链计算方法。

7.1 概　述

7.1.1 尺寸链的基本概念

在机器装配或零件加工过程中，由相互连接的尺寸形成封闭的尺寸组，该尺寸组称为尺寸链。

机械加工过程中，由同一个零件有关工序尺寸组成的尺寸链，称为工艺尺寸链；而在机器设计及装配过程中，由有关零件设计尺寸所组成的尺寸链，称为装配尺寸链。

例如，图 7-1(a)所示，零件经过加工依次得尺寸 A_1、A_2 和 A_3，则尺寸 A_0 也就随之确定，即 $A_0 = A_1 - A_2 - A_3$。这些尺寸组合 A_0、A_1、A_2 和 A_3 就是一个尺寸链。如图 7-1(b)所示，A_0 尺寸在零件图上可根据加工顺序来确定，在零件图上不必标注。

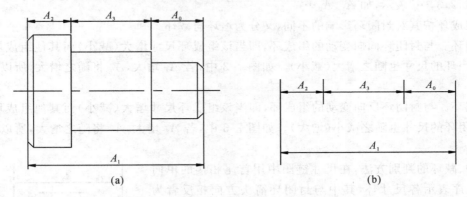

(a)　　　　　　　　　　　　　(b)

图 7-1　工艺尺寸链

图 7-2(a)所示，车床主轴轴线与尾架顶尖轴线之间的高度差 A_0，尾架顶尖轴线高度 A_1、尾架底板高度 A_2 和主轴轴线高度 A_3 等设计尺寸相互连接成封闭的尺寸组，形成尺寸链，如图 7-2(b)所示。

尺寸链具有两个特性。

(1) 封闭性。组成尺寸链的各个尺寸按一定顺序构成一个封闭系统。

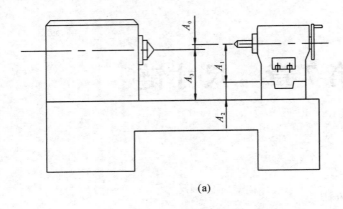 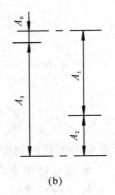

(a)　　　　　　　　　　(b)

图 7-2　装配尺寸链

（2）关联性。其中一个尺寸变动将影响其他尺寸变动。

7.1.2　尺寸链的组成与分类

1. 尺寸链的组成

组成尺寸链的各个尺寸称为环。尺寸链的环分为封闭环和组成环。

（1）封闭环。

加工或装配过程中最后自然形成的那个尺寸称封闭环，是确保机器装配精度要求或零件加工质量的重要一环。封闭环是尺寸链中唯一的特殊环，一般以字母加下标"0"表示，如 A_0、B_0。任何一个尺寸链中，只有一个封闭环。如图 7-1 中的尺寸 A_0 就是封闭环。

（2）组成环。

尺寸链中除封闭环以外的其他环称组成环。同一尺寸链中的组成环一般以同一字母加下标"1,2,3,…"表示，如 A_1、A_2…

组成环按其对封闭环影响的不同，又分为增环与减环。

增环。与封闭环同向变动的组成环，即当该组成环尺寸增大（减小）而其他组成环不变时，封闭环的尺寸也随之增大（减小）。如图 7-3 中，若 A_1 增大，A_0 将随之增大，所以 A_1 为增环。

减环。与封闭环反向变动的组成环，即当该组成环尺寸增大（减小）而其他组成环不变时，封闭环的尺寸也随之减小（增大）。如图 7-3 中，若 A_2 增大，A_0 将随之增大，所以 A_2 为减环。

增、减环的判别方法，在尺寸链图中用首尾相接的单向箭头顺序表示各尺寸环，其中与封闭环箭头方向相反者为增环，与封闭环箭头方向相同者为减环，如图 7-3 中，A_1 为增环，A_2 为减环。

2. 尺寸链的分类

（1）按在不同生产过程中的应用情况，可分为：

①装配尺寸链　在机器设计或装配过程中，由一些相关零件形成有联系封闭的尺寸组，称为装配尺寸链，如图 7-2。

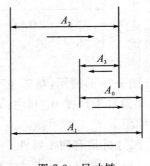

图 7-3　尺寸链

②零件尺寸链　同一零件上由各个设计尺寸构成相互有联系封闭的尺寸组,称为零件尺寸链,如图 7-1。设计尺寸是指图样上标注的尺寸。

③工艺尺寸链　零件在机械加工过程中,同一零件上由各个工艺尺寸构成相互有联系封闭的尺寸组,称为工艺尺寸链。工艺尺寸是指工序尺寸、定位尺寸、基准尺寸。

装配尺寸链与零件尺寸链统称为设计尺寸链。

(2) 按空间位置的形态,可分为:

①直线尺寸链

尺寸链的全部环都位于两条或几条平行的直线上,称为直线尺寸链。如图 7-1、图 7-2、图 7-3 所示尺寸链。

②平面尺寸链

尺寸链的全部环都位于一个或几个平行的平面上,但其中某些组成环不平行于封闭环,这类尺寸链,称为平面尺寸链。如图 7-4 即为平面尺寸链。将平面尺寸链中各有关组成环按平行于封闭环方向投影,就可将平面尺寸链简化为直线尺寸链来计算。

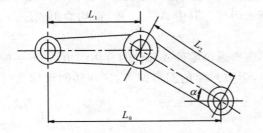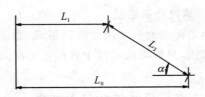

图 7-4　平面尺寸链

③空间尺寸链

尺寸链的全部环位于空间不平行的平面上,称为空间尺寸链。对于空间尺寸链,一般按三维坐标分解,化成平面尺寸链或直线尺寸链,然后根据需要,在某特定平面上求解。

(3) 按几何特征可分为:

①长度尺寸链

表示零件两要素之间距离的,为长度尺寸,由长度尺寸构成的尺寸链,称为长度尺寸链,如图 7-1、图 7-2 所示尺寸链。其各环位于平行线上。

②角度尺寸链

表示两要素之间位置的,为角度尺寸,由角度尺寸构

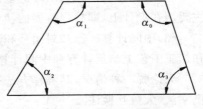

图 7-5　角度尺寸链

成的尺寸链,称为角度尺寸链。其各环尺寸为角度量,或平行度、垂直度等等。如图 7-5 为由各角度所组成的封闭多边形,这时 α_1、α_2、α_3 及 α_0 构成一个角度尺寸链。

7.1.3　尺寸链的建立

1. 建立尺寸链

正确建立和描述尺寸链是进行尺寸链综合精度分析计算的基础。建立装配尺寸链时,应了解零件的装配关系、装配方法及装配性能要求;建立工艺尺寸链时,应了解零、部件的设计要求及其制造工艺过程。同一零件的不同工艺过程所形成的尺寸链是不同的。

(1)封闭环确定

正确确定封闭环是解算工艺尺寸链最关键的一步,封闭环确定错了,整个尺寸链的解算将是错误的,对于工艺尺寸链要认准封闭环是"间接获得的尺寸"或"最后获得的尺寸"这个关键点。如同一个部件中各零件之间相互位置要求的尺寸,或保证配合零件的配合性能要求的间隙或过盈量。

(2)组成环确定

确定封闭环之后,应确定对封闭环有影响的各个组成环,使之与封闭环形成一个封闭的尺寸回路。

2. 查找组成环

查找装配尺寸链的组成环时,先从封闭环的任意一端开始,找相邻零件的尺寸,然后再找与第一个零件相邻的第二个零件的尺寸,这样一环接一环,直到封闭环的另一端为止,从而形成封闭的尺寸组。如图 7-2 所示,车床主轴轴线与尾架顶尖轴线之间的高度差 A_0,是装配技术要求,为封闭环。组成环可从尾架顶尖开始查找,经过尾架顶尖轴线高度 A_1,尾架底板高度 A_2 和主轴轴线高度 A_3,最后回到封闭环。其中 A_1、A_2 和 A_3 均为组成环。

3. 画尺寸链线图

为了清楚地表达尺寸链的组成,通常不需要画出零件或部件的具体结构,也不必按照严格的比例,只须将尺寸链中各尺寸依次画出,形成封闭的图形即可,这样的图形称为尺寸链线图。

7.1.4 尺寸链的计算方法

分析计算尺寸链是为了正确合理地确定尺寸链中各环的尺寸和精度,计算尺寸链的方法通常有以下 3 种。

(1)正计算。已知各组成环的极限尺寸,求封闭环的极限尺寸。主要用来验算设计的正确性,又叫校核计算。

(2)反计算。已知封闭环的极限尺寸和各组成环的基本尺寸,求各组成环的极限偏差。主要用在设计上,即根据机器的使用要求来分配各零件的公差。

(3)中间计算。已知封闭环和部分组成环的极限尺寸,求某一组成环的极限尺寸。常用在加工工艺上。反计算和中间计算通常称为设计计算。

无论哪一种情况,其解释方法都有两种基本方法。极大极小法(极值法/完全互换法)和概率法(大数互换法)。

7.2 用完全互换法解尺寸链

完全互换法也叫极值法、极大极小法,是按各环的极限值进行尺寸链计算的方法。这种方法的特点是从保证完全互换着眼,由各组成环的极限尺寸计算封闭环的极限尺寸,从而求得封闭环公差。进行尺寸链计算,不考虑各环实际尺寸的分布情况。按此法计算出来的尺寸,加工各组成环,装配时各组成环不须挑选或辅助加工,装配后即能满足封闭环的公差要求,即可实现完全互换。

7.2.1 基本公式

设尺寸链的组成环数为 m,其中有 n 个增环,A_1 为组成环的基本尺寸,对于直线尺寸链如下计算公式。

1. 封闭环的基本尺寸 A_0:等于所有增环的基本尺寸 A_i 之和减去所有减环的基本尺寸 A_j 之和。即

$$A_0 = \sum_{i=1}^{n} A_i - \sum_{j=n+1}^{m} A_j \tag{7.1}$$

式中　A_0——封闭环的基本尺寸;

　　　　A_i——增环 A_1、$A_2 \cdots A_n$ 的基本尺寸,n 为增环的环数;

　　　　A_j——减环 A_{n+1}、$A_{n+2} \cdots A_m$ 的基本尺寸,m 为总环数。

2. 封闭环的最大极限尺寸 A_{0max}:等于所有增环的最大极限尺寸之和减去所有减环的最小极限尺寸之和。用公式表示为:

$$A_{0max} = \sum_{i=1}^{n} A_{imax} - \sum_{j=n+1}^{m} A_{jmax} \tag{7.2}$$

3. 封闭环的最小极限尺寸 A_{0min}:等于所有增环的最小极限尺寸之和减去所有减环的最大极限尺寸之和。用公式表示为:

$$A_{0min} = \sum_{i=1}^{n} A_{imin} - \sum_{j=n+1}^{m} A_{jmin} \tag{7.3}$$

4. 封闭环的上偏差 ES_0:封闭环的上偏差等于所有增环上偏差之和减去所有减环下偏差之和。

$$ES_0 = \sum_{i=1}^{n} ES_i - \sum_{j=n+1}^{m} ES_j \tag{7.4}$$

5. 封闭环的下偏差 EI_0:封闭环的等于所有增环的下偏差之和减去所有减环的上偏差之和。

$$EI_0 = \sum_{i=1}^{n} EI_i - \sum_{j=n+1}^{m} EI_j \tag{7.5}$$

6. 封闭环公差 T_0:即封闭环公差等于所有组成环公差之和。

$$T_0 = \sum_{i=1}^{m} T_i \tag{7.6}$$

由式(7.6)看出:

(1) $T_0 > T_i$,即封闭环公差最大,精度最低。因此在零件尺寸链中应尽可能选取最不重要的尺寸作为封闭环。在装配尺寸链中,封闭环往往是装配后应达到的要求,不能随意选定。

(2) T_0 一定时,组成环数越多,则各组成环公差必然越小,经济性越差。因此,设计中应遵守"最短尺寸链"原则,即使组成环数尽可能少。

7.2.2 校核计算

已知各组成环的基本尺寸和极限偏差,求封闭环的基本尺寸和极限偏差,以校核几何精度设计的正确性。

例题 7.1　如图 7-6(a)所示齿轮部件中,轴是固定的,齿轮在轴上回转,设计要求齿轮

左右端面与挡环之间有间隙,现将此间隙集中在齿轮右端面与右挡环左端面之间,按工作条件,要求 $A_0 = 0.10 \sim 0.45$mm,已知:$A_1 = 43^{+0.20}_{+0.10}$,$A_2 = A_5 = 5^{0}_{-0.05}$,$A_3 = 30^{0}_{-0.10}$,$A_4 = 3^{0}_{-0.05}$。试问所规定的零件公差及极限偏差能否保证齿轮部件装配后的技术要求?

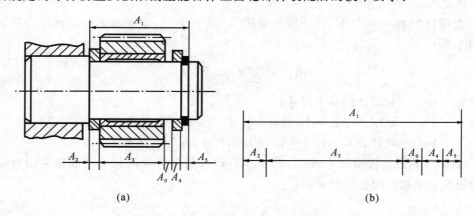

图 7-6   校核计算示例

解:

① 画尺寸链图,区分增环、减环

齿轮部件的间隙 A_0 是装配过程最后形成的,是尺寸链的封闭环,$A_1 \sim A_5$ 是 5 个组成环,如图 8.6(b)所示,其中 A_1 是增环,A_2、A_4、A_5 是减环。

② 封闭环的基本尺寸   将各组成环的基本尺寸,代入式(7.1)

$$A_0 = A_1 - (A_2 + A_3 + A_4 + A_5)$$
$$= 43 - (5 + 30 + 3 + 5) = 0$$

③ 校核封闭环的极限尺寸   由式(7.2)和式(7.3)

$$A_{0max} = A_{1max} - (A_{2min} + A_{3min} + A_{4min} + A_{5min})$$
$$= 43.20 - (5.94 + 29.90 + 2.95 + 4.95) = 0.45\text{mm}$$
$$A_{0min} = A_{1min} - (A_{2max} + A_{3max} + A_{4max} + A_{5max})$$
$$= 43.10 - (5 + 30 + 3 + 5) = 0.10\text{mm}$$

④ 校核封闭环的公差   将各组成环的公差,代入式(7.6)

$$T_0 = T_1 + T_2 + T_3 + T_4 + T_5$$
$$= 0.10 + 0.05 + 0.10 + 0.05 + 0.05 = 0.35\text{mm}$$

计算结果表明,所规定的零件公差及极限偏差恰好保证齿轮部件装配的技术要求。

7.2.3   设计计算

已知封闭环的基本尺寸和极限偏差,求各组成环的基本尺寸和极限偏差,即合理分配各组成环公差问题。各组成环公差的确定可用两种方法,即等公差法和等公差等级法。

1. 等公差法

等公差法是假设各组成环的公差值是相等的,按照已知的封闭环公差 T_0 和组成环环数 m,计算各组成环的平均公差 T,即

$$T = \frac{T_0}{m} \tag{7.7}$$

在此基础上，根据各组成环的尺寸大小、加工的难易程度对各组成环公差作适当调整，并满足组成环公差之和等于封闭环公差的关系。

2. 等公差等级法

等公差等级法是假设各组成环的公差等级是相等的。对于尺寸≤500mm，公差等级在 $IT5 \sim IT18$ 范围内，公差值的计算公式为：$IT = ai$（如第 1 章所述），按照已知的封闭环公差 T_0 和各组成环的公差因子 i_i，计算各组成环的平均公差等级系数 a，即

$$a = \frac{T_0}{\sum i_i} \tag{7.8}$$

为方便计算，各尺寸分段的值列于表 7.1。

表 7.1　尺寸≤500mm，各尺寸分段的公差因子值

分段 尺寸	≤3	>3 ~6	>6 ~10	>10 ~18	>18 ~30	>30 ~50	>50 ~80	>80 ~120	>120 ~180	>180 ~250	>250 ~315	>315 ~400	>400 ~500
$i(\mu m)$	0.54	0.73	0.90	1.08	1.31	1.56	1.86	2.17	2.52	2.90	3.23	3.54	3.89

求出 a 值后，将其与标准公差计算公式表相比较，得出最接近的公差等级后，可按该等级查标准公差表，求出组成环的公差值，从而进一步确定各组成环的极限偏差。各组成环的公差应满足组成环公差之和等于封闭环公差的关系。

表 7.2　公差等级系数 a 的值

公差等级	IT8	IT9	IT10	IT11	IT12	IT13	IT14	IT15	IT16	IT17	IT18
系数	25	40	64	100	160	250	400	640	1000	1600	2500

例题 7.2　如图 7-7（a）所示为某齿轮箱的一部分，根据使用要求，间隙 $A_0 = 1 \sim 1.75$mm 之间，若已知：$A_1 = 140$mm，$A_2 = 5$mm，$A_3 = 101$mm，$A_4 = 50$mm，$A_5 = 5$mm。试按极值法计算 $A_1 \sim A_5$ 各尺寸的极限偏差与公差。

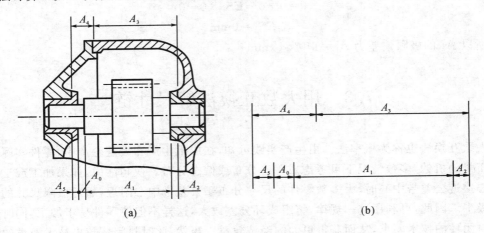

(a)　　　　　　　　　　(b)

图 7-7　设计计算示例

解：

① 画尺寸链图，区分增环、减环

间隙 A_0 是装配过程最后形成的，是尺寸链的封闭环，$A_1 \sim A_5$ 是 5 个组成环，如图 8-7（b）所示，其中 A_3、A_4 是增环，A_1、A_2、A_5 是减环。

② 计算封闭环的基本尺寸，由式(7.1)

$$A_0 = A_3 + A_4 - (A_1 + A_2 + A_5)$$
$$A_0 = 101 + 50 - (140 + 5 + 5) = 1 \text{mm}$$

所以 $A_0 = 1_0^{+0.750} \text{mm}$

③ 用等公差等级法确定各组成环的公差

首先计算各组成环的平均公差等级系数 a，由式(7.7)并查表 7.1 得

$$a = \frac{T_0}{\sum i_i} = \frac{750}{2.52 + 0.73 + 2.17 + 1.56 + 0.73} = 97.3$$

由标准公差计算公式表 7.2 查得，接近 IT11 级。根据各组成环的基本尺寸，从标准公差查得各组成环的公差为：$T_2 = T_5 = 75\mu\text{m}$，$T_3 = 220\mu\text{m}$，$T_4 = 160\mu\text{m}$。

根据各组成环的公差之和不得大于封闭环公差，由式(7.6)计算 T_1

$$T_1 = T_0 - (T_2 + T_3 + T_4 + T_5)$$
$$= 750 - (75 + 220 + 160 + 75) = 220\mu\text{m}$$

① 确定各组成环的极限偏差

组成环 A_1 作为调整尺寸，其余按"入体原则"确定各组成环的极限偏差如下：

$$A_2 = A_5 = 5_{-0.075}^{0}, \quad A_3 = 101_0^{+0.220}, \quad A_4 = 50_0^{+0.160}$$

② 计算组成环 A_1 的极限偏差，由式(7.4)和(7.5)

$$ES_0 = ES_3 + ES_4 - EI_1 - EI_2 - EI_5$$
$$+0.75 = +0.220 + 0.160 - EI_1 - (-0.075) - (-0.075)$$
$$EI_1 = -0.220 \text{mm}$$
$$EI_0 = EI_3 + EI_4 - ES_1 - ES_2 - ES_5$$
$$0 = 0 + 0 - ES_1 - 0 - 0$$
$$ES_1 = 0 \text{mm}$$

所以 A_1 的极限偏差为 $A_1 = 140_{-0.220}^{0} \text{mm}$

7.3　用大数互换法解尺寸链

大数互换法也称为概率法。由生产实践可知，在成批生产和大量生产中，零件实际尺寸的分布是随机的，多数情况下可考虑成正态分布或偏态分布。换句话说，如果加工或工艺调整中心接近公差带中心时，大多数零件的尺寸分布于公差带中心附近，靠近极限尺寸的零件数目极少。因此，可利用这一规律，将组成环公差放大，这样不但使零件易于加工，同时又能满足封闭环的技术要求，从而获得更大的经济效益。当然，此时封闭环超出技术要求的情况是存在的，但其概率很小，所以这种方法称为大数互换法。

采用大数互换法解尺寸链，封闭环的基本尺寸计算公式与完全互换法相同，所以不同的

是公差和极限偏差的计算。

设尺寸链的基本组成环数为 m，其中 n 个增环，$m-n$ 个减环，A_0 为封闭环的基本尺寸，A_i 为组成环的基本尺寸，大数互换法解尺寸链的基本公式如下：

1. 封闭环公差

由于在大批量生产中，封闭环 A_0 的变化和组成环 A_i 的变化都可视为随机变量，且 A_0 是 A_i 的函数，则可按随机函数的标准偏差的求法，得：

$$\sigma_0 = \sqrt{\sum_{i=1}^{m} \xi_i^2 \sigma_i^2} \tag{7.8}$$

式中　　$\sigma_0, \sigma_1, \cdots\cdots \sigma_m$ —— 封闭环和各组成环的标准偏差；

$\xi_1, \xi_2, \cdots\cdots \xi_m$ —— 传递系数。

若组成环和封闭环尺寸偏差均服从正态分布，且分布范围与公差带宽度一致，且 $T_i = 6\sigma_i$，此时封闭环的公差与组成环公差有如下关系：

$$T_0 = \sqrt{\sum_{i=1}^{m} \xi_i^2 T_i^2} \tag{7.9}$$

如果考虑到各组成环的分布不为正态分布时，式中应引入相对分布系数 K_i，对不同的分布，K_i 值的大小可由表 8.2 中查出，则

$$T_0 = \sqrt{\sum_{i=1}^{m} \xi_i^2 K_i^2 T_i^2} \tag{7.10}$$

2. 封闭环中间偏差

上偏差与下偏差的平均值为中间偏差，用 Δ 表示，即

$$\Delta = \frac{ES + EI}{2} \tag{7.11}$$

当各组成环为对称分布时，封闭环中间偏差为各组成环中间偏差的代数和，即

$$\Delta_0 = \sum_{i=1}^{m} \xi_i \Delta_i \tag{7.12}$$

当组成环为偏态分布或其他不对称分布时，则平均偏差相对中间偏差之间偏移量为 $e\dfrac{T}{2}$，e 称为相对不对称系数（对称分布 $e = 0$），这时式(7.12)应改为

$$\Delta_0 = \sum_{i=1}^{m} \xi_i \left(\Delta_i + e_i \frac{T_i}{2} \right) \tag{7.13}$$

3. 封闭环极限偏差

封闭环上偏差等于中间偏差加二分之一封闭环公差，下偏差等于中间偏差减二分之一封闭环公差，即

$$ES_0 = \Delta_0 + \frac{1}{2} T_0, \quad {}_E I_0 = \Delta_0 - \frac{1}{2} T_0 \tag{7.14}$$

用大数互换法解例题 7.2。

解　步骤 ① 和 ② 同例题 7.2

③ 确定各组成环公差

设各组成环尺寸偏差均接近正态分布，则 $K_i = 1$，又因该尺寸链为线性尺寸链，故 $|\xi_i| = 1$。按等公差等级法，由式(7.10)

$$T_0 = \sqrt{T_1^2 + T_2^2 + T_3^2 + T_4^2 + T_5^2} = a\sqrt{i_1^2 + i_2^2 + i_3^2 + i_4^2 + i_5^2}$$

所以

$$a = \frac{T_0}{\sqrt{i_1^2 + i_2^2 + i_3^2 + i_4^2 + i_5^2}} = \frac{750}{\sqrt{2.52^2 + 0.73^2 + 2.17^2 + 1.56^2 + 0.73^2}} \approx 196.56$$

由标准公差计算公式表查得,接近 IT12 级。根据各组成环的基本尺寸,从标准公差表查得各组成环的公差为:$T_1 = 400\mu m$,$T_2 = T_5 = 120\mu m$,$T_3 = 350\mu m$,$T_4 = 250\mu m$。则

$$T'_0 = \sqrt{0.4^2 + 0.12^2 + 0.35^2 + 0.25^2 + 0.12^2} = 0.611mm < 0.750mm = T_0$$

可见,确定的各组成环公差是正确的.

④ 确定各组成环的极限偏差

按"入体原则"确定各组成环的极限偏差如下:

$$A_1 = 140^{+0.200}_{-0.200}mm, A_2 = A_5 = 5^{0}_{-0.120}mm, A_3 = 101^{+0.350}_{0}mm, A_4 = 50^{+0.250}_{0}mm$$

⑤ 校核确定的各组成环的极限偏差能否满足使用要求

设各组成环尺寸偏差均接近正态分布,则 $e_i = 0$。

1) 计算封闭环的中间偏差,由式(7.12)

$$\Delta'_0 = \sum_{i=1}^{5} \xi_i \Delta_i = \Delta_3 + \Delta_4 - \Delta_1 - \Delta_2 - \Delta_5$$
$$= 0.175 + 0.125 - 0 - (-0.060) - (-0.060) = 0.420mm$$

2) 计算封闭环的极限偏差,由式(7.14)

$$ES'_0 = \Delta'_0 + \frac{1}{2}T'_0 = 0.420 + \frac{1}{2} \times 0.611 \approx 0.726mm < 0.750mm = ES_0$$

$$EI'_0 = \Delta'_0 - \frac{1}{2}T'_0 = 0.420 - \frac{1}{2} \times 0.611 \approx 0.115mm > 0mm = EI_0$$

以上计算说明确定的组成环极限偏差是满足使用要求的。

由例题计算相比较可以算出,用概率法计算尺寸链,可以在不改变技术要求所规定的封闭环公差的情况下,组成环公差放大约 60%,而实际上出现不合格件的可能性却很小(仅有 0.27%),这会给生产带来显著的经济效益。

7.4 用其他方法解装配尺寸链

完全互换法和大数互换法是计算尺寸链的基本方法,除此之外还有分组装配法、调整法和修配法。

7.4.1 分组装配法

用分组装配法解尺寸链是先用完全互换法求出各组成环的公差和极限偏差,再将相配合的各组成环公差扩大若干倍,使其达到经济加工精度的要求,然后按完工后零件的实测尺寸将零件分为若干个组,再按对应组分别进行组内零件的装配,即同组零件可以组内互换。这样既放大了组成环公差,由保证了封闭环要求的装配精度。

分组装配法的主要优点是即可以扩大零件制造公差,又能保证装配精度;其主要缺点是增加了检测零件的工作量。此外,该方法仅能在组内互换,每一组有可能出现零件多余或不

够的情况。此法适用于成批生产高精度、便于测量、形状简单而环数较少的尺寸链零件。另外,由于分组后零件的形状误差不会减少,这就限制了分组数,一般分为 2～4 组。

7.4.2 调整法

调整法是将尺寸链各组成环按经济加工精度的公差制造,此时由于组成环尺寸公差放大,而使封闭环的公差比技术要求给出的值有所扩大。为了保证装配精度,装配时则选定一个可以调整补偿环的尺寸或位置的方法来实现补偿作用,该组成环称为补偿环。常用的补偿环可分为两种。

1. 固定补偿环

在尺寸链中选择一个合适的组成环为补偿环,一般可选垫片或轴套类零件。把补偿环根据需要按尺寸分成若干组,装配时,从合适的尺寸组中取一补偿环,装入尺寸链中预定的位置,使封闭环达到规定的技术要求。

2. 可动补偿环

设置一种位置可调的补偿环,装配时,调整其位置达到封闭环的精度要求。这种补偿方式在机械设计中广泛应用,它有多种结构形式,如镶条、锥套、调节螺旋副等常用形式。

调整法的主要优点是加大了组成环的制造公差,使制造容易,同时可得到很高的装配精度,装配时不须修配,使用过程中可以调整补偿环的位置或更换补偿环,从而恢复机器原有的精度。它的主要缺点是有时需要额外增加尺寸链零件数(补偿环),使结构复杂,制造费用增高,降低结构的刚性。

调整法主要应用在封闭环精度要求高、组成环数目较多的尺寸链,尤其是用在使用过程中,组成环的尺寸可能由于磨损、温度变化或受力变形等原因而产生较大变化的尺寸链。

7.4.3 修配法

修配法是在装配时,按经济精度放宽各组成环公差。由于组成环尺寸公差放大,而使封闭环上产生累积误差。这时,直接装配不能满足封闭环所要求的装配精度。因此,就在尺寸链中选定某一组成环作为修配环,通过机械加工方法改变其尺寸,或就地配制这个环,使封闭环达到规定精度。装配时,通过对修配环的辅助加工如铲、刮研等,切除少量材料以抵偿封闭环上产生的累积误差,直到满足要求为止。

修配法的主要优点也是既扩大组成环制造公差,又能保证装配精度;其主要缺点是增加了修配工作量和费用,修配后各组成环失去互换性,使用有局限性。修配法多用于批量不大、环数较多、精度要求高的尺寸链。

习 题

1. 什么是尺寸链?它有哪几种形式?
2. 尺寸链的两个基本特征是什么?
3. 解算尺寸链主要为解决哪几类问题?
4. 完全互换法、不完全互换法、分组法、调整法和修配法各有何特点?各运用于何种场合?

5. 如图 7-8 所示曲轴、连杆和衬套等零件装配图，装配后要求间隙为 $N = 0.1 - 0.2$ mm，而图样设计时 $A_1 = 150_0^{+0.06}$ mm，$A_2 = A_3 - 75_{-0.05}^{-0.02}$ mm，试验算设计图样给定零件的极限尺寸是否合理？

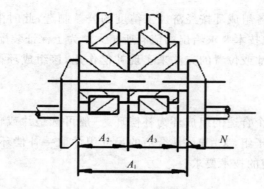

图 7-8　曲轴装备图

第 8 章 坐标测量技术概述

本章学习的主要目的和要求：
1. 了解坐标测量技术的基本知识、优点及应用；
2. 了解坐标检测设备的分类、组成；
3. 掌握三坐标测量机常规维护及保养知识。

8.1 坐标测量技术简介

8.1.1 坐标测量技术的发展

由于零件加工尺寸精度要求的不断提高，对于检测设备的要求也不断提供。随着计算机技术地快速发展，20 世纪 60 年代发展起来的一种新型、高效的精密测量仪器——坐标测量机（CMM）。实现了复杂机械零件的测量和空间自由曲线曲面的测量。它的出现，一方面是由于自动机床、数控机床高效率加工以及越来越多复杂形状零件加工需要有快速可靠的测量设备与之配套；另一方面是由于电子技术、计算机技术、数字控制技术以及精密加工技术的发展为三坐标测量机的产生提供了技术基础。

坐标测量机所采用的坐标测量技术（coordinate measurement）是通过对工件轮廓面进行离散点坐标获取、几何要素拟合操作后进行误差评定的几何量测量技术。

1960 年，英国 Ferranti 计量公司可能是第一个研制成功采用计算机辅助的坐标测量机制造商，如图 8-1 是一台悬臂结构的坐标测量机，配置了坐标轴的数显装置和硬测头。

到 20 世纪 60 年代末，已有近十个国家的三十多家公司在生产 CMM，不过这一时期的 CMM 尚处于

图 8-1 FERRANTI 公司 1960 年
研制的三坐标测量机

初级阶段。进入 20 世纪 80 年代后，以 ZEISS、LEITZ、DEA、LK、三丰、SIP、FERRANTI、MOORE 等为代表的众多公司不断推出新产品，使得 CMM 的发展速度加快。并革命性地将电子技术与测量技术集成在一起，具备了现代意义的接触式探测系统、标准计算机接口、测量软件、动力驱动系统和控制面板灯。

现代的高端坐标测量系统具有高精度计量特征和全自动操作功能的测量系统，不仅能在计算机控制下完成各种复杂测量，而且可以通过与数控机床交换信息，实现对加工的控

制，并且还可以根据测量数据，实现反求工程。

目前，坐标测量机已广泛用于机械制造业、汽车工业、电子工业、航空航天工业和国防工业等各部门，成为现代工业检测和质量控制不可缺少的万能测量设备。

图 8-2　世界上首台龙门式测量机

1. 坐标测量技术的理论原理

三坐标测量机是基于坐标测量的通用化数字测量设备。它首先将各被测几何元素的测量转化为对这些几何元素上一些点集坐标位置的测量，在测得这些点的坐标位置后，再根据这些点的空间坐标值，经过数学运算求出其尺寸和形位误差。

如图 8-3 所示，测量工件上一圆柱孔的直径，可以在垂直于孔轴线的截面 I 内，触测内孔壁上三个点（点 1、2、3），则根据这三点的坐标值就可以拟合出圆，从而计算出孔的直径及圆心坐标 O_1；如果在该截面内触测更多的点（点 1、2、3、$\cdots$、n），则可根据最小二乘法或最小条件法计算出该截面圆的圆度误差；如果对多个垂直于孔轴线的截面圆（I、II、III、$\cdots$、m）进行测

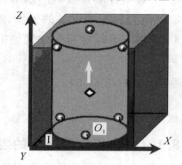

图 8-3　圆柱孔特征检测

量，则根据测得点的坐标值可计算出孔的圆柱度误差以及各截面圆的圆心坐标，再根据各圆心坐标值计算出孔轴线位置。从原理上说，坐标测量可以测量任何工件的任何几何元素的任何参数。

实际工作中，三坐标测量机点数据采集的实现是利用（有各种不同直径和形状的探头）接触探头逐点地捕捉样件表面的坐标数据。当探头上的探针沿样件表面运动时，样件表面的反作用力使探针发生形变，这种形变由连接在探针上的三坐标方向的弹簧产生的位移反映出来，并通过传感器测出其大小和方向，再通过数模转换，由计算机显示、记录所测的点数据，如图 8-4 所示，为三坐标测量点的过程。

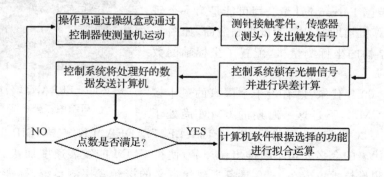

图 8-4　测量点的过程

8.1.2　与传统测量手段对比

在传统测量过程中,大多数的测量相互独立,需要相互独立完成测量并在不同的仪器、不同的设置以及在不同的坐标系下完成实现:比如长度测量比较仪、形状测量仪、角度测量仪以及齿轮齿距、角度、螺旋线测量仪器等等,并将量块、环规、直线量规以及齿轮螺旋线与齿距样板作为参考基准,而坐标测量机是利用工件的数学模型进行比较。

坐标测量机作为一种精密、高效的空间长度测量仪器,它能实现许多传统测量器具所不能完成的测量工作,其效率比传统的测量器具高出十几倍甚至几十倍。而且坐标测量机很容易与 CAD 连接,把测量结果实时反馈给设计及生产部门,借以改进产品设计或生产流程。

传统测量仪器是将被测量和基准进行比较测量不同的过程,坐标测量机的测量实际上是基于空间点坐标的采集和计算。传统测量和坐标测量技术在具体运用和操作过程中,都存在有许多各自的特点。

表 8-1　传统测量和坐标测量的特点和比较

比较内容	传统测量	坐标测量
测量精度	当使用专用测量工具时,单个几何特征不确定度可能更小	由于测量原理、方法与规范等方面的原因,单个几何特征的测量不确定度不容忽略
操作规范	已有相应的检测与误差评定规范和方法	尚未形成完整的检测与误差评定规范和方法
被测工件定位要求	在几何特征方向和位置误差测量时,需根据检测规范,将工件精确定位	测量中工件无需精确定位
对工件的适应性	测量复杂工件需使用专用测量工具或做多工位转换,准备和测量过程复杂,对测量任务变化的适应性差	凭借测量程序、探针系统(组合)和装夹系统的柔性,能快速面对并完成不同的测量任务
评定的基准	通过基准模拟和基准体系的建立,将工件直接与实物标准器或标准器体系比较并进行误差评定	通过对基准的拟合和基准体系的建立,将被测工件与理论模型比较并进行误差评定
测量功能	尺寸误差和几何误差需使用不同的工具进行测量评定	尺寸误差和几何误差的测量与评定可在一台仪器上完成
测量结果特点	测量结果相互独立,很难进行综合处理	能方便地生成一体化、较完整的测量或统计报告
操作方式	以手工测量为主,数据稳定性保证困难,工作效率低	通过编程实现自动测量,数据稳定,工作效率高,特别适用于批量测量
测量时间	准备与测量操作时间较长,特别是面对批量测量时	准备与测量时间较短,特别是在批量测量时
从业人员要求	对测量人员的技能水平要求高	对测量人员的综合技术素养要求高

8.1.3 坐标测量的应用

与传统测量技术相比,坐标测量技术具有极大的万能性,同时方便进行数据处理及过程控制。因而不仅在精密检测和产品质量控制上起到关键作用。坐标测量机作为一种高效率的精密几何量检测设备,在推动我国制造业的发展方面起着越来越重要的作用。尤其是在我国汽车工业、模具、造船等产业逐步走上核心技术自主开发,坐标测量更是企业技术进步、产品升级、质量控制等不可或缺的检测手段。其具有的检测速度快、测量精度高、数据处理易于自动化等优点,其需求和应用领域不断扩大,不仅仅局限在机械、电子、汽车、飞机等工业部门,在医学、服装、娱乐、文物保存工程等行业也得到了广泛的应用。

从机械设计初期所涉及的数字化测绘,到机械加工工序测量,到验收测量和后期的修复测量;从小尺寸工件到汽车类和航天航空行业的大型工件测量,高精密测量设备无处不在。,下面以模具行业、汽车行业、机械制造行业的应用介绍,说明坐标测量技术的优势。

1. 在模具行业中的应用

三坐标测量机在模具行业中的应用相当广泛,它是一种设计开发、检测、统计分析的现代化的智能工具,更是模具产品无与伦比的质量技术保障的有效工具。测量机能够为模具工业提供质量保证,是模具制造企业测量和检测的最好选择。

图 8-5 大型模具关节臂测量机检测

2. 在汽车行业的应用

汽车零部件具有品质要求高、批量大、形状各异的特点。根据不同的零部件测量类型,主要分为箱体、复杂形状和曲线曲面三类。坐标测量机具备高精度、高效率和万能性的特点,是完成各种汽车零部件几何量测量与品质控制的理想解决方案。

3. 在机械制造行业的应用

例如,发动机是由许多各种形状的零部件组成,这些零部件的制造质量直接关系到发动机的性能和寿命。因此,需要在这些零部件生产中进行非常精密的检测,以保证产品的精度及公差配合。在现代制造业中,高精度的综合测量机越来越多的应用于生产过程中,使产品质量的目标和关键渐渐由最终检验转化为对制造流程进行控制,通过信息反馈对加工设备的参数进行及时的调整,从而保证产品质量和稳定生产过程,提高生产效率。

坐标测量技术不仅可以用以对工件的尺寸、形状和位置公差进行检测,同时,测量机具

图 8-6　汽车生产检测

备强大的逆向工程能力,是一个理想的数字化工具。

逆向工程是利用从实体模型采集数据信息,并反馈到 CAD/CAM 系统进行设计制造的一个过程。逆向工程是解决直接从样件实现再造、建立那些已经遗失设计文件的工件设计文件以及结合现有 CAD 模型进行设计改进的好方法。

通过坐标测量机提供的先进手段和方法,可有效地协助您完成逆向工程应用。通过利用坐标测量机,探测所要实现逆向工程设计的零件表面,利用专业软件对采集数据进行处理,生成该零件直观的图形化表示,进行有关设计更改,并经过性能模拟测试。这样,就大大缩短了设计时间,简化了零件的调整和评估时间。

如图 8-7 所示,具有强大 CAD 功能的 Rational-DMIS,PC-DMIS 通用测量软件,能够根据具体应用需要,采用接触式点触发测头或采用连续扫描测头,进行工件表面点的数据采

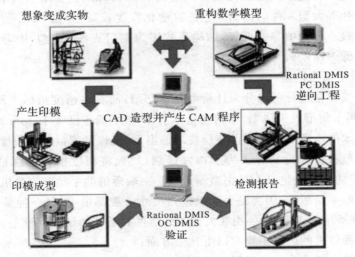

图 8-7　逆向工程应用

集,并可采用多种方式实现采集点数据的输出,这包括利用通用的 IGES 格式和/或 VDA 格式进行测量数据的导出,以及与 CAD/CAM 系统的直接连接进行快速输出。

8.2　坐标测量机分类

坐标测量机有不同的操作需求、测量范围和测量精度。为了满足不同行业的不同需求,坐标的种类有很多可供选择,企业要正确选择适合自己的坐标才是事半功倍。

坐标测量机发展至今已经历了若干个阶段,从数字显示及打印型,到带有小型计算机,直到目前的计算机数字控制(CNC)型。三坐标测量机的分类方法很多,但基本不外乎以下几类。

1. 按结构形式与运动关系分类

按照结构形式与运动关系,坐标测量机可分为移动桥式、固定桥式、龙门式、悬臂式、水平臂式、坐标镗式、卧镗式和仪器台式等。不论结构形式如何变化,坐标测量机都是建立在坐标系统基础之上的。

2. 按测量机的测量范围分类

按照坐标测量机的测量范围,可将其分为小型、中型与大型三类。

小型坐标测量机主要用于测量小型精密的模具、工具、刀具与集成线路板等。这些零件的精度较高,因而要求测量机的精度也高。它的测量范围,一般是 X 轴方向(即最长的一个坐标方向)小于 500mm。它可以是手动的,也可以是数控的。常用的结构形式有仪器台式、卧镗式、坐标镗式、悬臂式、移动桥式与极坐标式等。

中型坐标测量机的测量范围在 X 轴方向为 500～2000mm,主要用于对箱体、模具类零件的测量。操作控制有手动与机动两种,许多测量机还具有 CNC 自动控制系统。其精度等级多为中等,也有精密型的。从结构形式看,几乎包括仪器台式和桥式等所有形式。

大型坐标测量机的测量范围在 X 轴方向应大于 2000mm,主要用于汽车与飞机外壳、发动机与推进器叶片等大型零件的检测。它的自动化程度较高,多位 CNC 型,但也有手动或机动的。精度等级一般为中等或低等,结构形式多为龙门式(CNC 型,中等精度)或水平臂式(手动或机动,低等精度)。

3. 精度计量型与生产型

坐标测量机按照精度分可以分为计量型和生产型,前者在精度指标上测量不确定度小于 $1\mu m$,后者又叫车间型或工作型,在精度指标上,测量不确定度大于 $3\mu m$ 而小于 $10\mu m$。

随着制造技术的不断提高和软件补偿技术的出现,工作型测量机的精度也不断提高,逐渐接近计量型测量机的精度指标。为了加以区别,一般将精度指标上测量不确定度大于 $1\mu m$ 而小于 $3\mu m$ 的测量机定义为精密型测量机。一般理解的手动型测量机分为两种,一种是生产型测量机的手动版本,因为是手动操作则尺寸一般都很小;另一种是划线测量机,其精度很低,一般在 $50\mu m$ 以上,主要用在大型的外覆件和毛坯的尺寸测量上。

这几种坐标测量机的区别主要在以下几个方面:

计量型测量机一般是作为计量器具的检定和误差传递使用,材料一般选用稳定的材料,如花岗岩、工业陶瓷和碳纤维;生产型测量机主要是作为机械加工件形位公差的测量用,材料上一般选用花岗岩、钢材和铝材；手动划线机因为对精度要求不高，一般采用稳定性不好但是重量轻、而且容易加工的合金铝材料；精密型测量机介乎计量型和生产型之间。

为了保证计量型测量机的测量精度，测量机的结构大多采用比较稳定而且能减少阿贝误差的结构，比如采用工作台移动光栅尺中置的结构；生产型坐标测量机一般采用桥式移动结构；而手动测量机和划线机为了手动操作方便，大多采用悬臂结构。

为了保证计量型测量机的精度，在传动上一般选用比较稳定的摩擦轮和齿轮齿条结构，以保证传动精度；生产型测量机为了兼顾精度和测量效率，一般采用齿轮或齿形带的传动方式；在导轨的选择上，高精度的测量机都采用了空气轴承，而划线机等低精度的测量机大多采用滑动轴承。

计量型测量机对环境要求很高，不仅要保证一定的环境温度，温度梯度也要保证，而且对环境中的灰尘也比较敏感。相对来说，生产型测量机对环境的要求就不那么高，但是，起码的条件要保证，例如空调、地基和封闭房间等。划线测量机主要在加工现场使用，对环境的要求不高。像有的单位花大价钱买了计量型测量机却放在一个环境并不合乎要求的场地使用，实际测量精度不仅不能达到设计要求，而且还会大大降低使用寿命。

计量型坐标测量机大多采用复杂的三向电感测头，其测头的技术含量高甚至超过测量机本身，目前这种技术只有少数公司掌握。而生产型测量机一般都采用英国 RENISHAW 公司的标准工业测头配置，有自动和手动型，对于手动型测量机只配置手动测头。

坐标测量机的精度在达到 $1\mu m$ 左右后，提高一点哪怕只有提高 $0.1\mu m$ 也是非常困难的事情，往往带来会是成本的巨大增加。同样行程的测量机，计量型的价格都成倍高于生产型测量机。

综上所述，在选择测量机上，不能一味地追求精度和性能，要适合所测量尺寸的精度和实际环境的指标。在我们看来，一般测量机的不确定度数值小于或等于被测量尺寸要求不确定度的 1/2 时，就可以选用。

8.3 坐标测量机常见结构形式介绍

三坐标测量机的机械结构最初是在精密机床基础上发展起来的。如美国 Moore 公司的测量机就是由坐标镗→坐标磨→坐标测量机逐步发展而来的，瑞士的 SIP 公司的测量机则是在大型万能工具显微镜→光学三坐标测量仪基础上逐步发展起来的。这些测量机的结构都是没有脱离精密机床及传统精密测试仪器的结构。坐标测量机的结构形式来分，主要分为直角坐标测量机（固定式测量系统）与非正交系坐标测量系统（便携式测量系统）。

8.3.1 直角坐标测量机

三坐标测量机的结构形式主要取决于三组坐标轴的相对运动方式，它对测量机的精度和适用性影响很大。常用的直角坐标测量机结构有移动桥式、固定桥式、悬臂式、龙门式等四类结构，这四类结构都有互相垂直的三个轴及其导轨，坐标系属正交坐标系。

直角坐标测量机类型及应用如表 8-1 所示。

表 8-1　直角坐标结构测量机类型及其应用范围

结构形式　应用	移动桥式测量机	固定桥式测量机	悬臂式量机	龙门式测量机
通用	×	×	×	
精确	×	× 量规校验		
大部件测量			× 车身、钣金件	× 航空结构件，大型柴油机与汽车模具

1. 移动桥式结构

移动桥式结构由四部分组成：工作台、桥架、滑架、Z 轴。

桥架可以在工作台上沿着导轨作前后向平移，滑架可沿桥架上的导轨沿水平方向移动、Z 轴在则可以在滑架上沿上下方向移动，测头则安装在 Z 轴下端，随着 XYZ 的三个方向平移接近安装在工作台上的工件表面，完成采点测量。

移动桥式结构（图 8-8）是目前坐标测量机应用最为广泛的一类坐标测量结构，是目前中小型测量机的主要采用的结构类型，结构简单、紧凑，开敞性好，工件装载在固定平台上不影响测量机的运行速度，工件质量对测量机动态性能没有影响，因此承载能力较大，本身具有台面，受地基影响相对较小，精度比固定桥式稍低。缺点是桥架单边驱动，前后方向（Y向）光栅尺布置在工作台一侧，Y 方向有较大的阿贝臂，会引起较大的阿贝误差。

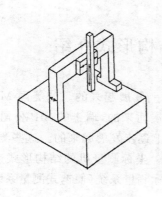 

图 8-8　移动桥式结构

2. 固定桥式结构

固定桥式结构（如图 8-9 所示）由四部分组成：基座台（含桥架）、移动工作台、滑架、Z 轴。

固定桥式与移动桥式结构类似，主要的不同在于，移动桥式结构中，工作台固定不动，桥架在工作台上沿前后方向移动,而在固定式结构中,移动工作台承担了前后移动的功能,桥架固定在机身中央不做运动。

高精度测量机通常采用固定桥式结构。固定桥式测量机的优点是结构稳定,整机刚性强,中央驱动,偏摆小,光栅在工作台的中央,阿贝误差小,X、Y 方向运动相互独立,相互影响小;缺点是被测量对象由于放置在移动工作台上,降低了机器运动的加速度,承载能力较小;操作空间不如移动桥式开阔。

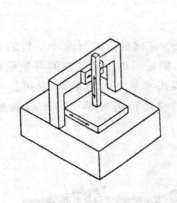
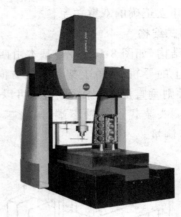

图 8-9　固定桥式结构

3. 水平悬臂式结构

水平悬臂式结构(如图 8-10 所示)由三部分组成:工作台、立柱、水平悬臂。

立柱可以沿着工作台导轨前后平移,立柱上的水平悬臂则可以沿上下和左右两个方向平移,测头安装于水平悬臂的末端,零位 A(0°,0°)水平平行于悬臂,测头随着悬臂在三个方向上的移动接近安装于工作台上的工件,完成采点测量。

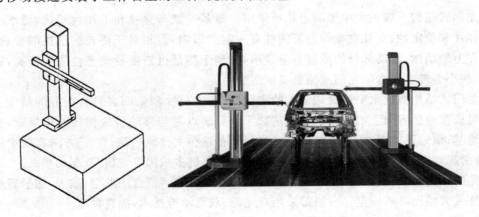

图 8-10　水平悬臂式结构

与水平悬臂式结构类似,还有固定工作台水平悬臂、移动工作台水平悬臂两类结构,只不过,这两类悬臂的测头安装方式与水平悬臂不同,测头零位 A(0°,0°)方向与水平悬臂垂直。

水平臂测量机在前后方向可以做得很长，目前行程可达十米以上，竖直方向即 Z 向较高，整机开敞性比较好，是汽车行业汽车各种分总成、白车身测量机最常用的结构。

优点：结构简单，开敞性好，测量范围大。

缺点：水平臂变形较大，悬臂的变形与臂长成正比，作用在悬臂上的载荷主要是悬臂加测头的自重；悬臂的伸出量还会引起立柱的变形。补偿计算比较复杂，因此水平悬臂的行程不能做的太大。在白车身测量时，通常采用双机对称放置，双臂测量。当然，前提是需要在测量软件中建立正确的双臂关系。

4. 龙门式结构

龙门式结构（如图 8-11 所示）基本由四部分组成：在前后方向有两个平行的被立柱支撑在一定高度上的导轨，导轨上架着左右方向的横梁，横梁可以沿着这两列导轨做前后方向的移动，而 Z 轴则垂直加载在横梁上，既可以沿着横梁作水平方向的平移，又可以沿竖直方向上下移动。测头装载于 Z 轴下端，随着三个方向的移动接近安装于基座或者地面上的工件，完成采点测量。

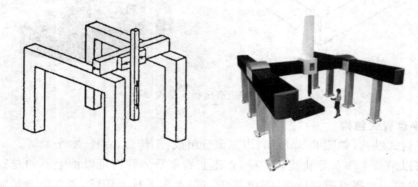

图 8-11 龙门式结构

龙门式结构一般被大中型测量机所采用。地基一般与立柱和工作台相连，要求有较好的整体性和稳定性；立柱对操作的开阔性有一定的影响，但相对于桥式测量机的导轨在下、桥架在上的结构，移动部分的质量有所减小，有利于测量机精度及动态性能的提高，正因为此，一些小型带工作台的龙门式测量机应运而生。

龙门式结构要比水平悬臂式结构的刚性好，对大尺寸测量而言具有更好的精度。龙门式测量机在前后方向上的量程最长可达数十米。缺点是与移动桥式相比结构复杂，要求较好的地基；单边驱动时，前后方向（Y 向）光栅尺布置在主导轨一侧，在 Y 方向有较大的阿贝臂，会引起较大的阿贝误差。所以，大型龙门式测量机多采用双光栅/双驱动模式。

龙门式坐标测量机是大尺寸工件高精度测量的首选。适合于航空、航天、造船行业的大型零件或大型模具的测量。一般都采用双光栅、双驱动等技术，提高精度。

8.3.2 非直角坐标测量机

直角坐标的框架式三坐标测量机的空间补偿数学模型成熟，具有精度高、功能完善等优势，因而在中小工业零件的几何量检测中至今占有绝对统治地位，但是由于不便于携带和框架尺寸的限制（目前世界最长的框架式测量机行程为 40 米，最宽的为 6 米），对大尺寸的测量，现场的零件测量、较隐蔽部位的测量任务，它的应用受到了限制。便携式测量系统的出现,迎合了该类需求。

因此在直角坐标测量概念的基础上,开发出非直角坐标测量系统——便携式测量系统。便携式测量系统有如下特点:

①在结构上突破直角框架的形式。

②在坐标系上更多的应用矢量坐标系或球坐标系。

③在探测系统上除了传统的接触式探测系统,更多的应用非接触探测系统视频或激光甚至雷达系统。

④由于计时系统的精确性大大提高,现在常常把距离的测量变为时间间隔的测量。

⑤重量轻便于携带。

这里主要介绍关节臂测量机和激光跟踪仪结构。

1. 关节臂

关节臂测量机是由几根固定长度的臂通过绕互相垂直轴线转动的关节(分别称为肩、肘和腕关节)互相连接,在最后的转轴上装有探测系统的坐标测量装置,如图 8-12 所示。

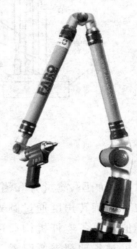

(a) 激光扫描测头关节臂　　　　　　　　(b) 测针测头关节臂

图 8-12　关节臂测量机

测头分为接触式或非接触式,接触式测头可以是硬测头或触发测头,适应于大多数测量场合的需要;对于管件类工件可采用专门的红外管件测头;逆向工程时可配激光扫描测头。

很明显它不是一个直角坐标测量系统,每个臂的转动轴或者与臂轴线垂直,或者绕臂自身轴线转动(自转),一般用三个"一"隔开的数来表示肩、肘和腕的转动自由度,例如图 8-13 分别表示 2－1－2 及 2－2－3 配置,可以有 a0－b0－d0－e0－f0 和 a0－b0－c0－d0－e0－f0－g0 角度转动。

为了适应当前情况,关节数一般小于 8,目前一般为手动测量机,以最常见的六自由度关节臂测量机为例,它由五部分组成:便于固定在平台上的磁力底座或者移动式三脚架,碳纤维臂身,六个旋转关节及测头系统,平衡机构,控制系统(含电池),有的还配有 WIFI 无线通讯模块。

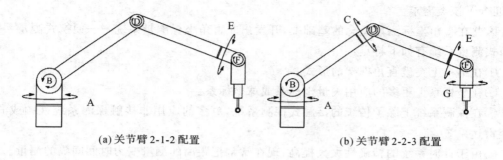

(a) 关节臂 2-1-2 配置   (b) 关节臂 2-2-3 配置

图 8-13　关节臂的配置

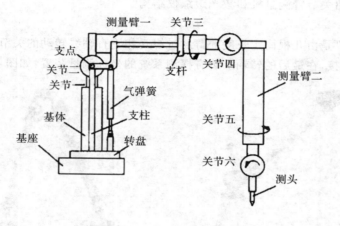

图 8-14　关节臂设备结构

关节臂测量机的底座、测量臂和测头形成的连杆机构通过关节连接在一起,为开环的空间连杆机构。关节的旋转角度通过圆光栅与读数头的相对旋转角得出,每一个空间位置和姿态的测头坐标值是由各连杆机构通过齐次坐标变换计算出来。使用增量型编码器的关节臂测量机每次开机时各轴都需要回零,确立各旋转轴的相对位置。现在已经有了使用绝对编码器的关节臂测量机,开机就可以直接测量。

与桥式坐标测量机相比,关节臂测量机精度有限,测量范围(空间直径)可达 5 米。另外采用软件的方式如蛙跳,硬件的方式如直线导轨来延长关节臂的测量范围。关节臂测量机具有对环境因素的不敏感,以及轻便、对场地占用小的特点,非常适合室外测量和被测工件不便移动的情况,广泛用于车间现场如焊装夹具的测量。

关节臂测量机的标定分为测头标定和全校准。客户端的测头标定可以采用锥形孔,测头放置在校准锥内并与锥孔一直保持最大接触,保持测头的位置不变只改变测量臂的姿态,采集一系列的位姿。全校准需要在特殊的校准工装上以及几何计量室中进行。

2. 无臂便携式三坐标测量系统

无臂便携式三坐标测量体系(如图 8-15 所示)是一台以双位影像跟踪装置配以手持测量光笔进行测量的仪器。测量系统具备特殊的定位装置,除跟踪整个系统的参考模型外,还具有连续图像采集和传输、反射标靶定位、与测头进行无线通信、与计算机之间进行数据交换及处理的功能。可以用它来测量静止目标,跟踪和测量移动目标或它们的组合。

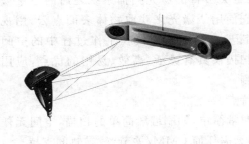

图 8-15　无臂便携式三坐标测量系统结构

操作员可选择使用动态参考模式,这样可在测量过程中同时移动双位影像传感器与待测部件,从而不会影响精度或测量轨迹。该系统尤其适用于现实工作环境与场所,测量无死角,且即时环境产生震动都无需重新校准测头或重建坐标系。

手持、非臂式设备与无线数据传输的特点,使用户可以自由围绕着待测部件移动设备。自动对齐功能可通过反射光靶高速连续互换测量多个部件。手持部件轻便,仅重 450 克,即使长时间作业,也不会产生肌肉和骨骼酸痛。

与其他便携式 CMM 系统相比,无臂便携式三坐标测量系统可提供更大的基础测量范围。此外,可动态扩展测量范围,而不会降低精度 - 无需任何常见的蛙跳,也无需额外对齐设置。操作员移动部件或双位影像传感器后,无需重新校准测头来重新对齐数据,从而减少重建设置,避免误差累积。

图 8-16　无臂便携式三坐标测量系统进行整车测量

无臂便携式三坐标测量系统在超大尺寸工件现场测量中如飞机组装、汽车组装中应用广泛,均可对部件、零件及复杂装配进行检测或逆向工程,同时兼具无与伦比的精度、灵活性和适应性。3D 数据采集速度可达 30 点/秒,单点测量精度达到 25 微米。

3. 手持式扫描仪

手持式扫描仪(抄数机)是便携式测量设备的一种,是继基于三坐标测量机激光扫描系统、继柔性测量关节臂的激光扫描系统之后的三维激光扫描系统。它使用线激光来获取物体表面点云,用视觉标记(圆点标记)来确定扫描仪在工作过程中的空间位置。手持式扫描仪具有灵活、高效、易用的优点,应用于外貌轮廓检测。

图 8-17 手持式扫描仪

该系统特点:

①使用非常简单,如刷墙般简单的扫描,空间无任何自由度限制,无需任何 CMM/关节臂/导轨的支持。

②在 PC 屏幕上同步呈现三维扫描数据,边扫描边调整。可以做到整体 360 度扫描一次成型,同时避免漏扫盲区。

③由于空间无限制无损扫描,成型速度非常快捷。

④光学扫描,不会对实物有任何接触,真正的无损扫描。

图 8-18 手持式扫描仪检测汽车模型

8.4 坐标测量机日常维护与保养

坐标测量机作为一种精密的测量仪器,如果维护及保养做得及时,就能延长机器的使用寿命,并使精度得到保障、故障率降低。坐标测量机的使用注意事项主要分为使用前、使用时、使用后,三个阶段。下面以三坐标测量机为例,简单介绍坐标测量机的使用注意事项。

1. 开机前的准备

(1)三坐标测量机对环境要求比较严格,应按合同要求严格控制温度及湿度;

工作温度要求:

建议温度	18~22℃
24 小时温度变化	2℃
1 小时温度变化	1℃
每立方米温度变化	1℃
湿度环境要求	25%~75%(推荐 30%~70%)

（2）三坐标测量机使用气浮轴承，理论上是永不磨损结构，但是如果气源不干净，有油.水或杂质，就会造成气浮轴承阻塞，严重时会造成气浮轴承和气浮导轨划伤，后果严重。所以每天要检查机床气源，放水放油。定期清洗过滤器及油水分离器。还应注意机床气源前级空气来源，（空气压缩机或集中供气的储气罐）也要定期检查；

气源要求：

供气压力	0.55～0.8MPa
耗气量（最小）	0.14 立方米/分钟
含水	<6 克/立方米
含油	<0.49 克/立方米
微粒大小	<15 微米
微粒浓度	<0.81 克/立方米

（3）三坐标测量机的导轨加工精度很高，与空气轴承的间隙很小，如果导轨上面有灰尘或其他杂质，就容易造成气浮轴承和导轨划伤。所以每次开机前应清洁机器的导轨，金属导轨用航空汽油擦拭（120 或 180 号汽油），花岗岩导轨用无水乙醇擦拭。

（4）切记在保养过程中不能给任何导轨上任何性质的油脂；

（5）定期给光杆、丝杆、齿条上少量防锈油；

（6）长时间不使用测量机时，应做好断电、断气、防尘、防潮工作。重新使用前应做好准备工作，并检查电源、气源、温湿度是否正常。控制室内的温度和湿度（24 小时以上），在南方湿润的环境中还应该定期把电控柜打开，使电路板也得到充分的干燥，避免电控系统由于受潮后突然加电后损坏。然后检查气源、电源是否正常；

电源要求：

输入电压	220V±10％
最大电流	约 6A（控制系统）
	约 6A（标配计算机）
功率	控制柜＋计算机＋打印机（2000W 左右）
	不同的配置，最大功率不同

（7）开机前检查电源，如有条件应配置稳压电源，定期检查接地，接地电阻小于 4 欧姆。

2．工作过程中

（1）被测零件在放到工作台上检测之前，应先清洗去毛刺，防止在加工完成后零件表面残留的冷却液及加工残留物影响测量机的测量精度及测尖使用寿命；

（2）被测零件在测量之前应在室内恒温，如果温度相差过大就会影响测量精度；

（3）大型及重型零件在放置到工作台上的过程中应轻放，以避免造成剧烈碰撞，致使工作台或零件损伤。必要时可以在工作台上放置一块厚橡胶以防止碰撞；

（4）小型及轻型零件放到工作台后，应紧固后再进行测量，否则会影响测量精度；

（5）在工作过程中，测座在转动时（特别是带有加长杆的情况下）一定要远离零件，以避免碰撞；

（6）在工作过程中如果发生异常响声或突然应急，切勿自行拆卸及维修。

3. 操作结束后

（1）请将 Z 轴移动到下方，但应避免测尖撞到工作台，测座角度旋转到 A90 的位置；

（2）工作完成后要清洁工作台面；

（3）检查导轨，如有水印请及时检查过滤器；

（4）工作结束后将机器总气源关闭。

习　题

1. 简述三坐标测量机的测量原理。

2. 与传统测量技术相比，坐标测量有何优势？

3. 常见的测量机结构形式有什么，简述各机构形式的及优缺点。

4. 简述测量机检测操作注意事项。

5. 简述气路的维护对测量机整体有何影响。

第 9 章　直角坐标测量系统组成

本章学习的主要目的和要求：

1. 了解直角坐标测量的系统组成基本知识；
2. 了解坐标检测设备各系统组成的功能。

9.1　坐标测量系统的基本结构

随着现代汽车工业、航空航天、船舶行业以及机械制造工业的突飞猛进，坐标检测已经成为企业的常规检测手段。特别是一些外资和跨国企业，因为国家技术性贸易壁垒条款，尤为强调产品的第三方认证，所有出厂产品必须提供有效检测资格方出具的检测报告。可以这么说，坐标检测对于加工制造业越来越重要。

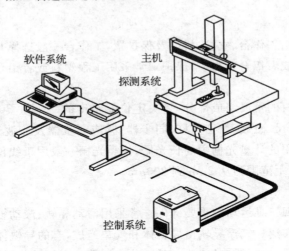

图 9-1　坐标测量系统的组成

对于坐标测量系统的机构组成，根据坐标测量机的工作模式情况，如图 9-1 所示，不难看出，坐标测量系统主要包括以下结构：主机，探测系统，控制系统，软件系统。

9.2　坐标测量机主机

坐标测量机主机，也即测量系统的机械主体，为被测工件提供相应的测量空间，并携带探测系统（测头），按照程序要求进行测量点的采集。

主机的结构主要包括代表笛卡尔坐标系的三个轴及其相应的位移传感器和驱动装置、含工作台、立柱、桥框等在内的机体框架。

坐标测量机的主机结构如图 9-2 所示。

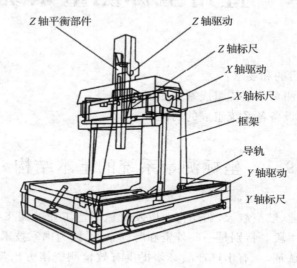

图 9-2　坐标测量机主机机构

1. 框架结构

机体框架主要包括工作台、立柱、桥架及保护罩，工作台一般选择花岗岩材质，立柱和桥框一般可选择花岗岩或者铝合金材质，保护罩常采用工程塑料或者铝合金材质。

2. 标尺系统

标尺系统是测量机的重要组成部分，是决定仪器精度的一个重要环节。所用的标尺系统包括有线纹尺、光栅尺、磁尺、精密丝杠、同步器、感应同步器及光波波长等。坐标测量机一般采用测量几何量用的计量光栅中的长光栅，该类光栅一般用于线位移测量，是坐标测量机的长度基准，刻线间距范围为从 $2\mu m$ 到 $200\mu m$。

3. 导轨

导轨是测量机实现三维运动的重要部件。常采用滑动导轨、滚动轴承导轨和气浮导轨，而以气浮静压导轨较广泛。气浮导轨由导轨体和气垫组成，有的导轨体和工作台合二为一。气浮导轨还应包括气源、稳定器、过滤器、气管、分流器等一套气动装置。

4. 驱动装置

驱动装置是测量机的重要运动机构，可实现机动和程序控制伺服运动的功能。在测量机上一般采用的驱动装置有丝杠螺母、滚动轮、光轴滚动轮、钢丝、齿形带、齿轮齿条等传动，并配以伺服马达驱动，同时直线马达也正在增多。

5. 平衡部件

平衡部件主要用于 Z 轴框架结构中，其功能是平衡 Z 轴的重量，以使 Z 轴上下运动时无偏重干扰，使检测时 Z 向测力稳定。Z 轴平衡装置有重锤、发条或弹簧、汽缸活塞杆等类型。

6. 转台与附件

转台是测量机的重要元件,它使测量机增加一个转动的自由度,便于某些种类零件的测量。转台包括数控转台、万能转台、分度台和单轴回转台等。

坐标测量机的附件很多,视测量需要而定。一般指基准平尺、角尺、步距规、标准球体、测微仪以及用于自检的精度检测样板等。

9.2.1 标尺系统

标尺系统,也称为测量系统,直接影响坐标测量机的精度、性能和成本。不同的测量系统,对坐标测量机的使用环境也有不同的要求。

测量系统可以分为机械式测量系统、光学式测量系统和电气式测量系统。其中,使用最多的是光栅,其次是感应同步器和光学编码器。对于高精度测量机可采用激光干涉仪测量系统。

图 9-3　光栅尺元件

光栅的种类很多,在玻璃表面上制有透明盒不透明间隔相等的线纹,称为透射光栅;在金属镜面上制成全反射或漫反射并间隔相等的线纹,称为反射光栅;也可以把线纹做成具有一定衍射角度的光栅。

光栅测量是由一个定光栅和一个动光栅合在一起作为检查元件,靠它们产生的莫尔条纹来检查位移值。通常,长光栅尺安装在测量机的固定部件上,称为标尺光栅。短光栅尺(指示光栅)的线纹与标尺光栅的线纹保持一定间隙,并在自身平面内转一个很小角度 θ。当光源照射时,两光栅之间的线纹相交,组成一条条黑白相间的条纹,称为"莫尔条纹",如图 9-4 所示。若光栅尺的栅距为 W,则莫尔条纹节距为

$$B=\frac{W}{2\sin(\theta/2)}\approx\frac{W}{\theta} \tag{9-1}$$

由于 θ 通常很小,因此莫尔条纹就有一种很强的放大作用。标尺光栅与指示光栅每相对移动一个栅格,莫尔条纹便移动一个节距。莫尔条纹是由大量(数百条)的光栅刻线共同形成的,因此它对光栅的刻线误差有平均作用,从而提高了位移检测的精度。

光栅读数系统的基本工作原理如图 9-5 所示。标尺光栅固结在测量机的固定部件上,光栅读数投固结在移动部件上。光栅读数头由光源、指示光栅和光电元件组成。由光源发出的平行光束,将标尺光栅与指示光栅照亮,形成莫尔条纹。光电元件将莫尔条纹的亮暗转

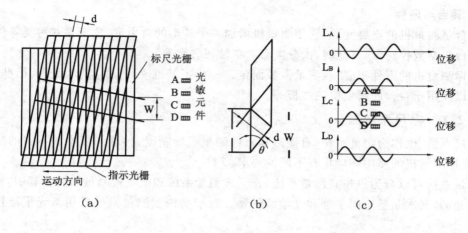

图 9-4 莫尔条纹

换成电信号。若采用细分电路,即在莫尔条纹变化一个周期内,发出若干个细分脉冲,则可读出光栅头移动一个栅距内的信号。采用可逆计数器记录发出的脉冲数。计数器所计的数代表光栅头的位移量,光栅头向不同方向移动,则可逆计数器按不同方向计数。

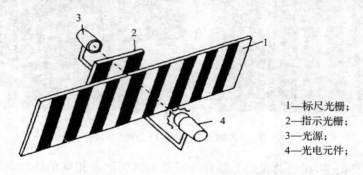

1—标尺光栅;
2—指示光栅;
3—光源;
4—光电元件;

图 9-5 光栅读数系统的工作原理

9.2.2 主机结构材料

坐标测量机的结构材料对其测量精度、性能有很大影响,随着各种新型材料的研究、开发和应用,坐标测量机的结构材料也越来越多,性能也越来越好。常用的结构材料主要有以下几种。

1. 铸铁

铸铁是应用较为普遍的一种材料,主要用于底座、滑动与滚动导轨、立柱、支架、床身等。它的优点是变形小、耐磨性好、易于加工、成本较低、线膨胀系数与多数被测件(钢件)接近,是早期坐标测量机广泛使用的材料。至今在某些测量机,如画线机上仍主要用铸铁材料。但铸铁也有缺点,如易受腐蚀,耐磨性低于花岗石,强度不高等。

2. 钢

钢主要用于外壳、支架等结构,有的测量机底座也采用钢,一般常用低碳钢。钢的优点是刚性和强度好,可采用焊接工艺,缺点是容易变形。

3．花岗石

花岗石比钢轻，是目前应用较为普遍的一种材料。花岗石的主要优点是变形小、稳定性好、不生锈，易于做平面加工并达到比铸铁更高的平面度，适合制作高精度的平台和导轨。

花岗石存在不少缺点，只要是：虽然可以用黏接的方法制成空心结构，但较麻烦；实心结构质量大，不易加工，特别是螺纹孔和光孔难以加工；不能将磁性表架吸附到其上；造价高于铸铁；材质较脆，粗加工时容易崩边；遇水会产生微量变形等。因此，使用中应注意防水防潮，禁止用混水的清洗剂擦拭花岗石表面。

4．陶瓷

陶瓷是近年来发展较快的材料之一。它是将陶瓷材料压制成形后烧结，在研磨而得。其特点是多孔、质量轻、强度高、易加工、耐磨性好、不生锈。陶瓷的缺点是制作设备造价高、工艺要求也比较高，而且毛坯制作复杂，所以使用这种材料的测量机不多。

5．铝合金

坐标测量机主要是使用高强度铝合金，这是近几年发展最快的新型材料。铝材的优点是质量轻、强度高、变形小、导热性能好，并且能进行焊接，适合做测量机上的许多零部件。应用高强度铝合金是目前的主要趋势。

总体来说，坐标测量机结构材料的发展经历了由金属到陶瓷、花岗石，再由这些自然材料发展到铝合金的过程。现在，各种合成材料的研究也在深入进行，德国 Zeiss、英国 LK 及 Tarus 公司均开始采用碳素纤维作结构件。随着对精度要求的不断提高，对材料的性能要求也越来越高。可以看出，坐标测量机的结构材料正向着质量轻、变形小和易加工的方向发展。

9.3　控制系统

控制系统在坐标测量过程中的主要功能体现在：读取空间坐标值，对测头信号进行实时响应与处理，控制机械系统实现测量所必需的运动，实时监测坐标测量机的状态以保证整个系统的安全性与可靠性，有的还对坐标测量机进行几何误差与温度误差补偿以提高测量机的测量精度。

控制系统按照自动化程度可以分为手动型、机动型及数控型 CNC(Computer Numerical Control)三种类型。

手动型和机动型控制系统主要完成空间坐标值的监控与实时采样，主要用于经济型的小型测量机。手动型控制系统结构简单，机动型控制系统则在手动型基础上添加了对测量机三轴电机、驱动器的控制，机动型控制系统是手动和数控型控制系统的过渡机型。

数控型控制系统的测量过程是由计算机控制的，它不仅可以实现全自动点对点触发和模拟扫描测量，也可像机动控制系统那样通过操纵盒摇杆进行半自动测量，随着计算机技术及数控技术的发展，数控型控制系统的应用意味着整个测量机系统获得更高的精度、更高速度、更好的自动化和智能化水平。

按照应用的控制系统类型分类，相应的坐标测量机可分为：手动型、机动型及 CNC 数控型三种类型。早期的坐标测量机以手动型和机动型为主，随着计算机技术及数控技术的发展,象征高精度、高速度、高自动化水平和智能化水平的数控 CNC 型控制系统变得日益普及。

1. 手动型测量机

手动控制系统主要包括坐标测量系统、测头系统、状态监测系统等,如图 9-6 所示。

坐标测量系统是将 X、Y、Z 三个方向的光栅信号经过处理后,送入计数器,CPU 读取计数器中的脉冲数,计算出相应的空间位移量。

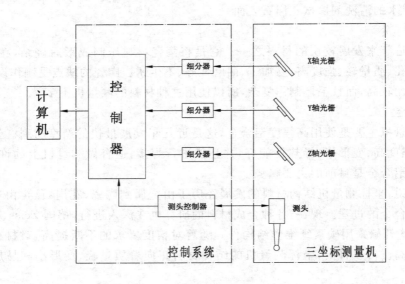

图 9-6　手动型测量机工作原理

手动型测量机的操作方式体现在:手动移动测头去接触工件,测头发出的信号用作计数器的锁存信号和 CPU 的中断信号;锁存信号将 X、Y、Z 三轴的当前光栅数值记录下来,CPU 在执行中断服务程序时,读取计数器中的锁存值,这样就完成了一个坐标点的采集。计算机通过这些坐标点数据分析计算出工件的形状误差和位置误差。

随着半导体技术与计算机技术的发展,可将光栅信号接口单元、测头控制单元、状态监测单元等集成在一块 PCI 或 ISA 总线卡上,直接插入计算机中或专用的控制器,使得系统可靠性提高,成本降低,便于维护,易于开发。

手动坐标测量机结构简单、成本低,适合于对精度和效率要求不是太高、而要求低价格的用户。

2. 机动型测量机

机动控制系统与手动型控制系统比较,机动型控制系统增加了电机、驱动器和操纵盒。测头的移动不再需要手动,而是用操纵盒通过电机来驱动。电机运转的速度和方向都通过操纵盒上手操杆偏摆的角度和方向来控制。

机动型控制系统主要是减轻了操作人员的体力劳动强度,是一种过渡机型,随着 CNC 系统成本的降低,机动型测量机目前采用得很少。

3. 数控型测量机

数控型测量机的测量过程是由计算机通过测量软件进行控制的,它不仅可以实现利用测量软件进行自动测量、自学习测量、扫描测量,也可通过操纵杆进行机动测量。

数控型测量机工作的原理图如图 9-7 所示,数控型测量系统通过接收来自软件系统所发出的指令,控制测量机主机的运动和数据采集。

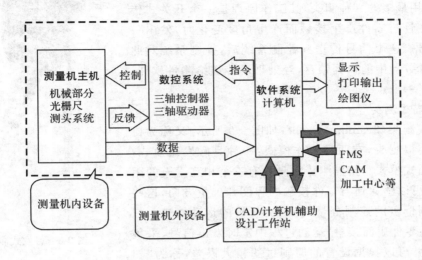

图 9-7　CNC 型测量机的工作原理图

数控型坐标测量机除了在 X、Y、Z 三个方向装有三根光栅尺及电机、传动等装置外,具有了以控制器和光栅组成的位置环;控制器不断地将计算机给出的理论位置与光栅反馈回来的实测位置进行比较,通过 PID 参数的控制,随时调整输出的驱动信号,努力使测量机的实际位置与计算机要求的理论位置。

由于实现了自动测量,大大提高了工作效率,特别适合于生产线和批量零件的检测。由于排除了人为因素,可以保证每次都以同样的速度和法矢方向进行触测,从而使得测量精度得到很大提高。

9.4　探测系统

探测系统是由测头及其附件组成的系统,测头是测量机探测时发送信号的装置,它可以输出开关信号,亦可以输出与探针偏转角度成正比的比例信号,它是坐标测量机的关键部件,测头精度的高低很大程度决定了测量机的测量重复性及精度;不同零件需要选择不同功能的测头进行测量。

坐标测量机是靠测头来拾取信号的,其功能、效率、精度均与测头密切相关。没有先进的测头,就无法发挥测量机的功能。测头的两大基本功能是测微(即测出与给定标准坐标值的偏差量)和触发瞄准并过零发信号。

按结构原理,测头可分为机械式、光学式和电气式等。其中,机械式主要用于手动测量;光学式多用于非接触测量;电气式多用于接触式的自动测量。

按测量方法,测头根据其功能可以分为触发式、扫描式、非接触式(激光、光学)等。

1. 触发式测头

触发式测头（Trigger Probe，如图 9-8 所示）又称为开关测头，是使用最多的一种测头，其工作原理是一个开关式传感器。当测针与零件产生接触而产生角度变化时，发出一个开关信号。这个信号传送到控制系统后，控制系统对此刻的光栅计数器中的数据锁存，经处理后传送给测量软件，表示测量了一个点。

2. 扫描式测头

扫描式测头（Scanning Probe，如图 9-9 所示）又称为比例测头或模拟测头，有两种工作模式：一种是触发式模式，一种是扫描式模式。扫描测头本身具有三个相互垂直的距离传感器，可以感觉到与零件接触的程度和矢量方向，这些数据作为测量机的控制分量，控制测量机的运动轨迹。扫描测头在与零件表面接触、运动过程中定时发出信号，采集光栅数据，并可以根据设置的原则过滤粗大误差，称为"扫描"。扫描测头也可以触发方式工作，这种方式是高精度的方式，与触发式测头的工作原理

图 9-8　触发式测头

不同的是它采用回退触发方式。

3. 非接触式（激光、光学）测头

非接触式测头（Non-Contact Probe，如图 9-10 所示）不需与待测表面发生实体接触的探测系统，例如光学探测系统、激光扫描探测系统等。

图 9-9　扫描式测头

图 9-10　非接触式测头

在三维测量中，非接触式测量方法由于其测量的高效性和广泛的适应性而得到了广泛的研究，尤其是以激光、白光为代表的光学测量方法更是备受关注。根据工作原理的不同，光学三维测量方法可被分成多个不同的种类，包括摄影测量法、飞行时间法、三角法、投影光

栅法、成像面定位方法、共焦显微镜方法、干涉测量法、隧道显微镜方法等。采用不同的技术可以实现不同的测量精度,这些技术的深度分辨率范围为 $10^3 \sim 10^6 \mathrm{mm}$,覆盖了从大尺度三维形貌测量到微观结构研究的广泛应用和研究领域。

4. 测座

图 9-11 所示。测座控制器可以用命令或程序控制并驱动自动测座的旋转到指定位置。手动的测座只能由人工手动方式旋转测座。

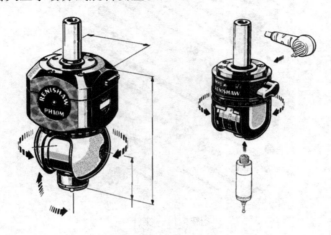

图 9-11　测座

5. 附件

(1)加长杆和探针(如图 9-12):适于大多数检测需要的附件。可确保测头不受限制的对工件所有特征元素进行测量,且具测量较深位置特征的能力。

(2)测头更换架(图 9-13):对测量机测座上的测头/加长杆/探针组合进行快速、可重复的更换。可在同一的测量系统下对不同的工件进行完全自动化的检测,避免程序中的人工干预,提高测量效率。

图 9-12 加长杆和探针

图 9-13　测头更换架

9.4.1　探针及其功能说明

探针是坐标测量机的重要部分,主要用来触测工件表面,使得测头的机械装置移位,产生信号触发并采集一个测量数据。测头与探针的选择和使用在工业测量中发挥着重大作用，是非常关键的要素。在实际的测量过程中，对探针的正确选择是一门非常重要的课题，如果使用的测球球度差、位置不正、螺纹公差大，或因设计不当使测量时产生过量的绕度变形，则很容易降低测量效果。

图 9-14　探针

随着工业发展，面对千变万化而又复杂的加工件要求日益提高，精度检验的要求就更加严苛。为保证检测精度，减少量测结果影响因素，坐标测量提供不同探针类型，为适应不同零件外形的检测需要，如图 9-14 所示。

1. 探针基本概念

一般的探针都是由一个杆和红宝石球组成。

探针几个主要的术语：A：探针直径；B：总长；C：杆直径；D：有效工作长度（EWL）。

总长：指的是从探针后固定面到测尖中心的长度。

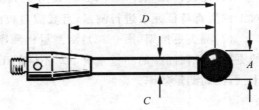

图 9-15　探针示意图

有效工作长度（EWL）：指的是从测尖中心到与一般测量特征发生障碍的探针点的距离。

被测工件的外型特征将决定要采用的探针类型和大小，在所有情况下探针的最大刚度和测球的球度至关重要。在测量过程中，要求探针的刚性和测尖的形状都达到尽可能最佳的程度。

大多数探针的测尖是一个球头，最常见的材料是人造红宝石。探针球头材质除红宝石外，还有氮化硅、氧化锆、陶瓷和碳化钨。在扫描应用中最为明显，如以红宝石探针来扫描铝材或铸铁，两种材料之间的相互作用会产生对红宝石测球表面的"粘附磨损"。因此，建议使用氮化硅探针来扫描铝材工件或使用氧化锆探针来扫描铸铁工件，以避免粘附磨损现象。

测杆的材料考虑也非常重要。测杆必须设计具有最大的刚性，确保在测量过程中将弯曲量降至最低。除最基本的不锈钢外，对于需要大刚度的小直径杆或超长杆使用碳化钨杆是最好的选择，而陶瓷探针杆所具有的刚性优于钢探针杆，但重量远比碳化钨轻。

采用陶瓷杆的测头因发生碰撞时探针杆会破碎,因此探针对测头有额外的碰撞保护作用。另外重量极低的碳纤维是一种惰性材料,这种特性与特殊树脂基体相结合,在大多数极恶劣的机床环境下具有优异的防护作用。它是高精度应变仪片式测头的最佳探针杆材料,具有优异的减振性能和可忽略不计的热膨胀系数。

为保证一定的测量精度,在对探针的使用上,基本可遵循如下探针选择的原则:

(1)尽可能选择短的探针:因为探针越长弯曲或变形量越大,精度越低。

(2)尽可能减少探针组件数:每增加一个探针与探针杆的连接,便增加了一个潜在的弯曲和变形点。

(3)尽可能选用测球直径越大的探针:一是这样能增大测球/探针杆的距离,从而减少由于碰撞探针杆所引起的误触发;其次,测球直径越大,被测工件表面粗糙度的影响越小(尤其是在扫描的应用中更明显)。

(4)用很长的探针/加长杆组合进行检查时,建议不要选择标准的三点机械式定位触发式测头,因为其刚性低,会因探针的弯曲造成精度丧失,高精度应变仪片式测头是较佳的选择。

(5)当组装探针配置时,需要参考测头制造商指定的最大容许探针长度与重量。

2. 探针的类型介绍

(1)球形探针(Ball Stylus)

球形探针的用途及特征:多用于尺寸、形位、坐标测量等多样检测;球直径一般为0.3～8.0mm;材料主要使用硬度高,耐磨性强的工业用红宝石。

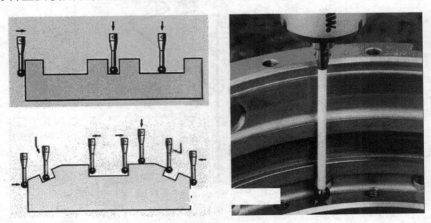

图 9-16　球形探针

(2)星形探针(Star Stylus)

星形探针的用途及特征:用于多形态的多样工件测量;同时校正并使用多个探针,所以可以使探针运动最小化,并测量侧面的孔或槽等;使用和球形探针一样的方法进行校正。

(3)圆柱形探针

圆柱形探针的用途及特征:适用于利用圆柱形的侧面,测量薄断面间的尺寸、曲线形状或加工的孔等;只有圆柱形的断面方向的测量有效,轴方向上测量困难的情况很多(圆柱形的底部分加工成和圆柱形轴同心的球模样时,在轴方向上的测量也可能);使用圆柱形探针

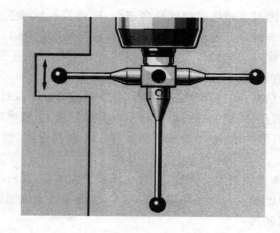

图 9-17　星形探针

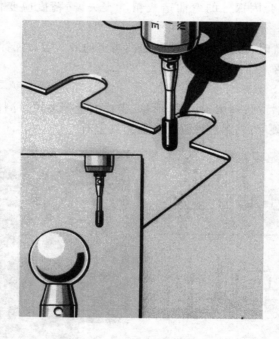

图 9-18　圆柱形探针

整体(高度)时,圆柱形轴和坐标测量机轴要一致(一般最好在同一断面内进行测量)。

(4)盘形探针(Disk Probe)

盘形探针的用途及特征:在球的中心附近截断做成的盘模样的探针,盘形断面的形状因为是球,所以校正原理和球形探针相同。利用外侧直径部分或厚度部分进行测量。适用于测量瓶颈面间的尺寸、槽的宽或形状等的,利用环规校正较便利。

(5)点式探针

点式探针　盘形探针的用途及特征:用于测量精密度低的螺丝槽,标示的点或裂纹划痕等,比起使用具有半径的点式探针的情况,可能精密的进行校正,用于测量非常小的孔的位置等。

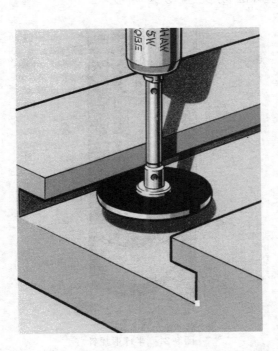

图 9-19　盘形探针

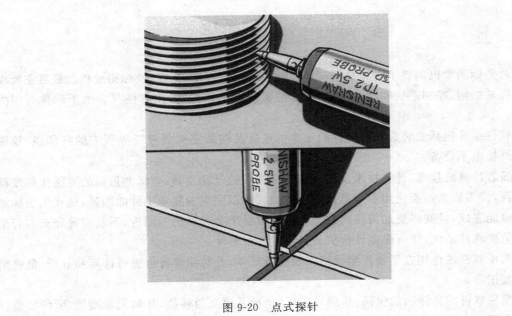

图 9-20　点式探针

（6）半球形探针

半球形探针的用途及特征：用于测量深处的形状特征和孔等，表面粗糙的工件的测量也有效。

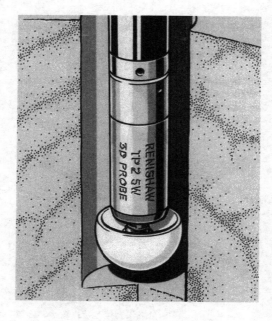

图 9-21　半球形探针

9.5　软件系统

对坐标测量机的要求主要是精度高、功能强、操作方便,其中,坐标测量机的精度主要取决于机械结构、控制系统和测头,而功能则主要取决于软件,操作方便与否也于软件有很大关系。

软件系统包括安装有测量软件的计算机系统及辅助完成测量任务所需的打印机、绘图仪等外接电子设备。

随着计算机技术、计算技术及几何量测试技术的迅猛发展,坐标测量机的智能化程度越来越高,许多原来需要使用专用量仪才能完成或难以完成的复杂工件的测量,现代的坐标测量机也能完成,且变得更加简便高效。先进的教学模型和算法的涌现,不断完善和充实着坐标测量机软件系统,使得误差评价更具科学性和可靠性。

测量软件的作用在于指挥测量机完成测量动作,并对测量数据进行计算和分析,最终给出测量报告。

测量软件的具体功能包括:从探针校正、坐标系建立与转换、几何元素测量、形位公差评价一直到输出检测报告等全测量过程,及重复性测量中的自动化程序编制和执行,此外,测量软件还提供统计分析功能,结合定量与定性方法对海量测量数据进行统计研究,用以监控生产线加工能力或产品质量水平。

坐标测量机软件系统从表面上看五花八门,但本质上可以归纳为两种,一种是可编程式,另一种是菜单驱动式。

根据软件功能的不同,坐标测量机软件可分为以下几种。

（1）基本测量软件

基本测量软件是坐标测量机必备的最小配置软件。它负责完成整个测量系统的管理，包括探针校正、坐标系的建立与转换、输入输出管理、基本几何要素的尺寸与几何精度测量等基本功能。

（2）专用测量软件

专用测量软件是针对某种具有特定用途的零部件的测量问题而开发的软件。如齿轮、转子、螺纹、凸轮、自由曲线和自由曲面等测量都需要各自的专用测量软件。

（3）附加功能软件

为了增强坐标测量机的功能和用软件补偿的方法提高测量精度，坐标测量机中还常有各种附加功能软件，如附件驱动软件、统计分析软件、误差检测软件、误差补偿软件、CAD 软件等。

根据测量软件的作用性质不同，可分为：

（1）控制软件

对坐标测量机的 X，Y，Z 三轴运动进行控制的软件为控制软件，包括速度和加速度控制、数字 PID 调节、三轴联动、各种探测模式（如点位探测、自定中心探测和扫描探测）的测头控制等。

（2）数据处理软件

对离散采样的数据点的集合，用一定的数学模型进行计算，以获得测量结果的软件称为数据处理软件。

至今为止，坐标测量机软件的发展经历了三个重要阶段：

第一阶段是 DOS 操作系统及其以前的时期，测量软件能够实现坐标找正、简单几何要素的测量、形位公差和相关尺寸计算。

第二阶段是 Windows 操作系统时代，这一阶段，计算机的内存容量和操作环境都有了极大的改善，测量软件在功能的完善和操作的友好性上有了飞跃性的改变，大量地采用图标和窗口显示，使功能调用和数据管理变得异常简单。

第三阶段应该是从上世纪末开始，毫不夸张地讲，这是一次革命性的改变，它以将 CAD 技术引入到测量软件为标志。

测量软件使用 CAD 数模，是受 CAD/CAM 的影响，也是制造技术发展的必然结果。基于 CAD 数模编程大大提高了零件编程技术，它的极大优势是可以作仿真模拟，既可以检查测头干涉，也验证了程序逻辑和测量流程的正确性。CAD 数模编程既不需要测量机也不需要实际工件，这将极大的提高测量机的使用效率或有效利用时间。对于生产线上使用的测量机，这就意味着投资成本的降低。CAD 数模编程可以在零件投产之前即可完成零件测量程序的编制。

坐标测量系统由德国 PTB 认证通过的测量软件包括：Rational-DMIS（爱科腾瑞）、METROLOG（法国）、Calypso（蔡司）、PC-DMIS（海克斯康）、Merosoft CM（温泽）、CAM2 Q（法如）等等。

随着工业自动化、智能化、数字化及网络化水平的提高，目前测量软件系统的概念已经得到外延。除了传统意义上的测量软件功能，当代的先进测量软件系统，已经发展到无纸化测量和全自动无人干预程序编制，发展到自定制报告的网络化实时传输，发展到安全封装测

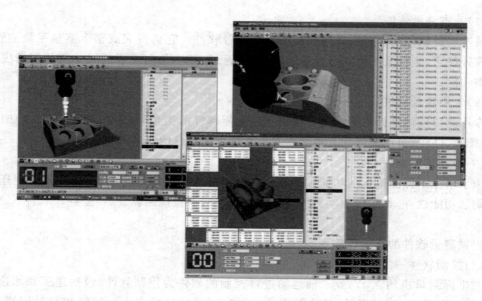

图 9-22　Rational-DMIS 软件界面

量核心软件、监控测量设备和测量人员、简化测量操作至"一键"即开的先进测量管理理念。当然,这种技术目前仅掌握在测量行业的龙头企业手中。

在今后相当长的一段时间内,软件系统将成为坐标测量机技术发展最快、发展空间最大的一个部分。

习　　题

1. 完整坐标测量机由哪几部分组成?
2. 探测系统中,测头的分类有什么? 简述不同类型测头特点。
3. 常见的探针有什么,简述各形式的特点。

第 10 章　测量坐标系

本章学习的主要目的和要求：

1. 了解坐标系的概念及各自的特点；
2. 了解坐标测量机中建立坐标系的方法。

10.1　坐标系认知

10.1.1　坐标系及矢量

1. 坐标系的定义及分类

坐标系的理解可从生活实例中体会，比如，测量墙的高度时，是沿着和地面垂直的方向进行测量的，而不是与地面倾斜一定角度进行测量。其实已经利用地面建立一个坐标系，该坐标系的方向是垂直于地面的。墙体的高度是沿着垂直方向测量所得，墙体的高度就是由地面开始计算的。同样道理，在测量一个工件时也必须要建立一个参考方向。

在参照系中，为确定空间一点的位置，按规定方法选取的有次序的一组数据，这就叫做"坐标"。在某一问题中规定坐标的方法，就是该问题所用的坐标系。

一条正向的直线称为轴，加入刻度后称为数轴，可以表示点的一维位置。二维的直角坐标系是由两条相互垂直、0 点重合的数轴构成的。两条互相垂直的数轴，分别指定这两条数轴的正向，把两数轴的交点称为原点，形成一个平面直角坐标系如图 10-1 所示。平面坐标系可分为四个象限，用不同符号组合，可以表示点在各象限的位置。

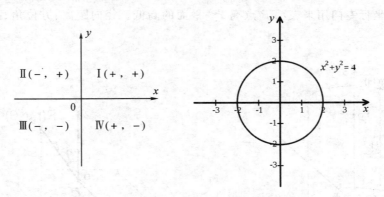

图 10-1　平面直角坐标系(2D)

在平面内，任何一点的坐标是根据数轴上对应的点的坐标设定的。在平面内，任何一点与坐标的对应关系，类似于数轴上点与坐标的对应关系。采用直角坐标，几何形状可以用代数公式明确地表达出来。几何形状的每一个点的直角坐标必须遵守这代数公式。例如，一个圆圈，半径是 2，圆心位于直角坐标系的原点。圆圈可以用公式表达为 $x^2 + y^2 = 4$。

在原本的二维直角坐标系，再添加一个垂直于 x 轴，y 轴的坐标轴，称为 z 轴。三条互相垂直的坐标轴和三轴相交的原点，构成三维空间坐标系。空间的任意一点投影到三轴就会有三个相应的数值，有了三轴相应数值，就对应空间点，即把点数字化描述。如图 10-2 所示，空间坐标系有 8 个褂限，用不同正负号组合可以分辨出点的空间所在的褂限和位置。有三个工作（投影）平面 XY、YZ、XZ 可以进行点（元素）的投影。

除了使用直角坐标值表示点的坐标位置外，还可以使用极坐标值表示点的坐标位置。

在平面内由极点、极轴和极径组成的坐标系。在平面上取定一点 O，称为极点。从 O 出发引一条射线 OX，称为极轴。

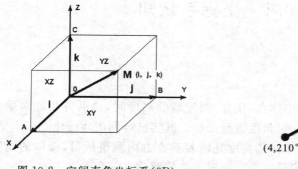

图 10-2　空间直角坐标系(3D)　　　　图 10-3　极坐标

取定一个长度单位，通常规定角度取逆时针方向为正。这样，平面上任一点 P 的位置就可以用线段 OP 的长度 ρ 以及从 OX 到 OP 的角度 θ 来确定，有序数对 (ρ, θ) 就称为 P 点的极坐标，记为 $P(\rho, \theta)$；ρ 称为 P 点的极径，θ 称为 P 点的极角。当限制 $\rho \geqslant 0, 0 \leqslant \theta < 2\pi$ 时，平面上除极点 O 以外，其他每一点都有唯一的一个极坐标。极点的极径为零时，极角任意。

如图 10-4 所示，圆柱坐标系是一种三维坐标系统。它是二维极坐标系往 z 轴的延伸。添加的第三个坐标专门用来表示 P 点离 xy-平面的高低。径向距离、方位角、高度，分别标记为 ρ, ϕ, H。

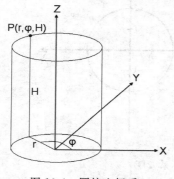 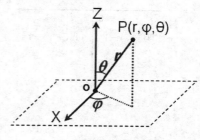

图 10-4　圆柱坐标系　　　　图 10-5　球坐标系

如图 10-5 所示,球坐标系,用以确定三维空间中点、线、面以及体的位置,它以坐标原点为参考点,由方位角、仰角和距离构成。是运用坐标(ρ,ϕ,θ)扩展为三维,其中 ρ 是距离球心的距离,ϕ 是距离 z 轴的角度(称作余纬度或顶角,角度从 0 到 180°),θ 是距离 x 轴的角度(与极坐标中一样)。

2. 矢量定义

矢量指一个同时具有大小和方向的几何对象,因常常以箭头符号标示以区别于其他量而得名。直观上,矢量通常被标示为一个带箭头的线段(如图 10-6)。线段的长度可以表示矢量的大小,而矢量的方向也就是箭头所指的方向。

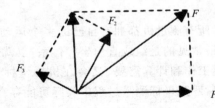

图 10-6 矢量合成与分解

在测量时,为了表示被测元素在空间坐标系中的方向引入矢量这一概念。如上图 10-2 所示,当长度为"1"的空间矢量投影到空间坐标系的三个坐标轴上时,相对应有三个投影矢量。这三个投影矢量的数值与对应轴分别为 i、j、k。当空间矢量相对坐标系的方向发生改变时,其投影在坐标轴上的投影矢量的数值就发生相应的变化,即投影矢量的数值反映了空间矢量在空间坐标系中的方向。

10.1.2 测量机的坐标系

在传统测量中,大部分尺寸都需要事先将零件进行物理找正,可认为是将零件摆平放正。如图 10-7 使用高度卡尺测量阶梯形零件时,台阶面到零件底平面的距离就将零件的底平面和高度卡尺的基座基准面放在同一个平板上进行测量,实际上就是利用平板的工作面对零件和高度卡尺在测量方向上进行物理找正,此时零件必须是竖直装夹。

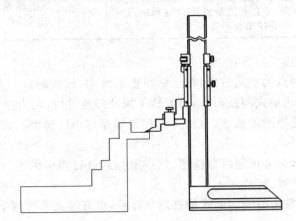

图 10-7 高度卡尺测量距离

在测量复杂零件时,物理找正需要制作专用的夹具而且需要花费大量的时间进行调试,这样就增加了生产成本,效率低。

使用坐标测量机测量该零件,可以不进行物理找正。将零件平放在测量机工作台的任意方向,只需要将零件的底平面测量出来,通过测量软件的坐标系功能,将底平面建立为坐标系的一个轴向,假设为 X 轴,我们就可以直接在台阶面上测量点,每一个点的 X 坐标值就是该点(或台阶面)到底平面的距离。坐标测量建立坐标系的过程称为零件的数学找正。

随着机械加工技术的发展,对零件检测的要求也越来越高,特别是大批量零件的检测,对检测效率和检测精度有极高的要求,这也明确地对坐标测量机的性能提出了要求,即高精度、高效率、自动化。要让坐标测量机达到这一要求,高精度的零件坐标系是必不可少的一部分。零件坐标系正确与否,直接影响到测量特征的正确性以及距离、夹角和形位公差的计算。

所有测量机都拥有自己的多个运动轴线,将这些轴线的有效组合,形成一个空间的轴系,最常见的是组成直角坐标体系,也就是构成所谓的机器坐标系。而在实际工作时,为了方便工作和计算需要,又会在机器坐标系下设置若干与机器坐标系有关的坐标系。如表10-1,罗列坐标测量过程中实际可能存在的几种测量坐标系及其用途。

表 10-1 测量坐标系的种类与功能

序号	坐标系名称	坐标系的功能	数量	备注
1	机器坐标系	也称作世界坐标系。是测量机固有的坐标体系,测量机的移动控制、测量操作与测量数值存贮是指这个坐标系下进行的	一个	每台坐标测量机一个,在开机后通过"回零"操作建立
2	工件坐标系	根据测量和评定工作需要,使用工件上几何要素、相关的几何要素或坐标变换操作建立的虚拟坐标系	多个	根据工件测量需要建立,可相互切换使用
3	工作坐标系	也称为基本坐标系、当前坐标系,属工件坐标系中的一个,用以描述和控制当前的测量操作	一个	不同的工作须在相应的坐标系下进行,这一点使用时须注意
4	编程坐标系	也称为启动坐标系或粗定位坐标系,是自动测量程序编制和运行时的虚拟坐标系	一个	该坐标系将简化自动测量程序启动前的工件快速定位操作

这些坐标系的用途主要有:

(1)描述设备控制点的空间位置,在坐标测量系统中,该控制点一般为探测轴或探测系统上的某一点。对于接触式测量而言,当安装了探针并校准后,则为探针针尖的球心点。

(2)被测工件理论模型的描述,包括工件理论模型(CAD模型)、理论测量点、理论被测几何要素等。

(3)实测点及实际测量评定信息描述,包括坐标测量过程中的实测点坐标、拟合后的被测要素,误差评定结果等。

坐标测量系统最常用的表达形式是直角坐标系,也有像关节臂测量机、激光跟踪仪等设备使用球坐标系。

10.2 零件评定基准

10.2.1 零件测量坐标系

工件的几何尺寸公差与几何公差的评定都是在规定的基准坐标体系下进行的。这些测量评定的坐标体系就是误差评定的条件之一。坐标测量过程,零件的评定基准就是通过零件自身的特征建立,即零件测量坐标系。

零件上通常都有许多不同类型的特征,利用至少三个就可以建立一个坐标系。但是,零件在加工后每一个加工的特征都存在不同的形状误差,特征之间存在不同的位置误差,当我们使用不同的特征建立坐标系时,实际得到的是不同的坐标系,从而导致测量结果不准确。这里通过孔位置度的评定实例说明坐标系的基准影响。

如图 10-8 中,A 和 B 理论上都是直线且夹角为 90 度。受加工精度的影响,而实际加工,直线 A 和直线 B 实际夹角不为 90 度。

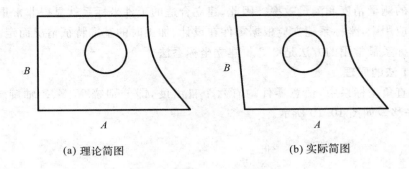

(a) 理论简图   (b) 实际简图

图 10-8 样例零件

假设用上平面作为坐标系第一个轴向 Z 正,以直线 A 和直线 B 的交点 O 作为坐标系原点。如果用直线 A 的方向作为坐标系的第二个轴向,此时直线 B 不参与坐标系方向的建立,得到坐标系为 XOY;如果用直线 B 的方向作为坐标系第二个轴向,此时直线 A 不参与坐标系方向的建立,得到坐标系为 $X'OY'$,如图 10-9 所示。

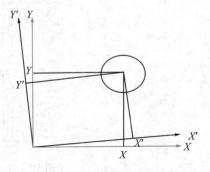

图 10-9 不同的零件坐标系

很明显,在坐标系 XOY 下孔的圆心坐标值 (x,y) 与在坐标系 $X'OY'$ 下孔的圆心坐标值 (x',y') 是不一致的。也就是说,建立坐标系的特征不一致,得到的坐标系就不一致,导致测量结果不一致。所以,在建立零件坐标系时,必须使用零件规定的基准特征来建立零件坐标系。

零件的设计、加工、检测都是以满足零件装配要求为前提。基准特征可以依据装配要求按顺序选择,同时基准特征应该能确定零件在机器坐标系下的六个自由度。例如,在零件上选择三个互相垂直的平面是可以建立一个坐标系的,如果选择三个互相平行的平面,则不能够建立坐标系,因为三个平行的平面只能确定该零件三个自由度。

坐标测量中,测量坐标系的建立基本也可按照以下原则:选择能代表整个零件方向的主装配面或主装配轴线作为第一基准,因为在装配时是用以上特征首先确定零件的方向;选择装配时的辅助定位面或定位孔作为第二基准方向,有的零件有两个定位孔,此时就应该以两个定位孔的连线作为第二基准方向;坐标系原点也应该由以上特征确定。

基准特征的选取直接影响零件坐标系的精度。零件在设计的时候,会指定某几个特征作为该零件的基准特征,我们在建立零件坐标系的时候,必须使用图纸指定的基准特征来建立坐标系。如果设计图纸基准标注不合理或是没有标注基准,这种情况下测量人员不能擅自指定基准特征,而应该将此情况反馈给设计人员或是负责该产品技术开发的技术人员,由他们确定好基准特征后才能开始测量。如果被测零件正在开发过程中或是进行试制的新产品,还不能完全确定基准特征,可以选择加工精度最高、方向和位置具有代表性的几个特征作为基准特征。

10.2.2 直角坐标系的建立方法

利用坐标测量机对工件形位公差、轮廓等多种参数进行检测时,坐标系建立的好坏将直接影响工件的测量精度和测量效率。因此,建立合适的工件坐标系就显得非常重要。

在实际应用中,坐标系建立应根据零件在设计、加工时的基准特征情况而定。坐标测量建立直角坐标系最常用的方法是 3-2-1 建立坐标系法。

1. 3-2-1 法的原理

在空间直角坐标系中,任意零件均有六个自由度,即分别绕 X、Y、Z 轴旋转和分别沿 X、Y、Z 轴平移。如图 10-10 所示。

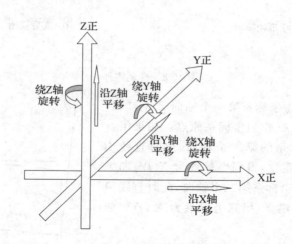

图 10-10 空间直角坐标系下的六个自由度

所谓 3-2-1 法基本原理就是利用平面、直线、点三个特征锁定直角坐标系的六个自由度:

"3"——测取不在同一直线的 3 个点确定平面,利用此平面的法向矢量作为第一轴向;

"2"——测取 2 个点确定直线,通过直线的方向(起始点指向终止点)作为第二轴向;

"1"——测取 1 点或点元素,用于确定坐标系某一轴向的原点,利用平面、直线、点分别确定三个轴向的零点。

建立零件坐标系就是要确定零件在机器坐标系下的六个自由度。3-2-1 法建立空间直角坐标系分为三个步骤:

(1)找正

确定零件在空间直角坐标系下的 3 个自由度:2 个旋转自由度和 1 个平移自由度。

例如:使用平面的矢量方向找正到坐标系的 Z 正方向,这时就确定了该零件围绕 X 轴

和 Y 轴的旋转自由度,同时也确定了零件在坐标系 Z 轴方向的平移自由度。零件还有围绕 Z 轴旋转的自由度和沿 X 轴和 Y 轴平移的自由度。

(2)旋转

确定零件在空间直角坐标系下的 2 个自由度:1 个旋转自由度和 1 个平移自由度。

例如:使用与 Z 正方向垂直或近似垂直的一条直线旋转到 X 正,这时就确定了零件围绕 Z 轴旋转的自由度,同时也确定了零件沿 Y 轴平移的自由度。此时,零件还有沿 X 轴平移的自由度。

需要注意的是,在确定旋转方向时需要进行一次投影计算,将第二基准的矢量方向投影到第一基准找正方向的坐标平面上,计算与找正方向垂直的矢量方向,用该计算的矢量方向作为坐标系的第二个坐标系轴向。

(3)原点

确定零件在空间直角坐标系下的 1 个自由度:1 个平移自由度。

例如:使用矢量方向为 X 正或 X 负的一个点就能确定零件沿坐标系 X 轴平移的自由度。

经过以上三个步骤,我们就能建立一个完整的零件坐标系。除了以上三个功能外,测量软件还应该具备坐标系的转换功能。我们可以指定坐标系的一个轴作为旋转中心,让坐标系的另外二个轴围绕该轴旋转指定的角度,或是坐标系原点沿某个坐标轴平移指定的距离。

如何确定零件坐标系的建立是否正确,可以观察软件中的坐标值来判断。方法是:将软件显示坐标置于“零件坐标系”方式,查看当前探针所处的位置是否正确。或用操纵杆控制测量机运动,使宝石球尽量接近零件坐标系零点,观察坐标显示,然后按照设想的方向运动测量机的某个轴,观察坐标值是否有相应的变化,如果偏离比较大或方向相反,那就要找出原因,重新建立坐标系。

2. 应用案例

上述的 3-2-1 法建立直角坐标系是坐标测量技术坐标建立的基本原理,现在已经发展为多种方式来建立坐标系,如:可以用轴线或线元素建立第一轴和其垂直的平面,用其他方式和方法建立第二轴等。需要注意的是:不一定非要 3-2-1 的固定步骤来建立坐标系,可以单步进行,也可以省略其中的步骤。比如:回转体的零件(圆柱形)就可以不用进行第二步,用圆柱轴线确定第一轴并定义圆心为零点就可以了,第二轴使用机器坐标。用点元素来设置坐标系零点,即平移坐标系,也就是建立新坐标系。

下面以 Rational-DMIS 测量软件为例,结合测量实际,简介测量直角坐标系的建立方法。Raional-DMIS 软件提供了快速 3-2-1 建立坐标法实则是对 3-2-1 法的简化,使用户能更加简单、快速的构建工件坐标系。

(1)3-2-1 法建立坐标系

如图 10-11 所示,就是最基本的面-线-点建立坐标系法。

3 点确定的平面是第一基准,它的矢量方向锁定新建坐标系中是 Z 正方向;2 点确定的直线是第二基准,它的矢量方向锁定新建立坐标系中是 X 正方向;最后由平面确定 Z 轴原点,直线确定 Y 轴原点,点确定 X 轴原点。

(2)3-3-2 法建立坐标系

根据平面-直线-点(3-2-1)建坐标系的原理,同样可以使用平面-平面-平面、平面-直

图 10-11　3-2-1 法建立坐标系

线-直线、平面-直线-圆等组合建立坐标系。如图 10-12 所示，3-3-2 法建立坐标系就是演变的平面-直线-圆建立坐标系法。

图 10-12　3-3-2 法建立坐标系

3 点确定的平面是第一基准，它的矢量方向锁定新建坐标系中是 Z 正方向；2 点确定的直线是第二基准，它的矢量方向锁定新建立坐标系中是 X 正方向；最后由 3 点确定的圆，确定坐标系原点位置在圆心位置。

需要注意的事，当基准特征都为平面-平面-平面时，建议使用构造点功能的隅角点方法构造三个平面的交点作为坐标系原点，当基准特征为平面-直线-直线时，建议使用构造点功能的相交方法的构造两条直线的交点作为坐标系二个轴向的原点。

(3)3-3-3 法建立坐标系

如图 10-13 所示为平面-圆-圆(3-3-3)定位坐标系。在建立坐标系时，平面的矢量方向为锁定坐标系的 Z 正方向，圆 1 的圆心坐标值与圆 2 的圆心坐标值连线确定零件坐标系的 X 正方向，圆 1 的圆心作为坐标系 X 轴和 Y 轴的原点，平面作为 Z 轴的原点，得到一个坐标系。

图 10-13　3-3-3 法建立坐标系

（4）快速平分法建立坐标系

如图 10-13 所示为快速平分法建立坐标系，其建立坐标系方法与 3-2-1 法类似，只是最后将坐标原点位置定位在零件的平分点位置。

图 10-14　快速平分法建立坐标系

习　　题

1. 坐标系的分类有什么？
2. 简述矢量的概念。
3. 简述坐标测量机的坐标系的作用。
4. 简述三坐标测量机建坐标系的方法及其原理特点。

第11章　三坐标测量基本操作

本章学习的主要目的和要求：

1. 了解坐标测量技术几何元素拟合的基本知识；

2. 了解坐标检测工作基本流程；

3. 掌握三坐标测量机各种特征的测量数据采集操作，包括点、线、面、圆柱、圆锥等特征以及扫描功能、元素构造功能；

4. 了解三坐标测量常见难点及对策。

11.1　几何特征元素坐标测量

从坐标测量原理可以看到，所有测量都是在工件轮廓面（实际组成要素）上进行的，通过对工件轮廓面的提取操作，实现了对几何轮廓面上测量点的离散分布与位置确定。对点的坐标测量和坐标值获取是整个坐标测量工作的基础。

坐标测量是运用坐标测量机对工件进行形位公差的检验和测量，判断该工件的误差是不是在公差范围之内。从坐标测量原理中可以看到，除了点（包括空间点）以外，工件中的其他常规几何特征，包括直线、圆、平面、圆柱、圆锥、球等，其几何要素都是在点的基本上，通过拟合计算获得的。对于工件上不同特征元素对象其测量方法也是不同的，以方便获得被测量对象的数据。

1. 元素测量方法及拟合

坐标的测量元素包括：点、线、平面、圆、圆柱、圆锥、球、曲线、曲面。对于不同元素类型的测量要求及注意事项如表 11-1 所示。

表 11-1　几何特征元素的测量点说明

被测几何 特征元素	最少要求测量点数	注意事项
点	1 点	确认采点方向基本与工件表面垂直
直线	2 点	注意工作平面的选择，直线将投影到工作平面方向，测量时的顺序非常重要，矢量从第一个点指向第二个点
平面	不在同一直线的三点	最大范围的分布
圆	不在同一直线的三点	法矢：定义为当前工作平面的法矢；注意工作平面的选择
椭圆	4	一般应尽可能采集长短轴线的信息
圆柱	6点分两层	法矢：由起始层指向终止层
圆锥	6点分两层	法矢：由小圆指向大圆

续表

被测几何特征元素	最少要求测量点数	注意事项
球	4 点	三点一层；一点一层，法矢：定义为当前工作平面的法矢；注意工作平面的选择
曲线	—	根据曲线曲率变化情况布置测点，一般在曲率变化大的区域点的密度大一点，曲率变化小的区域点的密度小一些
曲面	—	可参考 CAD 建模时截面和点分布密度布置测量，一般在曲率变化大的区域点的密度大一点，曲率变化小的区域点的密度小一些

（1）点的测量

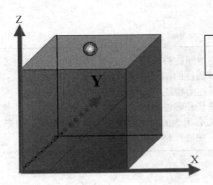

点的测量，其空间位置特征表达是：X、Y、Z 坐标值，矢量方向是测头回退方向。

（2）直线的测量和拟合

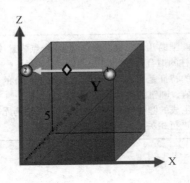

根据直线的几何定义，最少二个测点，就能计算并生成直线，理论上讲，测点越多越精确。

直线的特征是：线特征点的X、Y、Z值和表示线方向的矢量，与线测量方向垂直的工作（投影）平面矢量。(线最少测2个点)

（3）圆的测量和拟合

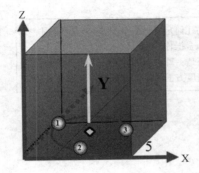

根据圆的几何定义，最少需要3个点才能进行圆的拟合操作并生成圆要素。

圆的特征是：圆心点的坐标X、Y、Z值，圆的直径和圆的工作（投影）平面矢量。

由于圆是平面问题，因此所有参与拟合的点要素都应该首先投影到圆平面上。

（4）平面的测量和拟合

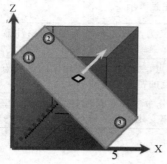

根据平面的几何定义，最少需要3个点要素才能完成平面的拟合操作。

面的特征是：表示面所在位置的特征点X、Y、Z值和与面垂直的法向矢量。

拟合生成的平面在坐标测量中是表达为无界的，在进行相关几何误差评定时应该注意。

（5）圆柱的测量和拟合

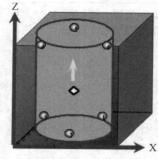

根据圆柱的几何定义，最少需要6个点要素才能完成圆柱的拟合操作。分层法

圆柱的特征是：轴线上特征点的X、Y、Z值，圆柱直径和圆柱轴线的矢量。

拟合生成的圆柱面在坐标测量中是表达为无界的，在进行相关几何误差评定时应注意。

（6）圆锥的测量和拟合

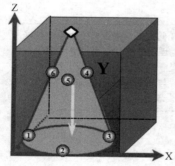

根据圆锥的几何定义，最少需要6个点要素才能完成圆柱的拟合操作。

圆锥的特征是：锥轴线特征点(或锥顶点)的X、Y、Z值，圆锥的锥角和锥轴线矢量。

拟合生成的圆柱面在坐标测量中是表达为无界的，在进行相关几何误差评定时应注意。

（7）球的测量和拟合

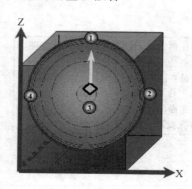

根据球的几何定义，最少需要4个点要素才能完成圆柱的拟合操作。

球的特征是：球心点的X、Y、Z值，球的直径。

从测量精度方面考虑，球的测点分布越开越好。

11.2　测量基本流程

　　一项完整的检测任务需要前期充分的准备、规划,才能保证检测工作顺利进行,测量准备是检测工作的基础。

　　对于一个零件检测,首先应该根据零件和图纸制定一个详细的检测规划,根据检测规划选择合适的夹具,匹配的测头,建立准确的坐标系以及编写合理的程序,最终得到真实的报告。具体流程图如图 11-1 所示。

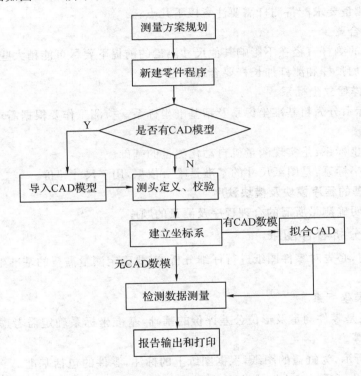

图 11-1　检测基本流程图

　　测量规划内容包括:零件装夹方案设计、分析零件图纸,明确测量基准坐标系及确定检测内容。

11.3　测量准备工作

11.3.1　测量方案策划

　　测量规划工作需要根据对图纸的分析,确定零件评价参数、评价基准、测量对象、尺寸评价内容等。

1. 分析图纸具体要求

分析工件的图纸,详细、全面的了解图纸的每一细节,有助于后期实质工作的展开。

经验表明,纯粹的只熟悉如何测量,而不涉猎相关的领域,有时会使您在面临测量结果时相当迷惑,所以您具备丰富的机加工知识,看图技巧等都会对你应付复杂的测量有裨益。

2. 明确具体测量要求

建立在图纸详细分析的基础上的测量要求确立,是编程思路、测量方法优化的主要依据,测量的公差要求是它传达的直接要求,有时我们也要注意它所传达的加工要求及装配要求,后者又是影响测量方式、计量手段的重要因素。

3. 分析实现测量要求的测杆配备

分析实现测量要求配备测杆需要注意以下几点:

(1)测杆组合要少

(2)测量孔的测杆直径在不影响其他尺寸测量的前提下要尽可能稍大些

(3)传感器加长杆和测杆加长杆要合理组合

4. 分析怎样建立坐标系

测量的坐标系分为粗基准坐标系及精基准坐标系。检测工作要根据需求分析零件测量所需的坐标系。

(1)粗基准坐标系:是实现测量机自动化测量的基础。

(2)精基准坐标系:是图纸尺寸的基准是唯一依据,用于尺寸评价。

5. 确立合理的程序模块及模块秩序

根据分析,明确测量所需的合理程序及测量的顺序。

11.3.2 分析零件图纸

进行检测前,必先对零件图纸进行仔细分析,需要确定测量需要的基准坐标系及形位公差检测内容。

1. 确定基准坐标系

基准坐标系是零件测量及形位公差评价的基础,基准坐标系确定需考虑工件的装夹位置、检测方便性等。

如图 11-2 所示,为缸盖的图纸,根据图纸上的标注,零件的包括基准 A 平面、基准 B 孔及基准 D 孔,由此可通过三个基准确定基准坐标系。可使用 3-2-1 法,建立零件的基准坐标系,坐标系的建立方法已有介绍。

2. 确定检测内容

检测内容是指检测任务中工件需要被检测各项参数内容、形位公差,如平面度、垂直度、位置度、轮廓度等。分析过程中,需要明确各项参数、公差的评价要求、基准情况、评价公差需要测量采集的数据等。

如图 11-5 所示,根据图纸上的要求,确定缸盖的检测内容有分别以 A、B 为基准的垂直度检测;孔的深度、直径等尺寸公差。

(1)位置度评价

如图 11-3 所示,图纸标注内容为基于基准 A、基准 B、基准 C 和基于基准 D 的两个位置度的测量。因此,需要测量的内容包括:几个基准的位置信息及孔的位置信息,再评价位置度。

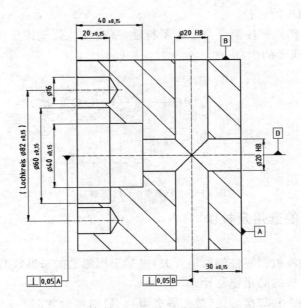

图 11-2　缸盖图纸

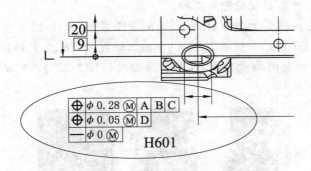

图 11-3　位置度标注

（2）轮廓度的评价

如图 11-4 所示，图纸标注需要测量工件 4 个位置的轮廓度。因此，需要明确测量要采集数据信息，轮廓度的评价需要三坐标对工件被检查轮廓进行扫描获取形状特征。

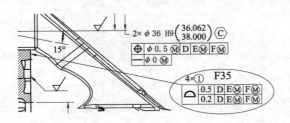

图 11-4　轮廓度标注

(3)平行度、平面度的评价

如图 11-5 所示,图纸标注测量公差有平行度、平面度。公差评价需要的数据有测量平面的面特征形式,基准 Z 的信息。

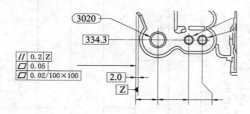

图 11-5　平面度、平行度标注

11.3.3　测头的选用及校验

1. 测头的选用

测头是测量机触测被测零件的发讯开关,也是坐标测量机采集数据的关键部件,测头精度的高低决定了测量机的测量重复性。

测头可分为接触式和非接触式(激光等类型)。目前接触式测头使用较多,接触式测头又可分为开关式(触发式或动态发讯式)与扫描式(比例式或静态发讯式)两大类;非接触测头主要分为激光扫描测头和视频测头两种。

接触式测头的主流测头类型为 Renishaw 的 PH 系列(如图 11-6 所示)以及 Leitz 公司的 LSP 系列(如图 11-7 所示),目前 Renishaw 最新研发的 PH20 五轴触发测头利用五轴运动,无极定位和测座触碰的测量方式,在测量效率及精度方面与三轴测头相比有显著提高(如图 11-8 所示)。

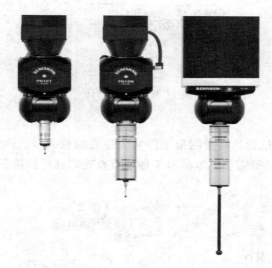

图 11-6　Renishaw 公司 PH 系列测头

开关测头的实质是零位发讯开关,以 PH(RENISHAW)为例,它相当于三对触点串联在电路中,当测头产生任一方向的位移时,均使任一触点离开,电路断开即可发讯计数。开关式结构简单,寿命长、具有较好的测量重复性(0.35~0.28μm),而且成本低廉,测量迅速,

LSP-S2 （TRAX）　　　LSP-X3　　　LSP-X5

图 11-7　Leitz 公司 LSP 系列测头

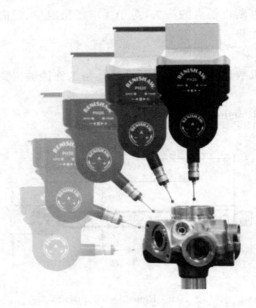

图 11-8　Renishaw 公司 PH20 五轴触发测头

因而得到较为广泛的应用。

扫描式测头实质上相当于 X、Y、Z 个方向皆为差动电感测微仪，X、Y、Z 三个方向的运动是靠三个方向的平行片簧支撑，是无间隙转动，测头的偏移量由线性电感器测出。扫描式测头主要用来对复杂的曲线曲面实现测量。非接触测头主要分为激光扫描测头和视频测头两种。

不同零件需要选择不同功能的测头进行测量。以下是如何选用测头的一些建议。

（1）触发式测头的选用

①零件所被关注的是尺寸（如小的螺纹底孔）、间距或位置，而并不强调其形状误差（如定位销孔）；

②所用的加工设备有能加工出形状足够好的零件，而注意力主要放在尺寸和位置精度时，接触式触发测量是合适的，特别是由于对离散点的测量；

③触发式测头比扫描测头快,触发测头体积较小当测量空间狭窄时测头易于接近零件;

④一般来讲触发式测头使用及维修成本较低。

在机械工业中有大量的几何量测量,所关注的仅是零件的尺寸及位置,所以目前市场上的大部分测量机,特别是中等精度测量机,仍然使用接触式触发测头。

(2)扫描测头的选用

①应用于有形状要求的零件和轮廓的测量。扫描方式测量的主要优点在于能高速的采集数据,这些数据不仅可以用来确定零件的尺寸及位置,更重要的是能用众多的点来精确的描述形状、轮廓,这特别适用于对形状、轮廓有严格要求的零件,该零件形状直接影响零件的性能(如叶片、椭圆活塞等);也适用于不能确信所用的加工设备能加工出形状足够好的零件,而形状误差成为主要问题时。

②高精度测量。扫描测头对离散点测量是匀速或恒测力采点,其测点精度可以更高。由于扫描测头可以直接判断接触点的法矢,对于要求严格定位、定向测量的场合。扫描测头对离散点的测量也具有优势。

2. 测头补偿校验

测头是三坐标测量机数据采集的重要部件。其与工件接触主要通过装配在测头上的测针来完成。

如图 11-9 所示,为 Renishaw 测针的一种:

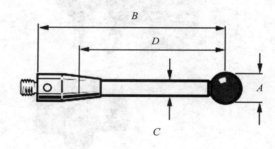

图 11-9　Renishaw 测针图示

对于不同的工件,测针所使用的 A 和 B 的大小都有不同规格。并且对于复杂的工件可能使用多个测头的角度来完成测量。

测头只起到数据采集的作用,其本身不具有数据分析和计算的功能,需要将采集的数据传输到测量软件中进行分析计算。

如果我们不事先定义和校准测头,软件本身是无法获知所使用的测针类型和测量的角度。测量得到的数据结果自然是不正确的。我们必须要校验测头之后,才知道我们使用的测针的真实直径以及不同测头角度之间的位置关系,这也是校验测头的目的。

坐标测量机在测量零件时,是用测针的宝石球与被测零件表面接触,接触点与系统传输的宝石球中心点的坐标相差一个宝石球的半径,需要通过校验得到的测针的半径值,对测量结果修正。

通过校验,消除以下三方面的误差:

(1)理论测针半径与实际测针半径之间的误差;(红宝石球探测时会有弹性变形,致使实

际值小于理论值)

(2)理论测杆长度与实际测杆长度的误差;

(3)测头旋转角度之误差。(侧头更换角度过程中出现误差)　通过校验消除以上三个误差,得到正确的补偿值

在测量过程中,往往要通过不同测头角度、长度和直径不同的测针组合测量元素。不同位置的测量点必须要经过转化才能在同一坐标下计算,需要测头校验得出不同测头角度之间的位置关系才能进行准确换算。

所以,测量前,测头的校验工作是极其必要的。

测头校验基本原理是通过在一个被认可的标准器上测点来得到测头的真实直径和位置关系。一般来讲现在的标注器都是一个标准圆球(球度小于 $0.1\mu m$),如图 11-10 所示:

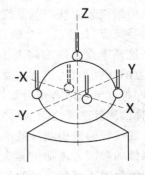

图 11-10　校验测针原理示意图

在经校准的标准球上校验测头时,测量软件首先根据测量系统传送标准球坐标(宝石球中心点坐标)拟和计算一个球,计算出拟合球的直径和标准球球心点坐标。这个拟合球的直径减去标准球的直径,就是被校正的测头(测针)的等效直径。

由于测点时各种原因,造成一定的延迟,会使校验出的测头(测针)直径小于该测针宝石球的名义直径,因此称为"等效直径"。该等效直径正好抵消在测量零件时的测点延迟误差。

不同测头位置测量的拟合球心点的坐标,反映了这些测头位置之间的关系,用于对不同测头位置的测点进行换算,如图 11-11 所示。

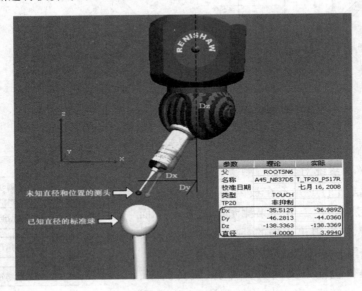

图 11-11　测头校验

校验测头位置时,第一个校验的测头位置是所有测头位置的参照基准。校验测头位置,实际上就是校验与第一个测针位置之间的关系。需要注意的是:

①增加校验测头的测点数，有效测针的直径越准确；

②校验测头和检测工件的速度保持一致；

③也可以用量环和块规进行测头检验，但是标准球是首选，因为它考虑了所有的方向。

坐标测量机在测量零件时，是用测针的宝石球与被测零件表面接触，软件在获取每一个触测点时，得到的是测针红宝石球心点的位置，而我们最终想要获得的是红宝石与工件表面接触的特征点，如图 11-12 所示。

这两个点之间的间距为触测方向（矢量方向）上的测针半径，这就需要通过测头补偿来实现，即将红宝石球心点沿测针触测方向（矢量方向）补偿测针半径之后，得到工件的特征点。

通过校验获得测头的半径值，在测量时，沿着测针的触测方向加上测头的半径值，即为所需的工件表面的特点的信息。

测量时不是按正确的矢量运动方向测量元素，从而产生余弦误差，这也是影响测量数据准确与否的重要因素之一。

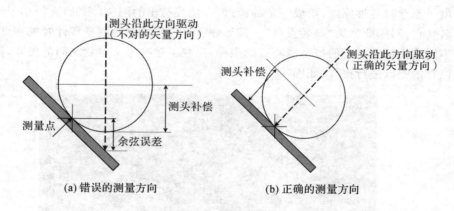

图 11-13　测头的余弦误差

如图 11-13（a）系统对红宝石测头的补偿将在它的正下方，但补偿后的点并不在被测平面上；这就造成了所谓的"余弦误差"。但如果测量时选择与平面垂直的方向测量，则会得出正确的补偿结果。

校验测针的工作一般步骤如图 11-14 所示。

配置测头操作包括定义测头文件名、定义测座、定义测座与测头的转换、定义加长杆和测头、定义测针；完成软件定义设置开始校验测针。

以 PH20（RENISHAW）测头的配置为例，如图 11-15 所示，在 Rational-DMIS 软件中，定义测头时，

图 11-14　校验测针步骤示意图

只需在界面右侧数据区勾选测头各部件类型即可完成,操作简便。

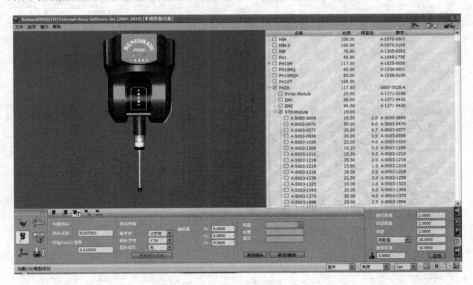

图 11-15　配置 PH20 测头

校验测针结束之后我们会查看下校验结果。不同的软件查看的方式可能不同,但是查看的方式都很简单。在校验结果窗口中,理论值是在测头定义时输入的值,测定值是校验后得出的校验结果。其中"X、Y、Z"是测针的实际位置,由于这些位置与测座的旋转中心有关,所以它们与理论值的差别不影响测量精度。

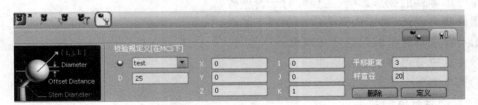

图 11-16　测头校验用的标准球配置

测针校验的等效直径(需要预先设定标准球参数,如图 11-16),由于测点延迟到原因,这个值要比理论值小,由于它与测量速度、测针的长度、测杆的弯曲变形等有关,在不同情况下会有区别,但在同等条件下,相对稳定。校验的形状误差,从某种意义上反映了校验的精度,这个误差应越小越好。

如果在整个检测过程中,需要使用到多个角度或多种测头类型,都需逐一进行校验,以确保检测的准确度。如图 11-17 使用 Src200 探头更换架定义多个类型测头。

11.3.4　零件装夹

1. 装夹目的和基本原则

装夹目的是保证检测零件具有稳定性以及可重复性等因素,在被检测零件放到三坐标平台上进行检测之前,都需要将零件用夹具固定到平台上。

零件的装夹方案设计需要考虑:

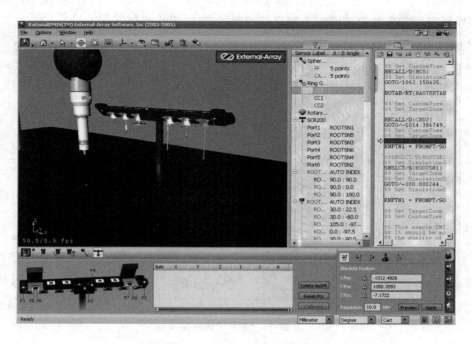

图 11-17　Src200 探头更换架

①装夹的稳定性；

②零件测量可重复性；

③数据测量方便性，需要考虑测针因素、测量特征的分布等；

④考虑零件的变形影响（主要针对于薄壁件）。

零件装夹设计，对于夹具有应满足以下要求：

①夹具应具有足够的精度和刚度；

②夹具应有可靠的定位基准；

③夹具需要有夹紧装置。

2. 发动机缸体的装夹

发动机缸体重量大、结构复杂，但是从整体外观形状看大体上是一个立方体，所以考虑测量的时候可以分为六个面来进行，那么夹具设计的时候必须保证一次装夹兼顾六个面的定位和测量。

如图 11-18 所示的夹具方案，可以通过手动的简单调整，能够适用于固定这一系列的工件，如具有 3、4、5 和 6 个气缸的缸体。

3. 轴类零件的装夹

曲轴类零件结构复杂、不规则，造成零件的基准定位装夹困难。如图 11-19 所示，为轴类零件装夹，能实现检测需求。

这类零件的定位设计时，应满足以下要求：

①实现测量完全自动化测量；

②实现特殊角度元素的测量；

③保证设计要求：通过三柱支撑的数学比例确定摆向，严格按照图纸要求算好各支撑的高度。

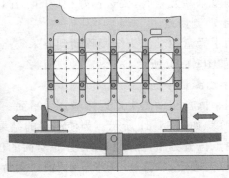

图 11-18　发动机缸体装夹示意图

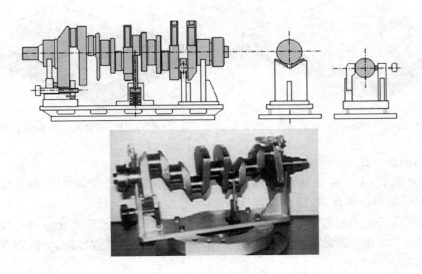

图 11-19　曲轴装夹示意图

11.4　几何元素数据测量

11.4.1　常用几何特征手动测量

使用手动方式测量即使用手动操作控制盒方式在测量零件表面进行触测,得到不同几何元素的方式,叫做手动测量元素。

手动测量遵循原则是使用手动方式测量零件时为保证手动测量所得数据的精确性,要注意以下几方面的问题:

①要尽量测量零件的最大范围,合理分布测点位置和测量适当的点数。

②测点时的方向要尽量沿着测量点的法向矢量,避免测头"打滑"。

③测点的速度要控制好,测各点时的速度要一致。

④测量某些元素时,要选择好相应的工作(投影)平面或坐标平面。

1. 手动测量点

使用手操盒驱动测头缓慢移动到要采集点的位置上方,尽量保持测点的方向垂直于工件表面,如图 11-20 所示。

2. 手动测量平面

使用手操盒驱动测头逼近接触零件平面。测量平面的最少点数为 3 点。多于 3 点可以计算平面度,如图 11-21 所示。为使测量的结果真实反映零件的形状和位置,应选取适当的点数和测点位置分布,点数和位置分布对面的位置和形状误差都有影响。一旦所有的测点被采集,点击确定,软件在"图形显示"窗口用特征标识和三角形表示测量的平面,并同时在"编辑窗口"中记录该平面的相关信息。

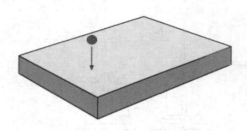 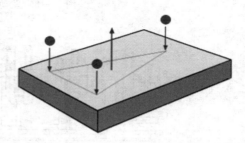

图 11-20　手动测量点示意图　　　　图 11-21　手动测量平面示意图

3. 手动测量直线

使用手操盒将测头移动到指定位置,驱动测头沿着逼近方向在曲面上采集点,如图 11-22 所示。如果出现坏点,操作者可将点删除,重新采点。

如果要在指定方向上创建直线,采点的顺序非常重要,起始点到终止点的连线方向决定了直线的方向。确定直线的最少点数为 2 点,多于 2 点可以计算直线度,为确定直线度方向应选择直线的投影面。

4. 手动测量圆

使用手操盒测量圆时,软件保存数据为在圆上采集的点,因此采集时的精确性及测点均匀间隔非常重要。测量前应指定投影平面,以保证测量的准确。测量圆的最少点数为 3 点,多于 3 点可以计算圆度,如图 11-23 所示。

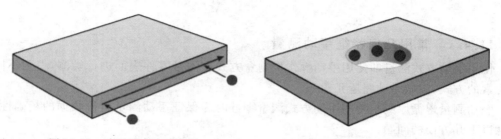

图 11-22　动测量直线示意图　　　　图 11-23　手动测量圆示意图

5. 手动测量圆柱

圆柱的测量方法和测量圆的方法类似,只要圆柱的测量至少需要测量两层圆。必须确保第一层圆测量时点数足够再移到第二层。计算圆柱的最少点数为 6 点(每截面圆 3 点),如图 11-24 所示。控制创建的圆柱轴线方向规则与直线相同,即从起始端面圆指向终止端面圆的方向为圆柱轴线方向。

6. 手动测量圆锥

圆锥的测量与圆柱的测量类似,软件会根据直径大小不同判断测量的元素。

要计算圆锥,需要确定圆锥的最少点数为 6 点(每个截面圆 3 点),如图 11-25 所示。确保每个截面测点在同一高度。

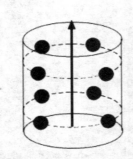 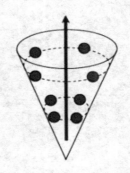

图 11-24　手动测量圆柱示意图　　　　图 11-25　手动测量圆锥示意图

7. 手动测量球

测量球与测量圆相似,只是还需要在球的顶点采集一点,指示软件计算球,如图 11-26 所示。球特征最少点数为 4 点,其中一点需要采集在顶点上。超过 4 点可以计算球度误差。

对手动测量是元素,也可通过软件程序判断测得的特征类型,但有时当特征类型不太明确时会出现误判断,如:一个比较窄的面可能会判断为一条直线,这时操作需要利用替代推测来进行特征类型的强制转换。

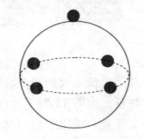

图 11-26 手动测量球示意图

11.4.2　常用几何特征自动测量

在零件坐标系完成以后,可以根据图纸标注的坐标位置,通过对软件的特征元素的定义,驱动测头自动找到零件位置进行测量的过程叫做自动测量过程。

自动测量的几何特征拟合原理,与手动测量相同。是通过程序软件控制测量机运行,进行数据点采集。与手动测量相比,自动测量的触测速度、触测力等都由计算机控制,保证每次触测过程均匀,提高触测点触测的精度,从而保证特征测量的精确性。

要进行自动测量的前提条件:

(1)在建立完零件坐标系。

(2)必须要有被测元素的理论值:

①如果有 CAD 数模,可以用鼠标点取 CAD 上的特征元素;

②如果只有图纸,可以通过键盘输入该元素的理论数据;

不同类型的三坐标测量机,配置的系统不同,自动测量的实施存在差异,以 Rational-

DMIS 系统为例,图 11-27,坐标测量自动测量的快速测量点。根据设定区域,进行快速点元素采集。

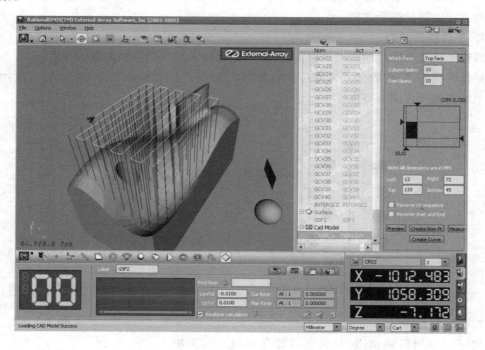

图 11-27　快速测量点

自动测量最大的优势在于能通过预先程序编程实现零件检测,特别适用于相同零件的批量测量。如图 11-28 所示,依据预先编写的程序,检测零件的曲面、曲线、圆、圆柱孔等几何特征元素。相比手动测量,极大提高了测量效率。

11.4.3　轮廓特征扫描测量

随着现代工业的发展,测量过程中不仅要测量零件的尺寸和位置公差,还要对零件的外形和曲线曲面进行测量,分析工件加工数据,或者为逆向工程提供工件原始信息。例如对汽车车身的测量、叶片、叶轮、凸轮的测量、齿轮的齿形、齿向测量等,这时就需要用三坐标测量机对被测工件表面进行数据点扫描,用大量的测量点对产品进行准确的定义,如图 11-29 所示。

1. 扫描的原理及应用

零件扫描,是指用测头在零件上通过不同的触测方式,采集零件表面数据信息,用于分析或 CAD 建模。

扫描技术主要依赖于三维扫描测头技术,因为三维测头可以通过三维传感器受测量过程中的瞬时受力方向,调整对测量机 X、Y、Z 三轴马达的速度的分配,使得测头的综合变形量始终保持在某一恒定值附近,从而自动跟踪零件轮廓度形状的变化。

三坐标测量机的扫描操作是应用测量软件在被测物体表面的特定区域内进行数据点采集,该区域可以是一条线、一个面片、零件的一个截面、零件的曲线或距边缘一定距离的周线等。

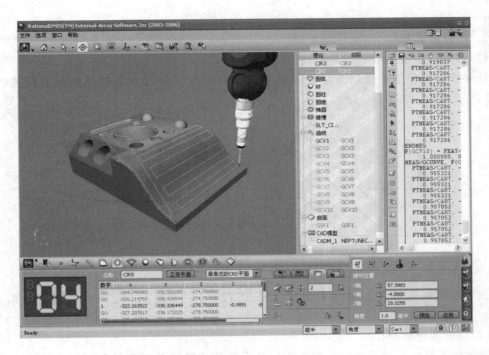

图 11-28　零件编程测量

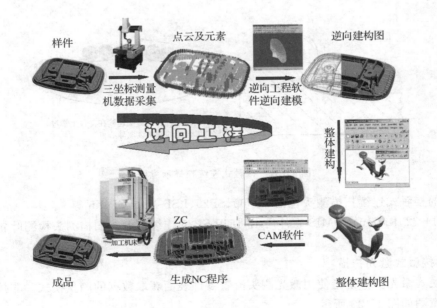

图 11-29　逆向工程流程图

扫描主要应用于以下两种情况：

①对于未知零件数据：只有工件、无图纸、无 CAD 模型，应用于测绘；

②对于已知零件数据：有工件、有图纸或 CAD 模型，主要用于检测零件轮廓度。

根据扫描测头的不同，扫描可分为接触式触发扫描、接触式连续式扫描和非接触式激光扫描。

2. 扫描测量方式

（1）接触式触发扫描

接触式触发扫描是指测头接触零件并以单点的形式进行获取数据的测量模式，如图 11-30 所示；

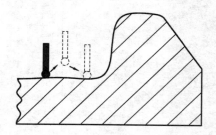

触发式扫描特点：点和点之间必需离开工件

图 11-30　接触式触发扫描示意图

一般的接触式触发扫描测头包括 TESESTER-P、TP2、TP20、TP200，都是点触发式扫描。

（2）接触式连续扫描

接触式连续式扫描是指测头接触零件并沿着被测零件获取测量数据的测量模式，如图 11-31 所示；

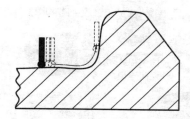

连续式扫描特点：测头连续在工件上滑过，软件以一定的频率读取球心点

图 11-31　接触式连续扫描示意图

一般的接触式连续扫描测头包括 SP600、SP25、LSP-X3、LSP-X5 等。

如图 11-32，Rational-DMIS 软件所示，使用 SP25 连续接触式扫描测头检测叶轮零件的叶片曲线。

（3）非接触式激光扫描

非接触式激光扫描是指使用激光测头沿着零件表面获取数据的测量模式。非接触式激光扫描示意图如图 11-33 所示。

连续扫描比触发式扫描速率要高，可以在短时间内可以获取大量的数据点，真实反映零件的实际形状，特别适合对复杂零件的测量。激光测头的扫描取样率高，在 50 次/秒到 23000 次/秒之间，适于表面形状复杂，精度要求不特别高的未知曲面。

如图 11-34 所示，Rational-DMIS 软件中，非接触式激光扫描测头检测面具外轮廓表面。

图 11-32　叶轮扫描测量

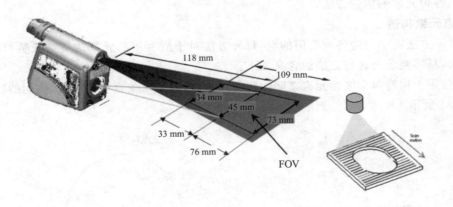

图 11-33　非接触式激光扫描示意图

图 11-34　激光测头扫描测头

11.5　元素构造

在日常的检测过程中很多元素无法直接测量得到需要的测量元素，必须使用测量功能构造相应的元素，才能完成元素的评价。在不同的测量软件中实现的构造方法不同，下面详细介绍的各种元素的构造方法。

1. 点元素构造

有多种方法用于构造各种有用的点，每种方法对于所利用的元素的类型及数目均有不同的要求，具体要求及各种方法的含义如下：

交点：用于构造两个线性元素之间的相交点，也可以是一条直线与曲线、曲面的相交点。如图 11-35 所示。

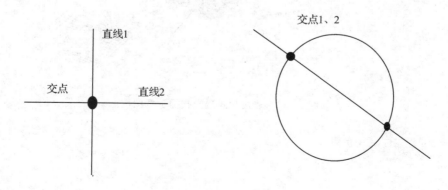

图 11-35　交点示意图

垂点:用于构造第一个元素的质心点到第二个线性元素的垂点。如图 11-36 所示。

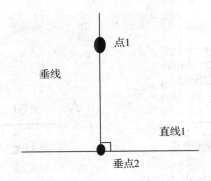

图 11-36　垂点示意图

中点:用于构造两个任意元素质心点之间的中分点。

偏置点:一个元素的质心相对于当前坐标系的 X、Y、Z 轴偏置距离。

投影点:构造一个任意元素的质心在平面上的投影点。

2．线元素构造

用一个或几个元素来构造一条直线

最佳拟合:用两个或两个以上元素的实际测定点来构造 2 维或 3 维的直线。如图 11-37 所示。

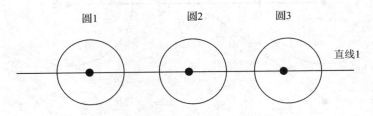

图 11-37　最佳拟合线示意图

最佳拟合重新补偿:先用两个或两个以上元素的球心数据来构造一条直线,然后在将测针的半径补偿给直线。此方法可以消除单点测量过程中的矢量偏差。如图 11-38 所示。

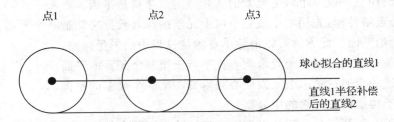

图 11-38　最佳拟合重新补偿线示意图

平行:构造一条通过第二个元素质心且平行于第一个元素的直线。如图 11-39 所示。

垂直:构造一条通过第二个元素质心且垂直于第一个元素的直线。如图 11-40 所示。

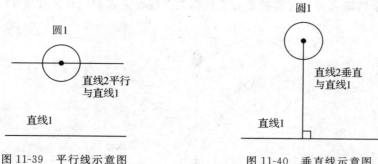

图 11-39　平行线示意图　　　　　图 11-40　垂直线示意图

相交：在两个平面的相交处构造直线。

中分：用于构造两个线性元素的中分线。

投影：用于把第一个元素投影到平面上得到一条直线。

偏置：用于在离开输入特征的指定距离处构造直线，如图 11-41 所示。

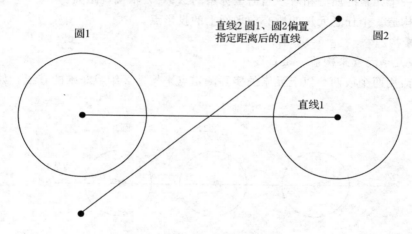

图 11-41　偏置线示意图

3. 面元素构造

用两个或两个以上元素来构造一个平面。

最佳拟合：用三个或三个以上元素的实际测定点来构造平面。

最佳拟合重新补偿：先用三个或三个以上元素的球心数据来构造一个平面，然后在将测针的半径补偿给平面。此方法可以消除单点测量过程中的矢量偏差。

平行：构造一个通过第二个元素质心且平行于第一个元素的平面。

垂直：构造一个通过第二个元素质心且垂直于第一个元素的平面。

中分：用于构造两个元素的中分面。

偏置：用于在离开三个及三个以上输入特征的指定距离处构造平面。

4. 圆元素构造

用一个或一个以上元素来构造一个圆

最佳拟合：用三个或三个以上元素的实际测定点来构造圆。

最佳拟合重新补偿：先用三个或三个以上元素的球心数据来构造一个圆，然后在将测针的半径补偿给圆。此方法可以消除单点测量过程中的矢量偏差。

相交：用锥体（圆，圆柱，球）和平面之间构造相交圆。也可以在两个同轴圆锥或同轴圆锥/圆柱之间构造相交圆。

投影：用于把第一个元素投影到平面上得到一个圆。

相切：共有三种相切方式，如图 11-42 所示：

两条直线相切：与两直线相切的圆有无数个，可以指定直径来构造唯一的圆。

三条直线相切：用于构造三条形成三角形的直线相切的圆。

三个圆相切：用于构造与三个不同心圆的相切圆。

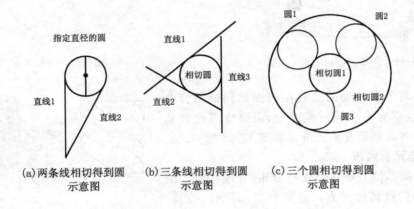

图 11-42　不同相切得到圆示意图

圆锥：通过指定圆锥截面直径或指定到当前坐标平面的高度来锥构造圆。已知直径 D 求高度 H，已经高度 H 求直径 D，如图 11-43 所示。

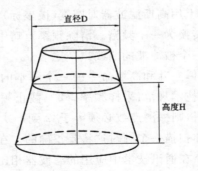

图 11-43　在已知圆锥上得到圆示意图

5．调整过滤构造

利用已经存在的点，并使用特征已知的数学属性，可以更好的补充在测量过程中收集的点，调整点更多的位于切平面之中。

如在测量圆柱、圆锥母线的直线度由于机器定位误差的原因，会导致实际点偏离理论母线，这时可以使用调整过滤功能圆柱、圆锥轴线调整到理论母线所在的切平面上，这样才能真实的测量出母线的直线度。如图 11-44 所示。

　　如果你想围绕一个球在其上部四分之一截面处扫描,需要通过调整过滤将测量点调整到一个切平面上;如图 11-45 所示。

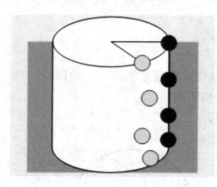

图 11-44　调整到理论母线示意图

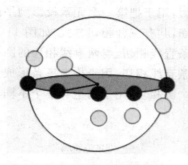

图 11-45　调整到一个切平面示意图

　　在测量转子横截面曲线时在曲面上扫描闭合曲线,测量点也不完全在同一截面上,需要将理论数据调整到同一界面然后在来评价。如图 11-46 所示。

6. 扫描元素构造

　　用一个高斯滤波器和傅立叶分析/合成法对扫描线的滤波来构造新的元素。过滤类型:高斯滤波器、傅里叶分析。

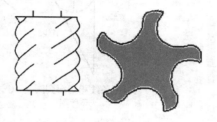

图 11-46　转子测量

　　高斯滤波器(低通滤波器)除去在扫描线以内高频部分(粗糙度),程序使用的算法语言是按照相应规范,评价函数具有一个高斯曲线的形状。分为线性和极坐标两种。

　　线性:用一个高斯滤波器在一组给定的点上对线性测量(LINEAR)作高斯滤波

　　极坐标:在一组给定的点上用高斯滤波器对圆度(极坐标)实现高斯滤波。

　　傅里叶分析将空间曲线转换为一个频谱。清除频率范畴中特殊的频率范围(例如,谐振峰值),被编辑的频谱合成到一个被滤波的曲线。

　　扫描过滤先决条件:对于傅立叶和高斯命令的一个基本的先决条件是探测点数。根据取样原理,采点密度必须满足技术规范:采样频率＞2 * 截止频率(最高期望频率)。为了用快速傅立叶变换实现精密分析,则探测点数必须等于"2 到 n 次幂",进一步的必要条件是一些点的扫描速率要恒定。当你扫描一个圆时这将是正确的。在一个任意曲线上这不总是正确的。高斯滤波器可以和一个在通讯技术中应用的滤波器相比较(对照)。在截止频率以下大于 50％的频谱被转换。在截止频率以上小于 50％的频谱将被转换。信号内的噪声将被降低。高斯滤波器是一个锁住相位轮廓滤波器,在轮廓转换期间不会引起相位移动问题。用高斯滤波器时,采样频率和截止频率的比值是由高斯曲线的评定建立的点数。

　　用傅立叶过滤可以完成下列任务:

　　一个圆度评定,圆度分析的傅立叶变换(频谱)的计算,参考圆的计算按照一个高斯圆、内接圆、外接圆;源要素这个分析计算较高阶(频率)的正弦波和相应的幅度。点数应当是 2 到 n 次的乘方,例如,256,512,1024,2048,40116。规则:圆的计算只适应于整圆(封闭轮廓)

不得间断,分析最多到阶数为 500。

任意偏差曲线的傅立叶变换(频谱)的计算。例如:直线度评定,用最小二乘方法计算参考直线(偏差垂直于直线);

逆傅立叶变换计算(合成);产生在正弦波的阶次和幅度以外对于它们的相应移动而言的目标要素。傅立叶合成要求一个已经通过一次傅立叶分析建立的要素,并且可能被修改过。

具有一个带通特性的圆度滤波器。一个圆度评定的傅立叶变换的计算。

圆度分析的傅立叶变换计算示意图如图 11-47 所示。

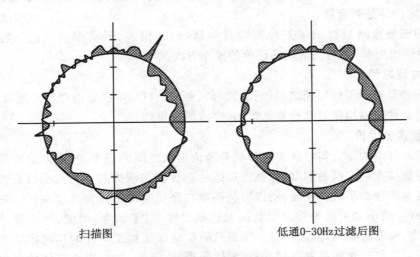

扫描图   低通0-30Hz过滤后图

图 11-47   圆度分析的傅立叶变换计算示意图

用高斯过滤可以完成下列任务:

用一个给定的截止频率计算一个圆度评定的"光顺"的偏差。低通滤波器用于圆度,参考圆的计算参考圆的计算按照一个高斯圆、内接圆、外接圆计算任何偏差曲线的"平滑的"偏差。例如:直线度低通滤波器,用最小二乘方法计算参考直线(偏差垂直于直线方向)。

高丝过滤示意图如图 11-48 所示。

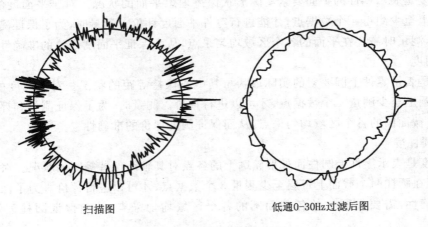

扫描图   低通0-30Hz过滤后图

图 11-48   高丝过滤示意图

11.6 测量评价及报告生成

11.6.1 测量评价

几何零件的制造过程中需要不断对零件进行过程检测和最终检测来保证产品的加工质量,测量参数按照产品设计时提供的质量控制参数及指标来判断合格与否。三坐标检测,在完成数据采集后,再对所得数据进行处理,如:误差评价、测量报告输出及测量数据的统计分析,从而判定产品是否合格。

一般的三坐标测量机的误差检测项目包括:尺寸误差、形状误差、位置误差等。PC-DIMS 软件使用为例,说明测量误差评价的操作方法。

1. 尺寸误差评价

尺寸误差是对于零件特征之间的长、宽、高、夹角、直径、半径等类型尺寸测量评价,可以通过尺寸误差评价输出测量和计算结果,并生成测量报告。

2. 形状误差评价

形状公差评定的是几何特征实际形状与理论形状之间的误差,与被评定特征的大小和位置无关。例如在评定圆的圆度时,被评定圆的圆度值与该圆的直径大小没有关系。因为是与特征自身的理论形状作比较,所以形状误差在评定时都不需要基准特征。它的评定方法有最小条件、最小二乘法等等。形状误差包括直线度、平面度、圆度、圆柱度、圆锥度、球度、线轮廓度、面轮廓度等等;通过对形状误差的控制保证加工零件的几何形状变形及误差在实际应用中工作正常和可靠。如:密封零件的形状、汽车、飞机燃烧零件的形状等都必须通过测量和评价形状误差来监测质量。

（1）直线度

直线度是表示零件上的直线要素实际形状保持理想直线的状况。误差评价时,对于二维直线、三维直线特征,需要在直线上采集至少 3 个数据点才能评价直线度误差。

（2）平面度

平面度是表示零件的平面要素实际形状保持理想平面的状况。对于平面度的评价,需要在平面上至少测得 4 个数据点,才能进行零件平面度评价。测量时,为了保证测量和评价的准确性,测量时需要在平面的各个区域均匀采点,从而保证平面度评价的准确性。

（3）圆度

圆度是表示零件上圆要素的实际形状与其中心保持等距的状况。对于圆度的评价,需要在截面圆上至少测量 4 个数据点,才可以进行评价。测量时,为了保证测量和评价的准确性,需要在截面圆的各个区域均匀采点,从而保证圆度评价的准确性

（4）圆柱度

圆柱度是表示零件上圆柱面外形轮廓上的各点对其轴线保持等距的状况。对于圆柱度评价,需要在圆柱两个截面上每层至少测量 3 个数据点,才可以进行评价。为了保证测量和评价的准确性,需要在圆柱的各截面圆的各个区域均匀采点,从而保证圆柱度评价的准确性。

（5）球度

球度是表示零件上球面外形轮廓上的各点对其球心保持等距的状况。对于球度评价，需要在球面上两个截面上每层至少测量 3 个数据点，才可以进行评价。为了保证测量和评价的准确性，需要在球的各截面圆的各个区域均匀采点，从而保证球度评价的准确性。

（6）圆锥度

圆锥度是指圆锥的底面直径与锥体高度之比，如果是圆台，则为上、下两底圆的直径差与锥台高度之比值。对于圆锥度评价，需要在圆锥表面至少两个截面上每层至少测量 3 点，才可以进行评价。为了保证测量和评价的准确性，需要在圆锥的各截面圆的各个区域均匀采点，从而保证球度评价的准确性。

（7）轮廓度

轮廓度是指被测实际轮廓相对于理想轮廓的变动情况，用于描述曲面尺寸的准确度。对于轮廓度评价，需要有理论数据（即 CAD 模型），并且在零件表面相应的位置测量点特征，才可以进行评价。

3. 位置误差评价

位置误差的评价是用于检查和衡量集合零件的实际位置和理论位置之间的加工偏差。常用的位置误差评价包括：平行度、垂直度、倾斜度、同心度、同轴度、位置度、跳动、对称度等；

几何制造产品的位置误差合理控制可以在保证安全使用的同时，又最大限度放宽产品的合格范围。一方面为企业降低成本，充分利用所加工的产品，同时又保证了装配和使用的可靠性和寿命。

目前国际化的形位公差标准 ASME14.5 和 ISO1201 等也在不断地通过大型制造业应用特点，不断推进先进的公差计算和更加合理的评价方法来满足产品质量检查和控制，如：基于材料实体条件的位置度评价、复合位置度评价成为装配零件进行位置误差评价的重要参数。

11.6.2 检测报告

依据项目检测流程，完成测量数据处理、评价后，最后就是通过报告输出呈现检测结果。

如图 11-49 所示，是 Rational-DMIS 软件中图文形式的报告输出操作，只需采用拖拽方法，将评价处理完的数据拖拉到报告区域内，即可生成报告。

报告输出的形式很多，包括：文本报告、图片报告、图文报告。

图片报告将测量图形或 CAD 模型与相应的测量尺寸同时显示，这样可以直观的看到测量特征在零件上的位置和测量结果，如图 11-50。

文本报告是最常用的测量报告格式。在文本报告中显示的项目比较完整，报告内容排列整齐，易于理解（图 11-51）。

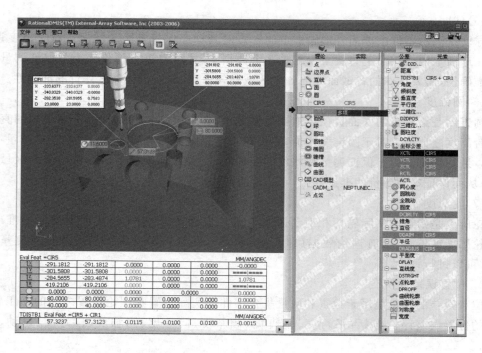

图 11-49　评价结果图文报告输出

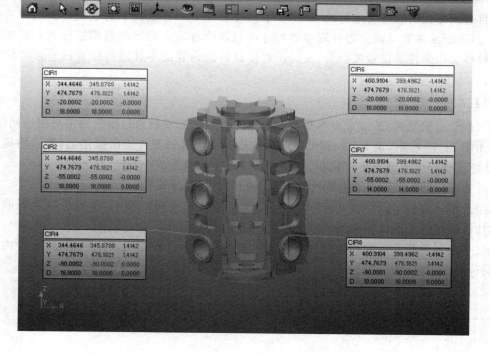

图 11-50　图形报告

检查报告

公司：	爱科腾瑞科技(北京)有限公司-090113-DEMO-E110(博洋)					
操作员：						
日期：	2013年4月18日					
时间：	下午 03:10:19					
	理论	实际	误差	上公差	下公差	趋势
CIR1	[DEMO Version]					MCS/MM/ANGDEC/CART/XYPLAN
X	344.4646	345.8788	1.4142	0.0000	0.0000	1.4142
Y	474.7679	476.1821	1.4142	0.0000	0.0000	1.4142
Z	-20.0002	-20.0002	-0.0000	0.0000	0.0000	-0.0000
D	18.0000	18.0000	0.0000	0.0430	0.0160	-0.0160
CIR2	[DEMO Version]					MCS/MM/ANGDEC/CART/XYPLAN
X	344.4646	345.8788	1.4142	0.0000	0.0000	1.4142
Y	474.7679	476.1821	1.4142	0.0000	0.0000	1.4142
Z	-55.0002	-55.0002	-0.0000	0.0000	0.0000	-0.0000
D	18.0000	18.0000	0.0000	0.0430	0.0160	-0.0160
TDISTB1	[DEMO Version] 计算元素 = CIR1 + CIR2					MCS/MM/ANGDEC
	35.0000	35.0000	0.0000	0.0000	0.0000	-0.0000
TCONCEN1	[DEMO Version] 计算元素 = CIR2					MCS/MM/ANGDEC
◎	0.0000	0.0000	0.0000	0.0000		0.0000
TANGLB1	[DEMO Version] 计算元素 = PLN1 + PLN2					MCS/MM/ANGDEC
△	90.0000	90.0000	0.0000	0.0000	0.0000	━━━━┃━━━━
TRAD1	[DEMO Version] 计算元素 = CIR4					MCS/MM/ANGDEC
⌒	9.0000	9.0000	0.0000	0.0000	0.0000	0.0000

图 11-51　文字报告

11.7　基础样件实训案例

以 Rational-DMIS 为例，就最基本的数模样件为模板（如图 11-52），详细讲述工件测量的整个流程。

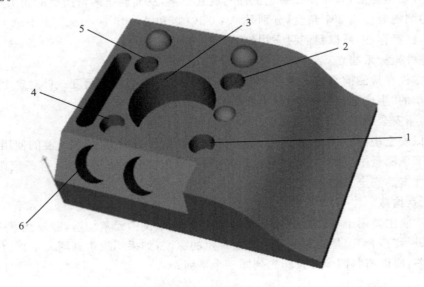

图 11-52　基础样件

测量项目:① 圆 1 和圆 5 中心距大小;

② 圆 2 和圆 4 的最大距离;

③ 同时经过圆 1、圆 2、圆 4、圆 5 的虚拟圆大小;

④ 键槽的长宽大小;

⑤ 圆柱 3 和圆柱 6 的夹角。

注:角度公差为±4°,其他数值公差均为±0.02mm,且此工件不需要批量测量,就测量单件即可。

1. 案例检测分析

从"测量项目"中列出的 5 个选项分析,我们要将这 5 个项目测量出来所需要检测的有:圆 1、圆 2、圆 4、圆 5、圆柱 3、圆柱 6、键槽,测量完毕后,再通过"构造"以及"公差"命令得出上述检测结果。除此外,从"注示"中看到,该工件不需要批量测量,所以,建立坐标系这一步骤不需要记录到 DMIS 程序中,只需在编程前,建立好零件坐标系即可。

2. 测量工艺安排

根据案例规划分析,基本可以确定整体测量工艺如下:

①测头角度的构建及标定

② 零件坐标系的建立

③ 元素测量

④ 元素"投影""拟合"等构造

⑤ 元素公差数据制作

⑥ 文字报告输出

工件的具体测量步骤可参考"立体词典"教学资源库。下面简单介绍工件测量过程一些注意要点:

(1)测头构建与标定

工件开始检测前,首先要先确定工件的装夹方案,从而确定测量所需的测头角度。由工件看出,检测需要使用 2 个角度,分别是 A:0°B:0°和 A:45°B:180°,由于 A:0°B:0°是默认角度,已经存在,所以我们只需构建 A:45°B:180°即可。

(2)零件坐标系建立

每个零件在检测前都需要建立一个零件坐标系,以提高测量精度。针对这个工件,可以用比较简单的"生成坐标"方法构建坐标系。

(3)检测安全平面设定

为确保安全检测,一般在检测中,会设定一个平面作为测头停留、过渡的使用,称为安全平面。在案例测量中,选择之前建坐标系的平面,采用"间距面"操作,上移一定距离作为测量上表面元素的安全平面。

(4)元素构造

构造功能主要用于不能直接被拾取的元素特征,案例中元素构造,需要注意必须先通过"投影"再进行"拟合"。是因为测量的圆在一定的深度,如果不投影到同一个平面,拟合出的圆会有偏差,所以需将四个圆投影先到同一个平面。

11.8　三坐标测量常见难点剖析

三坐标测量中,有很多工件空间结构特别复杂,而且相互位置尺寸精度要求很高。由于三坐标测量机配备先进的测量处理软件,测量形位公差、空间相关尺寸等能力大大增强,因此很适合复杂零件的测量。然而,在三坐标测量过程中也会遇到一些问题影响测量精度,如由于测头配置不合理导致测量误差偏大,小圆弧短直线的测量结果明显偏离实际值,或因同轴度测量误差较大,导致合格品误检为不合格品,有时则因深孔圆柱度测量结果较实际值小,使不合格品误检为合格品,针对上述问题的成因进行深入分析,并提出具体可行的解决方案,为合理使用三坐标测量机奠定了基础。

11.8.1　同轴度误差检测

同轴度检测是测量工作中经常遇到的问题。实际使用三坐标测量机测量同轴度工作中,由于测量方法不当,有时会出现测量结果误差大,重复性差的现象。

1. 同轴度的定义

在国家标准中,轴线的同轴度公差的定义为:公差带是直径为 ϕt 的圆柱面内的区域,该圆柱面的轴线与基准轴线同轴。简单理解就是,零件上要求在同一直线上的两根轴线,它们之间发生了多大程度的偏离,两轴的偏离通常是三种情况(基准轴为理想的直线)的综合——被测轴线弯曲、被测轴线倾斜和被测轴线偏移。它有以下 3 种控制要素:

①基准轴线的建立;

②被测物体轴线的建立;

③考虑实际工作或者装配要求作变通处理。

2. 误差问题原因分析

(1)测量基准方面的问题

通常,基准是一个具有确定方向的直线。但基准是由实际要素来确定的,是一个理想要素。三坐标建立基准轴线,是通过采集一定数量的点,然后按照一定的计算公式和评价方法,对采集的点进行处理,最终生成一个基准元素,比如我们所测量的圆柱,是一个具有一定的圆柱度误差,有一定的方向矢量的圆柱,所以应该注意到:

如果采集的点数太少,将不能很全面地反映被测圆柱的实际特征,即直径、方向矢量、圆柱度误差等。从而,以此建立的基准将于实际要素的理想轴线有偏离,从而导致被测元素的同轴度误差增大。

另外一个方面,当基准元素的形状误差,即圆柱度误差较大时,将产生很大的影响。一方面由于采集的点数有限,如果圆柱度误差大,则意味着每增加一个点,计算机计算生成的圆柱轴线方向矢量将与前者产生大的偏离,由此,再来测量被测元素的同轴度,也将产生很大的偏差。

如图 11-53 为一个截面的采点情况,假设原来均匀采四个点,沿坐标方向,形成如图所示的圆心 O,当增加左下方 45 度方向的两个点时,圆点将可能向左下方移动到 O′,从而轴线产生偏离。

再者,截面数太少也会影响方向矢量。一个圆柱如果只采集两端的两个截面,则不能反映中间截面的情况,从而使得轴线产生较大的偏离。

如图 11-54,如果只采集两端面的两个截面,我们得到的轴线为图示虚线方向,如果增加一个中截面,其轴线则变为实线方向。事实上,如果截面越多,将越逼近理想位置。

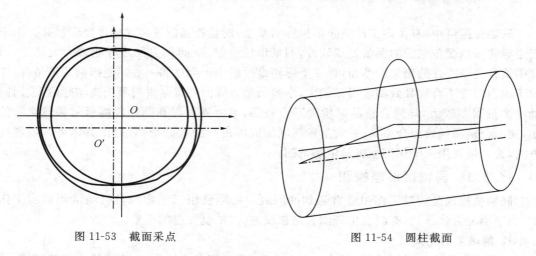

图 11-53　截面采点　　　　　　　图 11-54　圆柱截面

（2）基准延长问题

如果被测元素偏离基准元素比较远,则误差会被成倍数的放大。也就说,存在一个基准延长的问题。

如图 11-55,基准 A 如果建立无误（理想情况）,为途中短虚线,被测元素此时与基准 A 通轴,而假设其右端截面圆由于各种因素,如轴线形状弯曲、扭曲、折线、倾斜等,以及可能出现的测量上偶然因素的影响,偏离了此时的位置约为 0.006mm,假设 $L=10L_1$,则基准延长到 L_2 时,已经偏离了约 $0.006\times10=0.06$mm,从而使得同轴度增加 $0.06\times2=0.12$mm,由此,同轴度有可能因此而超差。

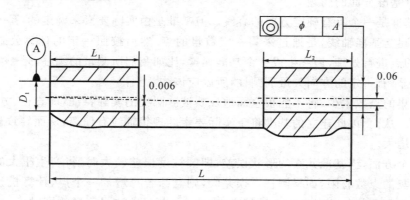

图 11-55　基准延长误差

3. 同轴度问题解决方案探讨

针对以上问题,探讨了解决的方法,以供在实际测量中参考运用。

（1）增加截面数,同时增加每一个截面的点数

资料证明,当一个截面的点数超过 80 个以上时,点数的影响才可以忽略。当然,在实际

的测量工作中不可能去采如此之多的点,但增加截面数和点数,将无限逼近被测元素的实际形状,无疑减小了测量的误差。

(2)用公共轴线作为基准轴线

当基准圆柱与被测圆柱较短且距离较远时,可以采用公共轴线作为基准轴线的方法,在基准圆柱和被测圆柱上测中间截面,取中截面连线作为基准轴线,然后分别计算基准圆柱和被测圆柱对基准轴线的同轴度,取其最大值作为该工件的同轴度误差。采用此方法时,其基准变长了,对应的误差值也就相应减小了。不过,这种方法也是不足的,其风险在于缩小了实际可能比较大的误差,将不合格的工件误判为合格,如图 11-56 所示。

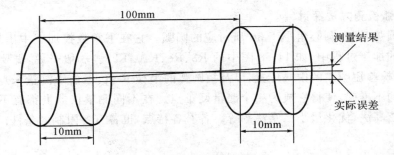

图 11-56 公共轴线为基准轴线

(3)改测同轴度为测直线度

在被测元素和基准元素上多采几个截面圆(如图 11-57 所示),然后用圆心构造出一条 3D 曲线,近似将其当成一条直线,然后评价其直线度,直线度的两倍就是同轴度公差的大小。这种方法,圆柱越短,效果越好,因为这种情况下轴的倾斜对装配影响很小,而轴心偏移对装配影响较大。轴心偏移的测量,实际就是测量轴心连线的直线度。

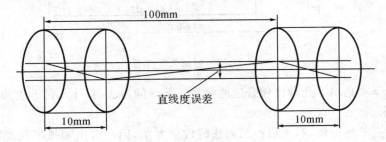

图 11-57 改测直线度误差

除了上述三种比较常见的同轴度测量方案外,还有很多其他变通的检测方法,这里就不一一列举了。在实际检测应用中,对比前三种测量方案,一般选用 3 号方案更加精确合理化。

4. 同轴度测量方法注意点

当被测孔(轴)和基准孔(轴)为一刀加工完成时,可以建立公共轴线(那么建立公共轴线的 2 个圆就要尽量靠近两端,这样拟合的轴线就会最大包容这个柱体);然后让被评价的圆柱与拟合的公共轴线进行评价。

当被测孔(轴)和基准孔(轴)不是一刀加工完成时,则需要将坐标系建在基准圆投影在端面山的位置。然后测量被评价柱体的多个截面。求这些截面在该工作平面内的最大偏差。然后将得到的数值乘以二即为最终的同轴度误差。

作为基准的元素应当精度要求尽量高,长度尽量长,特别是表面粗糙度、圆度、柱度要尽量好,以增加基准的准确性。

11.8.2 大半径短圆弧与短直线测量

大半径短圆弧与短直线的测量,一直以来都是精密测量中的一道难题。主要原因是长度太短,采样范围过小,造成采样信息量明显减少,从而使得我们的测量误差成倍数增加,重复性精度不稳定。

1. 短圆弧检测方法探讨

所谓短圆弧,即是圆心角小于30°所对应的圆弧。它在平常数控加工中出现频率很高,特别是数车的加工过程中,如 11-58 图中的 R3、R8、R10、R28。一般来说,需要对短圆弧的测量,主要是检验短圆弧的中心位置,以及短圆弧的半径 R 值,但由于测量采点范围的限制而导致结果的不准确,使得它成为一个测量疑难点。在不同测量仪器上都有不同的测量方法。例如有弦高法、优化最小二乘法等等。各有各特点,也各有各限制的条件。

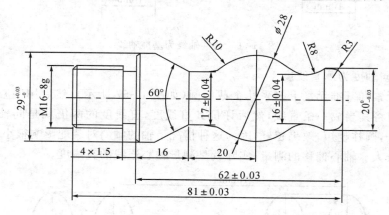

图 11-58　短圆弧零件图

通过实践基本总结了几种比较合适的测量短圆弧的方法,具体几种方法如下:

（1）密集采点

利用已测点的坐标值,利用最小二乘法的数学方法,回归求出圆弧半径及圆心,为了提高精度要密集采点甚至用扫描采点的方法。但在中心夹角小时,误差仍较大。

（2）分段密集采样的圆心的最小二乘法

在短圆弧三点(起点、中点、终点)附近密集采点,此三点应尽可能远,每一点附近的点的数据作为一组,共有三组数据,每组有 n 个数据;每组取一点,共三点,计算一个圆心及半径,互相组合后有 $N = n^3$ 个圆心,把 N 个圆心用最小二乘数学方法回归,得一点,作为实际圆心,把各点到此圆心的距离的平均值作为半径,最大、最小距离之差作为实际公差。

（3）圆心固定法

短圆弧的圆心坐标与 R 值,在图纸上标有名义值和公差值。从数学角度讲,零件上那短圆弧已设计确定。这圆心坐标与 R 值是一对完全相关量,只要确定了圆心坐标值,就能相应确定圆弧的半径 R 值。无论从设计者讲或对短圆弧的使用功能特性讲，还是从加工短圆弧的工艺角度讲也都是以圆心坐标为基准值来计算，加工圆弧。

基于上述思想，先按图纸建立被测工件的零件坐标系，圆心可以通过其他的元素测量和计算得到，误差只是产生在短圆弧半径 R 值的计算上。用三坐标测头在短圆弧上采点，每采一点就计算该点到该圆心的距离，输入圆弧 R 名义值及其公差来判断是否合格。用同样的方法在短圆弧的起点、终点和中间点，分别测出其半径值，如果都在公差范围内就为合格，只要有超差就判为不合格。

比较上述三种常用的短圆弧测量方法，前两种原理和操作性都比较简单且有较多限制性，所以一般说来，优先选择第三种方法圆心固定法进行检测，

2. 短直线检测方法探讨

在实际检测过程中，除了碰到棘手的短圆弧测量，同样还会经常碰到要对短直线进行测量。有些要测二短直线的夹角，有的要测短直线到某一点的距离。在三坐标测量机上，使用通常的方法测量，结果往往把误差放大很多。经过多次测量实践，我们找到了一些比较适合的解决方法，在此作浅薄的介绍与讲解。

如图 11-59，有一中心孔上方有一异型窗孔，要测窗子侧边到中心的距离 L，如果按照通常测短直线，然后直接求中心点的距离，其误差会很大.因为短直线本身因加工产生角度误差，那么经过延长到中心点能垂直相关的程度，就可能把误差放大。

采取把坐标 Y 轴旋转，使其理论上与短直线平行。然后再短直线采一点，求该点到 Y 轴的距离，这就不同于延长短直线后，取点到延长线的距离，应该反映实际值。

又如下面这个例子（图 11-60），在中心孔右上方有一个多脚，要测量其两侧短直线的角度，为了不扩大测量误差，不能用常规直测二短直线求夹角的方法。经图确认，多脚的二短直线延长线是经过中心点。这样把中心点与短直线上各取一点，2 点构造成一直线，同样在另一短直线上也采一点，并与中心点构造成另一直线，这样就可以求该二直线的夹角即可。

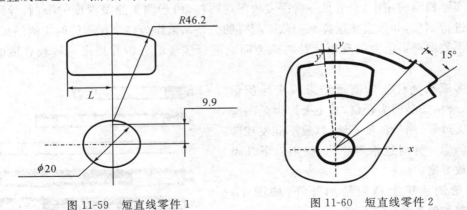

图 11-59　短直线零件 1　　　　　　图 11-60　短直线零件 2

总之，短直线的测量要尽量避免将短直线延长后再求值，就不会放大误差的错误结果，而测量思路是①要么把短直线缩小为一个点来处理；②要么把短直线和理论上与短直线同一直线的点，虚拟成一条长直线来处理；当然实际具体工件要就事论事具体分析，以提出最优检测方案。

11.8.3　键槽对称度检测

在机械加工业中,测量和评定键槽对称度时,我们经常碰到因得不到合适的参考元素来评价其对称度误差,从而导致合格工件报废的现象。针对这一问题进行简要分析并提出较好的测量方案。

1. 键槽对称度公差的定义

(1)对称度误差的定义:对称度误差是指被测表面的对称平面与基准表面的对称平面间的最大偏移距离。

(2)对称度公差带的定义:对称度公差带是指相对基准中心平面对岑配置的两个平行平面之间的区域,两平行面间的距离。

2. 键槽对称度检测方法探讨

轴键槽对称度是影响传动轴扭矩传递精度及键和键槽工作寿命的重要参数。在轴键槽加工中心,目前常用的轴键槽对称度测量方法有的测量精度较低;有的操作复杂,不便于加工现场使用。如 V 形块-百分表测量法需要反复调转工件、找正,然后将测量值代入公式进行计算,又如用轴键槽对称度量规检测,由于量规的规格多,不利于管理和保管。使用三坐标测量对称度是需要测量出键槽的 2 个对称平面同时构造出键槽的基准平面,通过软件计算出两个平面与基准面的对称度,测量方法有 2 种:

(1)在工件上建立坐标系,坐标系的原点建立在键槽端面的圆弧上,坐标系的 X 或 Y 轴与两端圆弧圆心连线平行或重合。测量出键槽的 2 个被测平面用坐标系的基准平面做为基准平面,通过软件计算出键槽的对称度。

(2)用同样的方法在被测轴上建立工件坐标系,测量出键槽的 2 个被测平面,同时构造出 2 个平面的中心面,测量出中心面和基准平面距离的 2 倍即为该键槽的对称度。

11.8.4　深孔圆柱度检测

在实际检测应用中,会遇见一些深度较深的圆柱,由于测头测量深度的限制,导致只能在局部进行测量,如果直接选择某一截面测得的公差结果作为整个深圆柱的实测结果,会发现实测误差偏离得很大的现象。针对此类问题进行浅薄的分析并提出一些较合适的测量思路。

很多深孔圆柱度的测量结果较实际值偏小,把不合格产品即为合格,其主要原因是测头组件配置过短,测量深度不够,以致不能发现圆孔锥度问题。针对这根本原因,提出以下几点具体解放方案:

1. 给测头配上适当的加长杆(如图 11-61),使其能够到达深孔底部

目前,测量比较常用的测头主要有 RTP20＋TP20 系列和 PH10＋TP20/TP200。RTP20可与 TP20 各系列进行组合使用,并可在此基

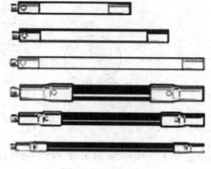

图 11-61　加长杆

础上添加加长杆,PH10 可与 TP20 或者 TP200 系列组合使用,并可在此基础上添加加长杆。

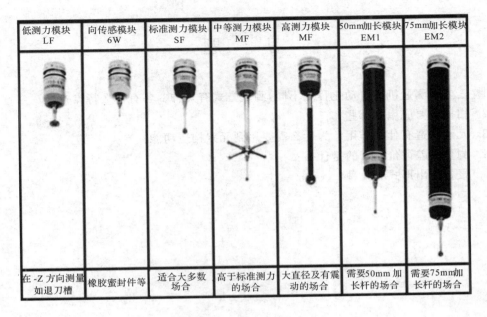

低测力模块 LF	向传感模块 6W	标准测力模块 SF	中等测力模块 MF	高测力模块 MF	50mm加长模块 EM1	75mm加长模块 EM2
在 -Z 方向测量 如退刀槽	橡胶蜜封件等	适合大多数 场合	高于标准测力 的场合	大直径及有震 动的场合	需要50mm 加 长杆的场合	需要75mm 加 长杆的场合

图 11-62　添加加长杆测头

（2）将标准的球形测杆换成星形测头或盘形测头，使其在测量过程中不至于发生杆先碰被测表面而引起误触发。

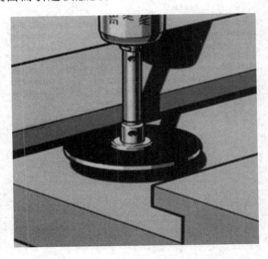

图 11-63　星形测头或盘形测头对键槽的探测

除此外，应该设置好三坐标测量及的探测距离和回退距离等参数，使其在测量直径较小的孔时不至于撞上圆柱侧壁。

习　题

1. 三坐标测量机按自动化程度不同,测量方式有几种？各有什么特点？
2. 扫描主要应用有哪些？
3. 元素构造有什么作用？为什么需要用到元素构造功能？
4. 测量误差评价的目的是什么？
5. 报告输出形式有几种？

第 12 章　其他测量技术简介

本章学习的主要目的和要求：

1. 了解三维激光扫描技术的基本知识、优点及应用。

2. 了解扫描测量的基本工作流程。

3. 了解影像测量技术的基本知识、优点及应用。

12.1　三维激光扫描技术

12.1.1　技术简介

近年来，随着工程测量服务领域的不断拓宽以及三维设计制造对测量精度的要求，传统的坐标测量已经不能满足高效率三维坐标采集和"逆向工程"的需要，一直难以完美地对汽车整体、轮船和飞机等大型部件或超大部件进行 3D 扫描。相比这些测量技术，三维激光扫描技术具有极大的技术优势，特别是在数据采集方面，具有高效、快捷、精确、简便等特点，被广泛地应用于各个领域。

1. 三维激光扫描技术

三维激光扫描技术（如图 12-1 所示，船体的激光扫描）是采用非接触式高速激光测量方式，来获取复杂零件的几何特征数据，最终通过处理软件对采集点云数据和影像数据进行处理分析，转换为三维空间位置或三维模型，以不同数据格式输出，用以满足不同应用需要。

图 12-1　船体激光扫描

2. 三维激光扫描技术特点

三维激光扫描技术，具有精度高、速度快、分辨率高、非接触式、兼容性好等优势，主要由以下特点

（1）非接触式

三维激光扫描技术采用非接触式高速激光测量方式，不需要反射棱镜，直接对目标体进行扫描，采集目标体表面云点的三维坐标信息。在环境恶劣、人员无法到达的情况下，传统测量技术无法完成，此时三维激光扫描技术优势明显。

（2）数字化程度高、扩展性强

三维激光扫描系统采集的数据为数字信号，具有全数字的特征，易于处理、分析、输出、显示。而且后处理软件用户界面友好，能够与其他常用软件进行数据交换及共享，具有较好的扩展性。

（3）高分辨率

三维激光扫描技术可以进行快捷、高质量、高密度的三维数据采集，从而达到高分辨率的目的。

（4）应用广泛、适应性强

由于其良好的技术特点，在工程各领域应用广泛。对使用条件要求不高，环境适应能力强，适合野外测量。

12.1.2　系统组成及测量原理

1. 系统组成

激光扫描仪是光学距离传感器，其基本组成包括：三维激光扫描仪、数码相机、后处理软件、电源以及附属设备。

图 12-2　手持式自定位三维扫描仪（creaform）

如图 12-2 所示，手持式自定位三维扫描仪就是三维激光测量中，最具代表性的扫描仪。系统主要包括：手持式扫描头、支撑架、定位点、校准板、软件系统。

与其他激光扫描设备相比，其具有的特点包括：自定位（无需其他外部跟踪装置辅助，利用反射式自粘贴材料作为定位靶）；移动自如（由于采用了真正的便携式设计，因此不受扫描方向及狭窄空间的局限）。

手持式扫描仪极大地缩短了大型零部件的测量速度，加快了设备在零部件上的定位速度，提升的测量精度。最终也降低的生产的成本，提升了效率。被广泛应用于航天航空、制造、医疗、文物保护等领域。

2. 测量原理

(1)激光三角测距

扫描测量主要是对三维曲面轮廓的检测,利用激光三角测距法测曲面轮廓以其非接触、快速、高精度等优点得到广泛应用。它具有数据采集速度快、能对松软材料的表面进行数据采集、能很好测量复杂轮廓等特点。

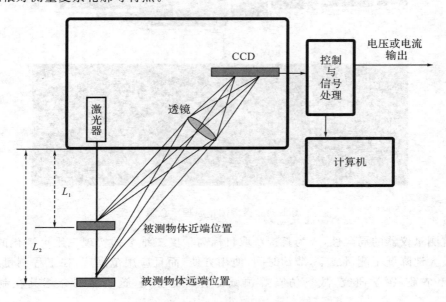

图 12-3　激光三角测量工作原理图

如图 12-3 所示,在激光三角测距法中,由光源发出的一束激光照射在待测物体平面上,通过反射最后在检测器(CCD)上成像。当物体表面的位置发生改变时,其所成的像在检测器上也发生相应的位移。通过像移和实际位移之间的关系式,真实的物体位移可以由对象移的检测和计算得到。

(2)三点法测量

在逆向工程领域中,因受设备测量范围的局限,大型件或复杂表面件需经多次测量才能获得其全貌数据。因此,将多次测得的产品点云数据进行拼接、配准以达到坐标统一对型面重建具有重要意义。针对型面配准采用的三点法作简要介绍。

三点法配准即采用在于目标体位置固定不变的工作台或被测量产品型面上粘贴标记三个分布合理且不共线,易于识别的辅助标记点。由于三标记点之间的相对位置不随测量方位和坐标系的变换而变换,故可依据坐标变换原理得到两组标记点之间的转换关系,进而将相邻两曲面片统一到一个测量坐标系下,实现坐标归一化,达到有效拼接。该配准手段不受被检测产品型面形状限制,操作方便,成本低易操作。

如图 12-4 所示,三点法应用实施效果,由工件上布置了标记点或目标点,将多个角度获取的数字信息,整合在一起,分析出目标点的空间位置和它们的 x,y,z 坐标,使用这些目标点建立一个坐标系统。

12.1.3　技术应用

三维激光扫描技术以其非接触、扫描速度快、获取信息量大、精度高、实时性强等优点,

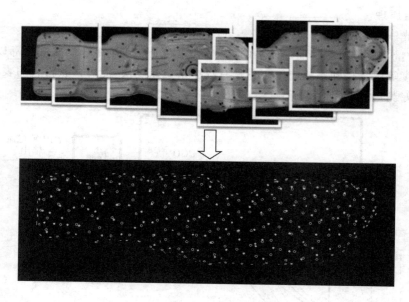

图 12-4　摄像测量原理示意图

克服传统测量仪器的局限性,成为直接获取目标高精度三维数据实现三维可视化的重要手段。它极大地降低了测量成本,节约时间,使用方便,而且应用范围广,在工程测量、文物保护、森林和农业,医学研究,战场仿真等领域都有广泛应用,这里主要介绍其在制造业的应用。

随着制造行业的发展,对产品的精度要求日益提高,包括零件的制造加工精度、装调定位精度等。激光测量技术成为保障加工精度的重要手段,三维激光扫描就是其重要手段之一。

三维激光扫描技术的在制造行业应用包括:机械设计、模具设计、工装夹具设计、逆向工程、产品检测、粘土模型数字化、包装设计、快速成型等。如图 12-5 所示,为扫描测量基本应用。

三维扫描实质是获取目标体外表面轮廓坐标数据,称为产品的"点云数据"。为得到最准确、完整的点云图,根据零件尺寸大小、材质、颜色、曲面复杂程度等的不同可采取不同的扫描策略。可概括为着色—贴标记点—扫描—输出点云。

以 creaform 手持式自定位三维扫描仪为例,简单介绍扫描应用工作流程。

(1)着色

着色过程是对物体表面喷涂反色材料,提高表面的光束反色,增强数据采集效果。

(2)粘贴标记点

标记点作用就是实现多视角点云数据拼合时的定位,三维激光扫描使用的标记点主要材料是反光材料。扫描过程通过对标志点的拼接加以形成物体 3D 测量测量数据,从而实现物体全方位扫描,如图 12-6 所示。

标记点粘贴需要注意,粘贴前应将待粘贴表面灰尘擦净;粘贴位置应在无遮挡、易见、平整、连续,且无灰尘、无水渍、无油渍的零件表面。

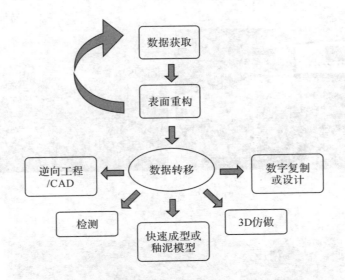

图 12-5　激光扫描测量应用流程

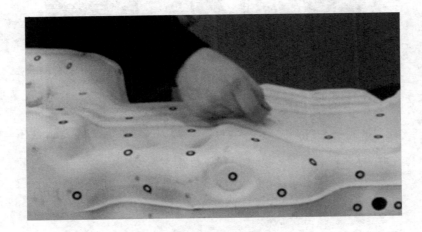

图 12-6　粘贴标记点

（3）创建定位模式

在测量工作台设置必要的标定工具，再从多个角度拍摄数码照片，把这些照片整合在一起，分析出目标点的空间位置和它们的 x,y,z 坐标，使用这些目标点建立一个坐标系统。

（4）扫描

在建立的定位坐标系中，通过三维扫描仪，对物体表面进行数据采集，如图 12-8 所示。

（4）输出数据

随着软件技术的发展，Creaform 配套的测量软件能自动生成三角网格面，最后可输出三角网格面数据，如图 12-9 所示。

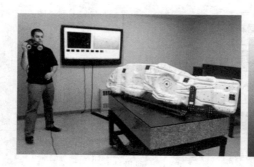

图 12-7　配置测量系统

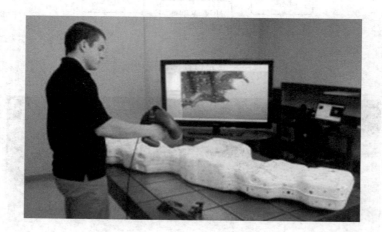

图 12-8　扫描

图 12-9　测量的三角网格面

12.2 影像测量技术

12.2.1 技术简介

80 年代初期,ROI 公司开发出光学影像探针,可以替代坐标测量机上的接触式探针进行非接触式测量,从此开启了影像测量仪的新纪元。

影像测量是集光、机、电、计算机图像技术于一体的高精度、高科技测量技术,能高效地检测各种复杂微小零件、薄壁零件、电子零件、五金件、塑胶工件等的轮廓和表面形状尺寸、角度及位置,如图 12-10 是全自动影像测量仪。

冲压件制造产业

连接器产业

药剂和化妆品包装产业

模具产业

图 12-10 影像测量仪及应用

影像测量的基本测量功能通常包括:点、线、圆、弧等多种基本几何量的测量,在测量方式上,提供多种提取及构建方式;提供多种形状公差和位置公差的测量;提供多种坐标系建立方式;提供手动测量与自动批量测量;批量测量程序可记录测量基元、提取方式、机台操控、光源控制、自动聚焦等过程;可导入导出 CAD 图纸;测量数据输出到指定格式的报表中。

影像测量仪可大致分为科学级和工业级两大类。

科学级产品精度非常高,对工作环境和操作人员要求也非常高,目前世界上只有少数厂家有这类产品,其市场容量很小。

工业级产品占据了市场最大份额。在工业级产品中,精度高、性能稳定、效率高、功能丰富的一线品牌主要有国外的蔡司、三丰、尼康、OGP、海克斯康及国内的博洋、天准精密技术等公司。它们各自开发的具有三维影像测量功能的品牌产品代表了当今工业级影像测量仪的先进水平,总体水平质量上相比来看,与国外还存在一些差距。

影像测量技术被广泛应用在各种不同的精密产业中,如电子元件、精密模具、精密刀具、弹簧、螺丝加工、塑胶、橡胶、油封止阀、照相机零件、脚踏车零件、汽车零件、导电橡胶、PCB加工等各种精密加工业,是机械、电子、仪表、钟表、轻工、塑胶等行业不可缺少的计量检测设备之一。

12.2.2 测量原理及系统组成

1. 影像测量工作原理

如图 12-11 所示,影像测量系统本身的硬件包括光栅尺、CCD、镜筒、物镜、数据线,测量是利用表面光或轮廓光照明后,经变焦距物镜通过摄像镜头摄取影像,将所能捕捉到的图象通过数据线传输到电脑的数据采集卡中,之后由软件在电脑显示器上成像,通过工作台带动光学尺,在 X、Y 方向上移动,由软件进行演算完成数据采集测量工作。

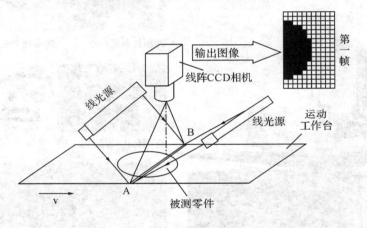

图 12-11　影像测量原理

2. 系统构成

非接触影像测量仪是一般由高解析度 CCD 彩色摄像机、连续变倍物镜、PC 电脑显示器、转接盒、精密光学尺、2D 资料测量软件与高精度工作台等精密机械结构组成的高精度、高效率光电测量仪器,主要以二维测量为主,也能作三维测量。与传统的接触式测量相比,影像测量具有方便、快速,适合小尺寸测量的特点。

系统分为硬件、软件两大部分,硬件部分除机械测量平台、激光测头外,还包括步进电机与步进电机驱动器、工控机以及插在工控机主板上的图像采集卡和运功控制卡。图像采集卡将 CCD 摄像机拍摄的视频信号转换为计算机能够处理的数字图像。步进电机驱动器可以设置脉冲的细分数,并从运动控制卡获取脉冲与运动方向信息,驱动步进电机运动。

软件部分包括测量与数据处理两部分,测量部分的软件功能主要是控制运动、图像获取、图像处理以及坐标换算,完成表面形状的数字化过程。数据处理主要包括测量数据的平滑、光顺、网格建模、显示、缩放等功能,完成表面形状的重构过程。如图 12-12 所示,为 Rational-DMIS 软件影像测量界面,测量薄壁零件的孔径。

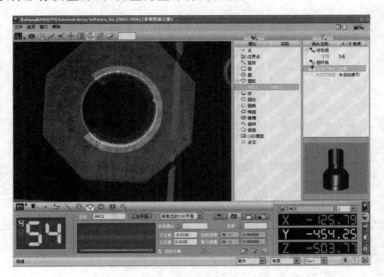

图 12-12　影像测量软件界面

习　　题

1. 简述三维激光扫描技术原理及应用特点。
2. 简述影像测量技术应用特点。

附　　录

国家标准选摘

附表 A-1　参考的部分国家标准

GB/T 321—2005	优先数和优先数系
GBT 6093—2001	几何量技术规范(GPS) 长度标准 量块
JJG 146—2003	量块检定规程
GB/Z 20308—2006	产品几何技术规范(GPS)总体规划
GB/T 18780—2002	产品几何技术规范(GPS)几何要素
GB/T 13319—2003	产品几何量技术规范(GPS)几何公差 位置度公差注法
GB/T 1958—2004	产品几何量技术规范(GPS)形状和位置公差 检测规定
GBT 4249—2009	产品几何技术规范(GPS) 公差原则
GBT 1800.1—2009	产品几何技术规范(GPS)极限与配合 第1部分:公差、偏差和配合的基础
GB/T 11336—2004	直线度误差检测
GB/T 11337—2004	平面度误差检测
GB/T 4380—2004	圆度误差的评定两点、三点法
GB/T 1184—1996	形状和位置公差未注公差值
GBT 1182—2008	产品几何技术规范(GPS)几何公差 形状、方向、位置和跳动公差标注
GBT 16671—2009	产品几何技术规范(GPS)几何公差 最大实体要求、最小实体要求和可逆要求
GB/T 3505—2009	产品几何技术规范(GPS) 表面结构 轮廓法 表面结构的术语、定义及参数
GB/T 1031—2009	产品几何技术规范 表面结构 轮廓法 表面粗糙度参数及其数值
GB/T 131—2006	产品几何技术规范 技术产品文件中表面结构的表示法
GB/T 7220—2004	表面粗糙度 术语 参数测量
GBT 21388—2008	游标、数显、带表深度卡尺
GBT 21389—2008	游标、数显、带表卡尺
GB/T 1216—2004	外径千分尺
GB/T 20919—2007	电子数显外径千分尺
GBT 1219—2008	指示表
GB/T 16455—2008	条式和框式水平仪
GB/T 1957—2006	光滑极限量规 技术条件
ISO 10360—1—2000	三坐标测量标准(中文版)

附表 A-2　各级量块的精度指标（摘自 JJG146—2003）

标称长度 l_n/mm	K级		0级		1级		2级		3级	
	$\pm t_e$	t_v	$\pm t_e$	t_v	$\pm t_e$	t_v	$\pm t_e$	t_v	$\pm t_e$	t_v
	最大允许值/μm									
$l_n\leqslant10$	0.20	0.05	0.12	0.10	0.20	0.16	0.45	0.30	1.0	0.5
$10<l_n\leqslant25$	0.30	0.05	0.14	0.10	0.30	0.16	0.60	0.30	1.2	0.5
$25<l_n\leqslant50$	0.40	0.06	0.20	0.10	0.40	0.18	0.80	0.30	1.6	0.55
$50<l_n\leqslant75$	0.50	0.06	0.25	0.12	0.50	0.18	1.00	0.35	2.0	0.55
$75<l_n\leqslant100$	0.60	0.07	0.30	0.12	0.60	0.20	1.20	0.35	2.0	0.55
$100<l_n\leqslant150$	0.80	0.08	0.40	0.14	0.80	0.25	1.6	0.40	3.0	0.65
$150<l_n\leqslant200$	1.00	0.09	0.50	0.16	1.00	0.25	2.0	0.40	4.0	0.70
$200<l_n\leqslant250$	1.20	0.10	0.60	0.16	1.20	0.25	2.4	0.45	5.0	0.75
$250<l_n\leqslant300$	1.40	0.10	0.70	0.18	1.40	0.25	2.8	0.50	6.0	0.80
$300<l_n\leqslant400$	1.80	0.12	0.90	0.20	1.80	0.30	3.6	0.50	7.0	0.90
$400<l_n\leqslant500$	2.20	0.14	1.10	0.25	2.20	0.35	4.4	0.60	9.0	1.00
$500<l_n\leqslant600$	2.60	0.16	1.30	0.25	2.6	0.40	5.0	0.70	11.0	1.10
$600<l_n\leqslant700$	3.00	0.18	1.50	0.30	3.0	0.45	6.0	0.70	11.0	1.10
$700<l_n\leqslant800$	3.40	0.20	1.70	0.30	3.4	0.50	6.5	0.80	14.0	1.30
$800<l_n\leqslant900$	3.80	0.20	1.90	0.35	3.8	0.50	7.5	0.90	15.0	1.40
$900<l_n\leqslant1000$	4.20	0.25	2.00	0.40	4.2	0.60	8.0	1.00	17.0	1.50

注：距离测量面边缘 0.8mm 范围内不计。

附表 A-3　各等量块的精度指标（摘自 JJG146—2003）

标称长度 l_n/mm	1等		2等		3等		4等		5等	
	测量不确定度	长度变动量	测量不确定度	长度变动量	测量不确定度	长度变动量	测量不确定度	长度变动量	测量不确定度	长度变动量
	最大允许值/μm									
$l_n\leqslant10$	0.022	0.05	0.06	0.10	0.11	0.16	0.22	0.30	0.6	0.50
$10<l_n\leqslant25$	0.025	0.05	0.07	0.10	0.12	0.16	0.25	0.30	0.6	0.50
$25<l_n\leqslant50$	0.030	0.06	0.08	0.10	0.15	0.18	0.30	0.30	0.8	0.55
$50<l_n\leqslant75$	0.035	0.06	0.09	0.12	0.18	0.18	0.35	0.35	0.9	0.55
$75<l_n\leqslant100$	0.040	0.07	0.10	0.12	0.20	0.20	0.40	0.35	1.0	0.60
$100<l_n\leqslant150$	0.05	0.08	0.12	0.14	0.25	0.20	0.5	0.40	1.2	0.65
$150<l_n\leqslant200$	0.06	0.15	0.15	0.15	0.30	0.20	0.6	0.40	1.5	0.70
$200<l_n\leqslant250$	0.07	0.10	0.18	0.16	0.35	0.25	0.7	0.45	1.8	0.75
$250<l_n\leqslant300$	0.08	0.10	0.20	0.18	0.40	0.25	0.8	0.50	2.0	0.80
$300<l_n\leqslant400$	0.10	0.12	0.25	0.20	0.50	0.30	1.0	0.50	2.5	0.90
$400<l_n\leqslant500$	0.12	0.14	0.30	0.25	0.60	0.35	1.2	0.60	3.0	1.00
$500<l_n\leqslant600$	0.14	0.16	0.35	0.25	0.7	0.40	1.4	0.70	3.5	1.10
$600<l_n\leqslant700$	0.16	0.18	0.40	0.30	0.8	0.45	1.6	0.70	4.0	1.20
$700<l_n\leqslant800$	0.18	0.20	0.45	0.30	0.9	0.50	1.8	0.80	4.5	1.30
$800<l_n\leqslant900$	0.20	0.20	0.50	0.35	1.0	0.50	2.0	0.90	5.0	1.40
$900<l_n\leqslant1000$	0.22	0.25	0.55	0.40	1.1	0.60	2.2	1.00	5.5	1.50

注：1. 距离测量面边缘 0.8mm 范围内不计。

　　2. 表内测量不确定度置信概率为 0.99。

附表 A-4　直线度和平面度的未注公差值(摘自 GB/T 1184—1996)　　mm

公差等级	基本长度范围					
	≤10	>10~30	>30~100	>100~300	>300~1000	>1000~3000
H	0.02	0.05	0.1	0.2	0.3	0.4
K	0.05	0.1	0.2	0.4	0.6	0.8
L	0.1	0.2	0.4	0.8	1.2	1.6

附表 A-5　垂直度未注公差值(摘自 GB/T 1184—1996)　　mm

公差等级	基本长度范围			
	≤100	>100~300	>300~1 000	>1 000~3 000
H	0.2	0.3	0.4	0.5
K	0.4	0.6	0.8	1
L	0.6	1	1.5	2

附表 A-6　对称度未注公差值(摘自 GB/T 1184—1996)　　mm

公差等级	基本长度范围			
	≤100	>100~300	>300~1 000	>1 000~3 000
H	0.5			
K	0.6		0.8	1
L	0.6	1	1.5	2

附表 A-7　圆跳动的未注公差值(摘自 GB/T 1184—1996)　　mm

公差等级	圆跳动公差值
H	0.1
K	0.2
L	0.5

附表 A-8　直线度、平面度(摘自 GB/T 1184—1996)

主参数 L/mm	公差等级											
	1	2	3	4	5	6	7	8	9	10	11	12
	公差值,μm											
≤10	0.2	0.4	0.8	1.2	2	3	5	8	12	20	30	60
>10~16	0.25	0.5	1	1.5	2.5	4	6	10	15	25	40	80
>16~25	0.3	0.6	1.2	2	3	5	8	12	20	30	50	100
>25~40	0.4	0.8	1.5	2.5	4	6	10	15	25	40	60	120
>40~63	0.5	1	2	3	5	8	12	20	30	50	80	150
>63~100	0.6	1.2	2.5	4	6	10	15	25	40	60	100	200
>100~160	0.8	1.5	3	5	8	12	20	30	50	80	120	250
>160~250	1	2	4	6	10	15	25	40	60	100	150	300
>250~400	1.2	2.5	5	8	12	20	30	50	80	120	200	400
>400~630	1.5	3	6	10	15	25	40	60	100	150	250	500
>630~1000	2	4	8	12	20	30	50	80	120	200	300	600
>1000~1600	2.5	5	10	15	25	40	60	100	150	250	400	800
>1600~2500	3	6	12	20	30	50	80	120	200	300	500	1000
>2500~4000	4	8	15	25	40	60	100	150	250	400	600	1200
>4000~6300	5	10	20	30	50	80	120	200	300	500	800	1500
>6300~10000	6	12	25	40	60	100	150	250	400	600	1000	2000

附表 A-9　圆度、圆柱度(摘自 GB/T 1184—1996)

主参数 d(D) mm	公差等级												
	0	1	2	3	4	5	6	7	8	9	10	11	12
	公差值，μm												
≤3	0.1	0.2	0.3	0.5	0.8	1.2	2	3	4	6	10	14	25
>3～6	0.1	0.2	0.4	0.6	1	1.5	2.5	4	5	8	12	18	30
>6～10	0.12	0.25	0.4	0.6	1	1.5	2.5	4	6	9	15	22	36
>10～18	0.15	0.25	0.5	0.8	1.2	2	3	5	8	11	18	27	43
>18～30	0.2	0.3	0.6	1	1.5	2.5	4	6	9	13	21	33	52
>30～50	0.25	0.4	0.6	1	1.5	2.5	4	7	11	16	25	39	62
>50～80	0.3	0.5	0.8	1.2	2	3	5	8	13	19	30	46	74
>80～120	0.4	0.6	1	1.5	2.5	4	6	10	15	22	35	54	87
>120～180	0.6	1	1.2	2	3.5	5	8	12	18	25	40	63	100
>180～250	0.8	1.2	2	3	4.5	7	10	14	20	29	46	72	115
>250～315	1.0	1.6	2.5	4	6	8	12	16	23	32	52	81	130
>315～400	1.2	2	3	5	7	9	13	18	25	36	57	89	140
>400～500	1.5	2.5	4	6	8	10	15	20	27	40	63	97	155

附表 A-10　平行度、垂直度、倾斜度(摘自 GB/T 1184—1996)

主参数 L,d(D) mm	公差等级											
	1	2	3	4	5	6	7	8	9	10	11	12
	公差值，μm											
≤10	0.4	0.8	1.5	3	5	8	12	20	30	50	80	120
>10～16	0.5	1	2	4	6	10	15	25	40	60	100	150
>16～25	0.6	1.2	2.5	5	8	12	20	30	50	80	120	200
>25～40	0.8	1.5	3	6	10	15	25	40	60	100	150	250
>40～63	1	2	4	8	12	20	30	50	80	120	200	300
>63～100	1.2	2.5	5	10	15	25	40	60	100	150	250	400
>100～160	1.5	3	6	12	20	30	50	80	120	200	300	500
>160～250	2	4	8	15	25	40	60	100	150	250	400	600
>250～400	2.5	5	10	20	30	50	80	120	200	300	500	800
>400～630	3	6	12	25	40	60	100	150	250	400	600	1000
>630～1000	4	8	15	30	50	80	120	200	300	500	800	1200
>1000～1600	5	10	20	40	60	100	150	250	400	600	1000	1500
>1600～2500	6	12	25	50	80	120	200	300	500	800	1200	2000
>2500～4000	8	15	30	60	100	150	250	400	600	1000	1500	2500
>4000～6300	10	20	40	80	120	200	300	500	800	1200	2000	3000
>6300～10000	12	25	50	100	150	250	400	600	1000	1500	2500	4000

附表 A-11　同轴度、对称度、圆跳动和全跳动(摘自 GB/T 1184—1996)

主参数 d(D),B,L mm	公 差 等 级											
	1	2	3	4	5	6	7	8	9	10	11	12
	公差值,μm											
≤1	0.4	0.6	1.0	1.5	2.5	4	6	10	15	25	40	60
>1~3	0.4	0.6	1.0	1.5	2.5	4	6	10	20	40	60	120
>3~6	0.5	0.8	1.2	2	3	5	8	12	25	50	80	150
>6~10	0.6	1	1.5	2.5	4	6	10	15	30	60	100	200
>10~18	0.8	1.2	2	3	5	8	12	20	40	80	120	250
>18~30	1	1.5	2.5	4	6	10	15	25	50	100	150	300
>30~50	1.2	2	3	5	8	12	20	30	60	120	200	400
>50~120	1.5	2.5	4	6	10	15	25	40	80	150	250	500
>120~250	2	3	5	8	12	20	30	50	100	200	300	600
>250~500	2.5	4	6	10	15	25	40	60	120	250	400	800
>500~800	3	5	8	12	20	30	50	80	150	300	500	1000
>800~1250	4	6	10	15	25	40	60	100	200	400	600	1200
>1250~2000	5	8	12	20	30	50	80	120	250	500	800	1500
>2000~3150	6	10	15	25	40	60	100	150	300	600	1000	2000
>3150~5000	8	12	20	30	50	80	120	200	400	800	1200	2500
>5000~8000	10	15	25	40	60	100	150	250	500	1000	1500	3000
>8000~10000	12	20	30	50	80	120	200	300	600	1200	2000	4000

附表 A-12　Rα 参数值与取样长度 lr 值的对应关系(摘自 GB/T 1031—2009)

Rα/μm	lr/mm	l_n/mm ($l_n = 5 \times lr$)
≥0.008~0.02	0.08	0.4
>0.02~0.1	0.26	1.25
>0.1~2.0	0.8	4.0
>2.0~10.0	2.5	12.5
>10.0~80.0	8.0	40.0

附表 A-13　Rz 参数数值与取样长度 lr 值的对应关系(摘自 GB/T 1031—2009)

Rz/μm	lr/mm	l_n/mm ($l_n = 5 \times lr$)
≥0.025~0.10	0.08	0.4
>0.10~0.50	0.25	1.25
>0.50~10.0	0.8	4.0
>10.0~50.0	2.5	12.5
>50~320	8.0	40.0

附表 A-14 公称尺寸至 3150mm 的标准公差数值(摘自 GB/T 1800.1—2009)

公称尺寸 /mm 大于	至	IT1	IT2	IT3	IT4	IT5	IT6	IT7	IT8	IT9	IT10	IT11	IT12	IT13	IT14	IT15	IT16	IT17	IT18
						μm										mm			
—	3	0.8	1.2	2	3	4	6	10	14	25	40	60	0.1	0.14	0.25	0.4	0.6	1	1.4
3	6	1	1.5	2.5	4	5	8	12	18	30	48	75	0.12	0.18	0.3	0.48	0.75	1.2	1.8
6	10	1	1.5	2.5	4	6	9	15	22	36	58	90	0.15	0.22	0.36	0.58	0.9	1.5	2.2
10	18	1.2	2	3	5	8	11	18	27	43	70	110	0.18	0.27	0.43	0.7	1.1	1.8	2.7
18	30	1.5	2.5	4	6	9	13	21	33	52	84	130	0.21	0.33	0.52	0.84	1.3	2.1	3.3
30	50	1.5	2.5	4	7	11	16	25	39	62	100	160	0.25	0.39	0.62	1	1.6	2.5	3.9
50	80	2	3	5	8	13	19	30	46	74	120	190	0.3	0.46	0.74	1.2	1.9	3	4.6
80	120	2.5	4	6	10	15	22	35	54	87	140	220	0.35	0.54	0.87	1.4	2.2	3.5	5.4
120	180	3.5	5	8	12	18	25	40	63	100	160	250	0.4	0.63	1	1.6	2.5	4	6.3
180	250	4.5	7	10	14	20	29	46	72	115	185	290	0.46	0.72	1.15	1.85	2.9	4.6	7.2
250	315	6	8	12	16	23	32	52	81	130	210	320	0.52	0.81	1.3	2.1	3.2	5.2	8.1
315	400	7	9	13	18	25	36	57	89	140	230	360	0.57	0.89	1.4	2.3	3.6	5.7	8.9
400	500	8	10	15	20	27	40	63	97	155	250	400	0.63	0.97	1.55	2.5	4	6.3	9.7
500	630	9	11	16	22	32	44	70	110	175	280	440	0.7	1.1	1.75	2.8	4.4	7	11
630	800	10	13	18	25	36	50	80	125	200	320	500	0.8	1.25	2	3.2	5	8	12.5
800	1000	11	15	21	28	40	56	90	140	230	360	560	0.9	1.4	2.3	3.6	5.6	9	14
1000	1250	13	18	24	33	47	66	105	165	260	420	660	1.05	1.65	2.6	4.2	6.6	1.5	16.5
1250	1600	15	21	29	39	55	78	125	195	310	500	780	1.25	1.95	3.1	5	7.8	12.5	19.5
1600	2000	18	25	35	46	65	92	150	230	370	600	920	1.5	2.3	3.7	6	9.2	15	23
2000	2500	22	30	41	55	78	110	175	280	440	700	1100	1.75	2.8	4.4	7	11	17.5	28
2500	3150	26	36	50	68	96	135	210	330	540	860	1350	2.1	3.3	5.4	8.6	13.5	21	33

注:公称尺寸大于 500mm 的 IT1~IT5 的标准公差数值为试行的。

　　公称尺寸小于或等于 1mm 时,无 IT14~IT18。

附表A-15 轴的基本偏差数值（摘自GB/T1800.1—2009）

单位为微米（μm）

基本尺寸/mm		基本偏差数值（上极限偏差 es）所有标准公差等级											ja
大于	至	a	b	c	cd	d	e	ef	f	fg	g	h	
—	3	-270	-140	-60	-34	-20	-14	-10	-6	-4	-2	0	偏差= ±IT_n/2，式中IT_n是IT值数
3	6	-270	-140	-70	-46	-30	-20	-14	-10	-6	-4	0	
6	10	-280	-150	-80	-56	-40	-25	-18	-13	-8	-5	0	
10	14	-290	-150	-95		-50	-32		-16		-6	0	
14	18												
18	24	-300	-160	-110		-65	-40		-20		-7	0	
24	30												
30	40	-310	-170	-120		-80	-50		-25		-9	0	
40	50	-320	-180	-130									
50	65	-340	-190	-140		-100	-60		-30		-10	0	
65	80	-360	-200	-150									
80	100	-380	-220	-170		-120	-72		-36		-12	0	
100	120	-410	-240	-180									
120	140	-460	-260	-200		-145	-85		-43		-14	0	
140	160	-520	-280	-210									
160	180	-580	-310	-230									
180	200	-660	-340	-240		-170	-100		-50		-15	0	
200	225	-740	-380	-260									
225	250	-820	-420	-280									
250	280	-920	-480	-300		-190	-110		-56		-17	0	
280	315	-1050	-540	-330									
315	355	-1200	-600	-360		-210	-125		-62		-18	0	
355	400	-1350	-680	-400									
400	450	-1500	-760	-440		-230	-135		-68		-20	0	
450	500	-1650	-840	-480									
500	560					-260	-145		-76		-22	0	
560	630												
630	710					-290	-160		-80		-24	0	
710	800												
800	900					-320	-170		-86		-26	0	
900	1000												
1000	1120					-350	-195		-98		-28	0	
1120	1250												
1250	1400					-390	-220		-110		-30	0	
1400	1600												
1600	1800					-430	-240		-120		-32	0	
1800	2000												
2000	2240					-480	-260		-130		-34	0	
2240	2500												
2500	2800					-520	-290		-145		-38	0	
2800	3150												

续附表A-15

基本偏差数值（下极限偏差 ei）

所有标准公差级（适用于 m 及以后各列）

基本尺寸/mm 大于	至	j IT5和IT6	j IT7	j IT8	k IT4~IT7	k ≤IT3>IT7	m	n	p	r	s	t	u	v	x	y	z	za	zb	zc
—	3	-2	-4	-6	0	0	+2	+4	+6	+10	+14		+18		+20		+26	+32	+40	+60
3	6	-2	-4		+1	0	+4	+8	+12	+15	+19		+23		+28		+35	+42	+50	+80
6	10	-2	-5		+1	0	+6	+10	+15	+19	+23		+28		+34		+42	+52	+67	+97
10	14	-3	-6		+1	0	+7	+12	+18	+23	+28		+33		+40		+50	+64	+90	+130
14	18	-3	-6		+1	0	+7	+12	+18	+23	+28		+33	+39	+45		+60	+77	+108	+150
18	24	-4	-8		+2	0	+8	+15	+22	+28	+35		+41	+47	+54	+63	+73	+98	+136	+188
24	30	-4	-8		+2	0	+8	+15	+22	+28	+35	+41	+48	+55	+64	+75	+88	+118	+160	+218
30	40	-5	-10		+2	0	+9	+17	+26	+34	+43	+48	+60	+68	+80	+94	+112	+148	+200	+274
40	50	-5	-10		+2	0	+9	+17	+26	+34	+43	+54	+70	+81	+97	+114	+136	+180	+242	+325
50	65	-7	-12		+2	0	+11	+20	+32	+41	+53	+66	+87	+102	+122	+144	+172	+226	+300	+405
65	80	-7	-12		+2	0	+11	+20	+32	+43	+59	+75	+102	+120	+146	+174	+210	+274	+360	+480
80	100	-9	-15		+3	0	+13	+23	+37	+51	+71	+91	+124	+146	+178	+214	+258	+335	+445	+585
100	120	-9	-15		+3	0	+13	+23	+37	+54	+79	+104	+144	+172	+210	+254	+310	+400	+525	+690
120	140	-11	-18		+3	0	+15	+27	+43	+63	+92	+122	+170	+202	+248	+300	+365	+470	+620	+800
140	160	-11	-18		+3	0	+15	+27	+43	+65	+100	+134	+190	+228	+280	+340	+415	+535	+700	+900
160	180	-11	-18		+3	0	+15	+27	+43	+68	+108	+146	+210	+252	+310	+380	+465	+600	+780	+1000
180	200	-13	-21		+4	0	+17	+31	+50	+77	+122	+166	+236	+284	+350	+425	+520	+670	+880	+1150
200	225	-13	-21		+4	0	+17	+31	+50	+80	+130	+180	+258	+310	+385	+470	+575	+740	+960	+1250
225	250	-13	-21		+4	0	+17	+31	+50	+84	+140	+196	+284	+340	+425	+520	+640	+820	+1050	+1350
250	280	-16	-26		+4	0	+20	+34	+56	+94	+158	+218	+315	+385	+475	+580	+710	+920	+1200	+1550
280	315	-16	-26		+4	0	+20	+34	+56	+98	+170	+240	+350	+425	+525	+650	+790	+1000	+1300	+1700
315	355	-18	-28		+4	0	+21	+37	+62	+108	+190	+268	+390	+475	+590	+730	+900	+1150	+1500	+1900
355	400	-18	-28		+4	0	+21	+37	+62	+114	+208	+294	+435	+530	+660	+820	+1000	+1300	+1650	+2100
400	450	-20	-32		+5	0	+23	+40	+68	+126	+232	+330	+490	+595	+740	+920	+1100	+1450	+1850	+2400
450	500	-20	-32		+5	0	+23	+40	+68	+132	+252	+360	+540	+660	+820	+1000	+1250	+1600	+2100	+2600
500	560				0	0	+26	+44	+78	+150	+280	+400	+600							
560	630				0	0	+26	+44	+78	+155	+310	+450	+660							
630	710				0	0	+30	+50	+88	+175	+340	+500	+740							
710	800				0	0	+30	+50	+88	+185	+380	+560	+840							
800	900				0	0	+34	+56	+100	+210	+430	+620	+940							
900	1000				0	0	+34	+56	+100	+220	+470	+680	+1050							
1000	1120				0	0	+40	+66	+120	+250	+520	+780	+1150							
1120	1250				0	0	+40	+66	+120	+260	+580	+840	+1300							
1250	1400				0	0	+48	+78	+140	+300	+640	+960	+1450							
1400	1600				0	0	+48	+78	+140	+330	+720	+1050	+1600							
1600	1800				0	0	+58	+92	+170	+370	+820	+1200	+1850							
1800	2000				0	0	+58	+92	+170	+400	+920	+1350	+2000							
2000	2240				0	0	+68	+110	+195	+440	+1000	+1500	+2300							
2240	2500				0	0	+68	+110	+195	+460	+1100	+1650	+2500							
2500	2800				0	0	+76	+135	+240	+550	+1250	+1900	+2900							
2800	3150				0	0	+76	+135	+240	+580	+1400	+2100	+3200							

注：基本尺寸小于或等于 1mm 时，基本偏差 a 和 b 均不采用。公差带 js7~js11，若 IT_n 值数为奇数，则取偏差 $= \pm \dfrac{IT_n - 1}{2}$ 。

附表A-16　孔的基本偏差数值（摘自GB/T 1800.1—2009）　　　　单位为微米（μm）

注：JS 偏差 = ±IT_n/2，式中 IT_n 是 IT 值数；P 至 ZC 在大于 IT7 的相应数值上增加一个 Δ 值。

基本尺寸/mm 大于	至	A	B	C	CD	D	E	EF	F	FG	G	H	JS	J IT6	J IT7	J IT8	K IT8(≤IT8)	K IT8(>IT8)	M IT8(≤IT8)	M IT8(>IT8)	N IT8(≤IT8)	N IT8(>IT8)	P至ZC IT7
		下极限偏差 EI（所有标准公差等级）												上极限偏差 ES（基本偏差数值）									
—	3	+270	+140	+60	+34	+20	+14	+10	+6	+4	+2	0		+2	+4	+6	0	0	-2	-2	-4	-4	
3	6	+270	+140	+70	+46	+30	+20	+14	+10	+6	+4	0		+5	+6	+10	-1+Δ	0	-4+Δ	-4	-8+Δ	0	
6	10	+280	+150	+80	+56	+40	+25	+18	+13	+8	+5	0		+5	+8	+12	-1+Δ	0	-6+Δ	-6	-10+Δ	0	
10	14	+290	+150	+95		+50	+32		+16		+6	0		+6	+10	+15	-1+Δ	0	-7+Δ	-7	-12+Δ	0	
14	18	+290	+150	+95		+50	+32		+16		+6	0		+6	+10	+15	-1+Δ	0	-7+Δ	-7	-12+Δ	0	
18	24	+300	+160	+110		+65	+40		+20		+7	0		+8	+12	+20	-2+Δ	0	-8+Δ	-8	-15+Δ	0	
24	30	+300	+160	+110		+65	+40		+20		+7	0		+8	+12	+20	-2+Δ	0	-8+Δ	-8	-15+Δ	0	
30	40	+310	+170	+120		+80	+50		+25		+9	0		+10	+14	+24	-2+Δ	0	-9+Δ	-9	-17+Δ	0	
40	50	+320	+180	+130		+80	+50		+25		+9	0		+10	+14	+24	-2+Δ	0	-9+Δ	-9	-17+Δ	0	
50	65	+340	+190	+140		+100	+60		+30		+10	0		+13	+18	+28	-2+Δ	0	-11+Δ	-11	-20+Δ	0	
65	80	+360	+200	+150		+100	+60		+30		+10	0		+13	+18	+28	-2+Δ	0	-11+Δ	-11	-20+Δ	0	
80	100	+380	+220	+170		+120	+72		+36		+12	0		+16	+22	+34	-2+Δ	0	-13+Δ	-13	-23+Δ	0	
100	120	+410	+240	+180		+120	+72		+36		+12	0		+16	+22	+34	-2+Δ	0	-13+Δ	-13	-23+Δ	0	
120	140	+460	+260	+200		+145	+85		+43		+14	0		+18	+26	+41	-3+Δ	0	-15+Δ	-15	-27+Δ	0	
140	160	+520	+280	+210		+145	+85		+43		+14	0		+18	+26	+41	-3+Δ	0	-15+Δ	-15	-27+Δ	0	
160	180	+580	+310	+230		+145	+85		+43		+14	0		+18	+26	+41	-3+Δ	0	-15+Δ	-15	-27+Δ	0	
180	200	+660	+340	+240		+170	+100		+50		+15	0		+22	+30	+47	-4+Δ	0	-17+Δ	-17	-31+Δ	0	
200	225	+740	+380	+260		+170	+100		+50		+15	0		+22	+30	+47	-4+Δ	0	-17+Δ	-17	-31+Δ	0	
225	250	+820	+420	+280		+170	+100		+50		+15	0		+22	+30	+47	-4+Δ	0	-17+Δ	-17	-31+Δ	0	
250	280	+920	+480	+300		+190	+110		+56		+17	0		+25	+36	+55	-4+Δ	0	-20+Δ	-20	-34+Δ	0	
280	315	+1050	+540	+330		+190	+110		+56		+17	0		+25	+36	+55	-4+Δ	0	-20+Δ	-20	-34+Δ	0	
315	355	+1200	+600	+360		+210	+125		+62		+18	0		+29	+39	+60	-4+Δ	0	-21+Δ	-21	-37+Δ	0	
355	400	+1350	+680	+400		+210	+125		+62		+18	0		+29	+39	+60	-4+Δ	0	-21+Δ	-21	-37+Δ	0	
400	450	+1500	+760	+440		+230	+135		+68		+20	0		+33	+43	+66	-5+Δ	0	-23+Δ	-23	-40+Δ	0	
450	500	+1650	+840	+480		+230	+135		+68		+20	0		+33	+43	+66	-5+Δ	0	-23+Δ	-23	-40+Δ	0	
500	560					+260	+145		+76		+22	0					0		-26		-44		
560	630					+260	+145		+76		+22	0					0		-26		-44		
630	710					+290	+160		+80		+24	0					0		-30		-50		
710	800					+290	+160		+80		+24	0					0		-30		-50		
800	900					+320	+170		+86		+26	0					0		-34		-56		
900	1000					+320	+170		+86		+26	0					0		-34		-56		
1000	1120					+350	+195		+98		+28	0					0		-40		-66		
1120	1250					+350	+195		+98		+28	0					0		-40		-66		
1250	1400					+390	+220		+110		+30	0					0		-48		-78		
1400	1600					+390	+220		+110		+30	0					0		-48		-78		
1600	1800					+430	+240		+120		+32	0					0		-58		-92		
1800	2000					+430	+240		+120		+32	0					0		-58		-92		
2000	2240					+480	+260		+130		+34	0					0		-68		-110		
2240	2500					+480	+260		+130		+34	0					0		-68		-110		
2500	2800					+520	+290		+145		+38	0					0		-76		-135		
2800	3150					+520	+290		+145		+38	0					0		-76		-135		

续附表A-16

基本偏差数值 — 上极限偏差 ES（标准公差等级大于IT7） / △值（标准公差等级）

基本尺寸/mm 大于	至	P	R	S	T	U	V	X	Y	Z	ZA	ZB	ZC	IT3	IT4	IT5	IT6	IT7	IT8
—	3	—6	—10	—14		—18		—20		—26	—32	—40	—60	0	0	0	0	0	0
3	6	—12	—15	—19		—23		—28		—35	—42	—50	—80	1	1.5	1	3	4	6
6	10	—15	—19	—23		—28		—34		—42	—52	—67	—97	1	1.5	2	3	6	7
10	14	—18	—23	—28		—33		—40		—50	—64	—90	—130	1	2	3	3	7	9
14	18	—18	—23	—28		—33	—39	—45		—60	—77	—108	—150	1	2	3	3	7	9
18	24	—22	—28	—35		—41	—47	—54	—63	—73	—98	—136	—188	1.5	2	3	4	8	12
24	30	—22	—28	—35	—41	—48	—55	—64	—75	—88	—118	—160	—218	1.5	2	3	4	8	12
30	40	—26	—34	—43	—48	—60	—68	—80	—94	—112	—148	—200	—274	1.5	3	4	5	9	14
40	50	—26	—34	—43	—54	—70	—81	—97	—114	—136	—180	—242	—325	1.5	3	4	5	9	14
50	65	—32	—41	—53	—66	—87	—102	—122	—144	—172	—226	—300	—405	2	3	5	6	11	16
65	80	—32	—43	—59	—75	—102	—120	—146	—174	—210	—274	—360	—480	2	3	5	6	11	16
80	100	—37	—51	—71	—91	—124	—146	—178	—214	—258	—335	—445	—585	2	4	5	7	13	19
100	120	—37	—54	—79	—104	—144	—172	—210	—254	—310	—400	—525	—690	2	4	5	7	13	19
120	140	—43	—63	—92	—122	—170	—202	—248	—300	—365	—470	—620	—800	3	4	6	7	15	23
140	160	—43	—65	—100	—134	—190	—228	—280	—340	—415	—535	—700	—900	3	4	6	7	15	23
160	180	—43	—68	—108	—146	—210	—252	—310	—380	—465	—600	—780	—1000	3	4	6	7	15	23
180	200	—50	—77	—122	—166	—236	—284	—350	—425	—520	—670	—880	—1150	3	4	6	9	17	26
200	225	—50	—80	—130	—180	—258	—310	—385	—470	—575	—740	—960	—1250	3	4	6	9	17	26
225	250	—50	—84	—140	—196	—284	—340	—425	—520	—640	—820	—1050	—1350	3	4	6	9	17	26
250	280	—56	—94	—158	—218	—315	—385	—475	—580	—710	—920	—1200	—1550	4	4	7	9	20	29
280	315	—56	—98	—170	—240	—350	—425	—525	—650	—790	—1000	—1300	—1700	4	4	7	9	20	29
315	355	—62	—108	—190	—268	—390	—475	—590	—730	—900	—1150	—1500	—1900	4	5	7	11	21	32
355	400	—62	—114	—208	—294	—435	—530	—660	—820	—1000	—1300	—1650	—2100	4	5	7	11	21	32
400	450	—68	—126	—232	—330	—490	—595	—740	—920	—1100	—1450	—1850	—2400	5	5	7	13	23	34
450	500	—68	—132	—252	—360	—540	—660	—820	—1000	—1250	—1600	—2100	—2600	5	5	7	13	23	34
500	560	—78	—150	—280	—400	—600													
560	630	—78	—155	—310	—450	—660													
630	710	—88	—175	—340	—500	—740													
710	800	—88	—185	—380	—560	—840													
800	900	—100	—210	—430	—620	—940													
900	1000	—100	—220	—470	—680	—1050													
1000	1120	—120	—250	—520	—780	—1150													
1120	1250	—120	—260	—580	—840	—1300													
1250	1400	—140	—300	—640	—960	—1450													
1400	1600	—140	—330	—720	—1050	—1600													
1600	1800	—170	—370	—820	—1200	—1850													
1800	2000	—170	—400	—920	—1350	—2000													
2000	2240	—195	—440	—1000	—1500	—2300													
2240	2500	—195	—460	—1100	—1650	—2500													
2500	2800	—240	—550	—1250	—1900	—2900													
2800	3150	—240	—580	—1400	—2100	—3200													

注1：公称尺寸小于或等于1mm时，基本偏差A和B及大于IT8的N均不采用。公差带JS7至JS11，若IT$_n$值数是奇数，则取偏差=$\pm\dfrac{IT_n-1}{2}$。

注2：对小于或等于IT8的K、M、N和小于或等于IT7的P至ZC，所需△值从表内右侧栏选取。例如，18mm~30mm段的K7，△=4μm，所以ES=—2+8—+6μm；18mm~30mm段的S6，△=4μm，所以ES=—35+4=—31μm。特殊情况：250mm~315mm段的M6，ES=—9μm（代替—11μm）。

参考文献

[1] 卢志珍.互换性与测量技术.成都:电子科技大学出版社,2007

[2] 张铁,李旻.互换性与测量技术.北京:清华大学出版社,2010

[3] 徐茂功.公差配合与技术测量(第三版).北京:机械工业出版社,2009

[4] 何贡.互换性与测量技术(第二版).北京:中国计量出版社,2005

[5] 付风岚,胡业发,张新宝.公差与检测技术.北京:科学出版社,2006

[6] 甘永立.几何量公差与检测(第八版).上海:上海科学技术出版社,2008

[7] 黄镇昌.互换性与测量技术.广州:华南理工大学出版社,2003

[8] 李军.互换性与测量技术.武汉:华中科技大学出版社,2007

[9] (日)技能士の友编辑部,徐之梦,翁翎.测量技术.北京:机械工业出版社,2009

[10] 孔庆华,母福生,刘传绍.极限配合与测量技术基础(第2版).上海:同济大学出版社,2008

[11] 陈晓华.机械精度设计与检测.北京:中国计量出版社,2006

[12] 庞学慧,武文革.互换性与测量技术基础.北京:电子工业出版社,2009

[13] 王伯平.互换性与测量技术基础.北京:机械工业出版社,2009

[14] 陈于萍.互换性与测量技术.北京:高等教育出版社,2005

[15] 韩进宏.互换性与测量技术基础.北京:中国林业出版社,2006

[16] 周湛学,赵小明,雒运强.图解机械零件精度测量及实例.北京:化学工业出版社,2009

[17] 吴静.机械检测技术(中职数控).四川:重庆大学出版社,2008

[18] 张国雄.三坐标测量机.天津:天津大学出版社,1999

配套教学资源与服务

一、教学资源简介

本教材通过 www.51cax.com 网站配套提供两种配套教学资源：

● 新型立体教学资源库：**立体词典**。"立体"是指资源多样性，包括视频、电子教材、PPT、练习库、试题库、教学计划、资源库管理软件等等。"词典"则是指资源管理方式，即将一个个知识点（好比词典中的单词）作为独立单元来存放教学资源，以方便教师灵活组合出各种个性化的教学资源。

● 网上试题库及组卷系统。教师可灵活地设定题型、题量、难度、知识点等条件，由系统自动生成符合要求的试卷及配套答案，并自动排版、打包、下载，大大提升了组卷的效率、灵活性和方便性。

二、如何获得立体词典？

立体词典安装包中有：1)立体资源库。2)资源库管理软件。3)海海全能播放器。

● 院校用户（任课教师）

请直接致电索取立体词典（教师版）、51cax 网站教师专用账号、密码。其中部分视频已加密，需要通过海海全能播放器播放，并使用教师专用账号、密码解密。

● 普通用户（含学生）

可通过以下步骤获得立体词典（学习版）：1)在 www.51cax.com 网站注册并登录；2)点击右上方"输入序列号"键，并输入教材封底提供的序列号；3)在首页搜索栏中输入本教材名称并点击"搜索"键，在搜索结果中下载本教材配套的立体词典压缩包，解压缩并双击 Set-up.exe 安装。

四、教师如何使用网上试题库及组卷系统？

网上试题库及组卷系统仅供采用本教材授课的教师使用，步骤如下：

1)利用教师专用账号、密码(可来电索取)登录 51CAX 网站 http://www.51cax.com；2)单击网站首页右上方的"进入组卷系统"键，即可进入"组卷系统"进行组卷。

五、我们的服务

提供优质教学资源库、教学软件及教材的开发服务，热忱欢迎院校教师、出版社前来洽谈合作。

电话：0571-28811226,28852522

邮箱：market01@sunnytech.cn , book@51cax.com